“十二五”高职高专机电类专业规划教材

液压与气动技术

徐国强　李新德　主编

河南科学技术出版社

·郑州·

内 容 提 要

本教材包括液压传动和气动技术两部分，共分为13章。第1~9章为液压传动，主要介绍了液压传动基础知识，液压元件的结构及使用，液压基本回路和应用，典型液压传动系统的工作原理等内容。第10~13章为气动技术，主要介绍了气压传动系统元件，基本回路及应用，气动系统的安装、调试、使用及维护等内容。

本教材适用于高职高专院校机电类专业，也可作为电子、职大的教材和有关工程技术人员的参考书。

图书在版编目（CIP）数据

液压与气动技术/徐国强，李新德主编．—郑州：河南科学技术出版社，2011.2（2012.9重印）

（"十二五"高职高专机电类专业规划教材）

ISBN 978-7-5349-4477-2

Ⅰ.①液…　Ⅱ.①徐…②李…　Ⅲ.①液压传动-高等学校：技术学校-教材②气压传动-高等学校：技术学校-教材　Ⅳ.①TH137②TH138

中国版本图书馆CIP数据核字（2009）第219179号

出版发行：河南科学技术出版社

地址：郑州市经五路66号　　邮编：450002

电话：（0371）65737028　65788613

网址：www.hnstp.cn

策划编辑：孙　彤

责任编辑：张　建

责任校对：王晓红

封面设计：李　冉

版式设计：栾亚平

责任印制：朱　飞

印　　刷：郑州美联印刷有限公司

经　　销：全国新华书店

幅面尺寸：185 mm×260 mm　　印张：13　　字数：317千字

版　　次：2011年2月第1版　　2012年9月第3次印刷

定　　价：25.00元

《液压与气动技术》编写人员

主　编　徐国强　李新德

副主编　郭斌峰　陈尚坤　牛瑞利　任保臣

编　者　（按姓氏笔画排序）

王红霞　牛瑞利　冯春丽　曲全鹏

任保臣　李新德　张　千　陈尚坤

徐国强　郭斌峰

前　言

本教材是根据高职高专教育的人才培养目标的要求，突出“管用、够用、适用”的指导思想，结合“理论奠基、重在应用”的办学理念编写而成的。

本教材作者长期在第一线从事高职高专教育工作，在广泛吸取近年来高职高专教学经验的基础上，对教学内容进行整合和优化，并适当拓宽知识面，加强针对性；注重理论与实践相结合、理论与经验相结合、经验与技术相结合，以培养学生分析问题和解决问题的能力。

本教材包括液压传动和气动技术两部分，共分为 13 章。其中第 1 ~ 9 章为液压传动，主要介绍了液压传动基础知识，液压元件的结构及使用，液压基本回路和应用，典型液压系统的工作原理等内容。第 10 ~ 13 章为气动技术，主要讲述了气压传动系统的元件，基本回路及应用，气动系统的安装、调试、使用及维护等内容。

本教材由郑州华信学院徐国强、商丘职业技术学院李新德任主编；郑州华信学院郭斌峰、陈尚坤、牛瑞利，濮阳职业技术学院任保臣共同担任副主编。徐国强编写了第 1 章，陈尚坤编写了第 2 章和第 8 章，郑州华信学院张千编写了第 3 ~ 5 章，曲全鹏编写了第 6 章，牛瑞利编写了第 7 章，李新德编写了第 9 章，郑州职业技术学院王红霞编写了第 10 章，郭斌峰编写了第 11、12 章及附录，任保臣编写了第 13 章，河南工业贸易职业学院冯春丽也参与了本书的编写工作。全书由徐国强统稿。

本教材适用于高职高专院校机电类专业，也可作为电大、职大的教材和有关工程技术人员的参考书。

由于编者水平有限，本教材可能存在不当之处，恳请广大读者批评指正。

编　者

2009 年 6 月

目　录

第1篇　液压传动

第1章　液压传动技术概述 …… 1
1.1　液压传动技术的发展 …… 1
1.2　液压传动系统的组成和工作原理 …… 2
1.3　液压传动的特点 …… 3
1.4　液压传动在机械设备中的应用 …… 4
思考与练习 …… 5
第2章　液压传动基础 …… 6
2.1　液压油 …… 6
2.2　液体静力学 …… 14
2.3　液体动力学 …… 17
2.4　液体在管路中流动的压力损失 …… 22
2.5　孔口和缝隙流量 …… 24
2.6　液压冲击与气穴现象 …… 28
思考与练习 …… 29
第3章　液压动力装置 …… 31
3.1　液压泵 …… 31
3.2　齿轮泵 …… 35
3.3　叶片泵 …… 39
3.4　柱塞泵 …… 42
3.5　液压泵的性能比较及选用 …… 46
3.6　液压泵常见故障的诊断及排除 …… 47
3.7　液压马达 …… 48
实训1　液压泵的拆装 …… 51
思考与练习 …… 53
第4章　液压执行装置 …… 54
4.1　液压缸的类型 …… 54
4.2　液压缸的结构 …… 58

4.3 液压缸的设计计算 …… 62
思考与练习 …… 63
第5章 液压控制装置 …… 65
5.1 概述 …… 65
5.2 方向控制阀 …… 66
5.3 压力控制阀 …… 71
5.4 流量控制阀 …… 77
5.5 其他液压控制阀 …… 81
实训2 液压阀的拆装 …… 84
思考与练习 …… 86
第6章 液压辅助元件 …… 87
6.1 蓄能器 …… 87
6.2 过滤器 …… 90
6.3 油箱 …… 93
6.4 油管和管接头 …… 95
6.5 压力计 …… 96
思考与练习 …… 97
第7章 液压基本回路 …… 98
7.1 方向控制回路 …… 98
7.2 压力控制回路 …… 100
7.3 速度控制回路 …… 108
7.4 多缸工作控制回路 …… 119
思考与练习 …… 124
第8章 典型液压传动系统 …… 128
8.1 组合机床动力滑台液压系统 …… 128
8.2 数控车床液压系统 …… 131
8.3 汽车起重机液压系统 …… 134
8.4 机械手液压传动系统 …… 137
思考与练习 …… 141
第9章 液压伺服系统 …… 143
9.1 概述 …… 143
9.2 液压伺服阀 …… 145
9.3 电液伺服阀 …… 148
9.4 液压伺服系统实例 …… 149
思考与练习 …… 154

第2篇 气动技术

第10章 气压传动概述 …… 155
10.1 气压传动系统的组成及工作原理 …… 155

10.2 气压传动的特点 …… 157
思考与练习 …… 158
第11章 气动元件 …… 159
11.1 气源装置 …… 159
11.2 气动执行元件 …… 165
11.3 气动控制元件 …… 171
思考与练习 …… 175
第12章 气动基本回路及应用实例 …… 176
12.1 气动基本回路 …… 176
12.2 气压传动系统应用实例 …… 180
思考与练习 …… 184
第13章 气动系统的安装、调试、使用及维护 …… 185
13.1 气动系统的安装与调试 …… 185
13.2 气动系统的使用和维护 …… 186
13.3 元件常见故障及排除 …… 187
思考与练习 …… 191
附录 常用液压及气动元件图形符号 …… 192
参考文献 …… 198

第1篇

液压传动

第1章　液压传动技术概述

液压传动是利用有压力的液体，经由一些机件控制之后来传递运动和动力，它是以流体作为工作介质进行能量传递的一种传动方式。

1.1　液压传动技术的发展

从18世纪末英国制成世界上第一台水压机算起，液压传动技术已有二三百年的历史。直到1905年美国人詹涅（Janney）首先将矿物油代替水作为液压介质后才开始快速发展。20世纪30年代后，液压传动技术较普遍地用于起重机、机床及工程机械。在第二次世界大战期间，由于战争需要，出现了装配有响应迅速、精度高的液压控制机构的各种军事武器。第二次世界大战结束后，液压传动技术迅速转向民用工业，并广泛应用于各种机械设备及自动生产线。

20世纪60年代以后，液压传动技术随着原子能、空间技术、计算机技术的发展而迅速发展。因此，液压传动技术真正的发展是在近三四十年。当前液压传动技术正向迅速、高压、大功率、高效率、低噪声、经久耐用、高度集成化的方向发展。同时，新型液压元件和液压系统的计算机辅助设计（CAD）、计算机辅助测试（CAT）、计算机直接控制（CDC）、机电一体化技术、可靠性技术等方面也是当前液压传动及控制技术发展的方向。

我国的液压传动技术最初主要应用于机床和锻压设备，接着在车辆和工程机械上也得到了广泛的应用。目前，我国液压元件的设计、制造已达到了国际先进水平，其产品已形成系列化，并在各种机械设备上得到了广泛的使用。

1.2 液压传动系统的组成和工作原理

下面通过液压千斤顶及机床工作台液压系统的介绍来简述液压传动系统的组成及工作原理。

1.2.1 千斤顶的液压传动装置

如图 1－1 所示，该液压传动装置主要由油箱、大油缸、小油缸、大活塞、小活塞、单向阀、截止阀、油管及杠杆等部分组成。

该系统由大油缸 9 和大活塞 8 组成举升液压缸。杠杆手柄 1、小油缸 2、小活塞 3、单向阀 4 和 7 组成手动液压泵。若提起手柄使小活塞向上移动，小活塞下端油腔容积增大，形成局部真空，这时单向阀 4 打开，通过吸油管 5 从油箱 12 中吸油；若用力压下手柄，小活塞下移，小活塞下腔压力升高，单向阀 4 关闭，单向阀 7 打开，下腔的油液经管道 6 输入举升液压缸的下腔，迫使大活塞 8 向上移动，顶起重物。再次提起手柄吸油时，单向阀 7 自动关闭，使油液不能倒流，从而保证了重物不会自行下落。如此不断地往复扳动手柄，就能不断地把油液压入举升液压缸下腔，使重物逐渐地升起。如果打开截止阀 11，举升液压缸下腔的油液通过管道 10、截止阀 11 流回油箱，重物就向下移动。这就是液压千斤顶的工作原理。

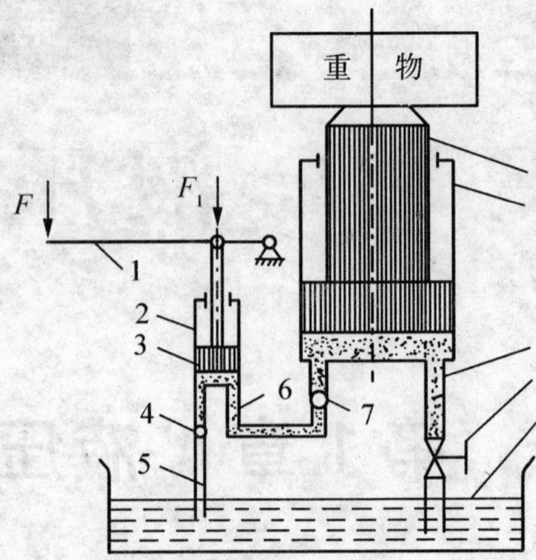

图 1－1 液压千斤顶工作原理

1. 杠杆手柄 2. 小油缸 3. 小活塞 4、7. 单向阀 5. 吸油管 6、10. 管道 8. 大活塞 9. 大油缸 11. 截止阀 12. 油箱

通过对上述液压千斤顶工作过程的分析，可以初步了解到液压传动的基本工作原理。液压传动是利用有压力的油液作为传递动力的工作介质。压下杠杆时，小油缸 2 输出压力油，是将机械能转换成油液的压力能；压力油经过管道 6 及单向阀 7，推动大活塞 8 举起重物，是将油液的压力能又转换成机械能。大活塞 8 举升的速度取决于单位时间内流入大油缸 9 中油液容积的多少。由此可见，液压传动是一个不同能量的转换过程。

1.2.2 机床工作台的液压传动系统

如图 1－2 所示，该系统由油箱、滤油器、液压泵、溢流阀、开停阀、节流阀、换向阀、液压缸以及连接这些元件的油管、接头组成。其工作原理如下：液压泵 17 由电动机驱动后，从油箱 19 中吸油。油液经滤油器 18 进入液压泵，油液在泵腔中从入口的低压状态到泵出口的高压状态，在图 1－2a 所示状态下，油液通过开停阀 10、节流阀 7、换向阀 5 进入液压缸 2 左腔，推动活塞 3 使工作台 1 向右移动。这时，液压缸 2 右腔的油经换向阀 5 和回油管 6 排入油箱。

如果将换向阀手柄转换成图 1－2b 所示状态，则压力管中的油液将经过开停阀 10、节流阀 7 和换向阀 5 进入液压缸 2 右腔，推动活塞 3 使工作台 1 向左移动，并使液压缸 2 左腔的油液经换向阀 5 和回油管 6 排入油箱。

工作台的移动速度是通过节流阀来调节的。当节流阀开大时，进入液压缸的油量增多，工作台的移动速度增大；当节流阀关小时，进入液压缸的油量减小，工作台的移动速度减小。为了克服移动工作台时所受到的各种阻力，液压缸必须产生一个足够大的推力，这个推力是由液压缸中的油液压力所产生的。要克服的阻力越大，缸中的油液压力越高；反之压力就越低。这种现象正说明了液压传动的一个基本原理——压力决定于负载。

从机床工作台液压系统的工作过程可以看出，一个完整的、能够正常工作的液压系统，应该由以下五个主要部分组成：

1. 能源装置　它是供给液压系统压力油，把机械能转换成液压能的装置。最常见的形式是液压泵。

2. 执行装置　它是把液压能转换成机械能的装置。其形式有作直线运动或摆动的液压缸，以及作回转运动的液压马达，它们又称为液压系统的执行元件。

3. 控制调节装置　它是对系统中的压力、流量或流动方向进行控制或调节的装置。如溢流阀、节流阀、换向阀、开停阀等。

4. 辅助装置　辅助装置是指上述三部分之外的其他装置，如油箱、滤油器、油管等。它们对保证系统正常工作是必不可少的。

5. 工作介质　工作介质是指传递能量的流体，如液压油等。

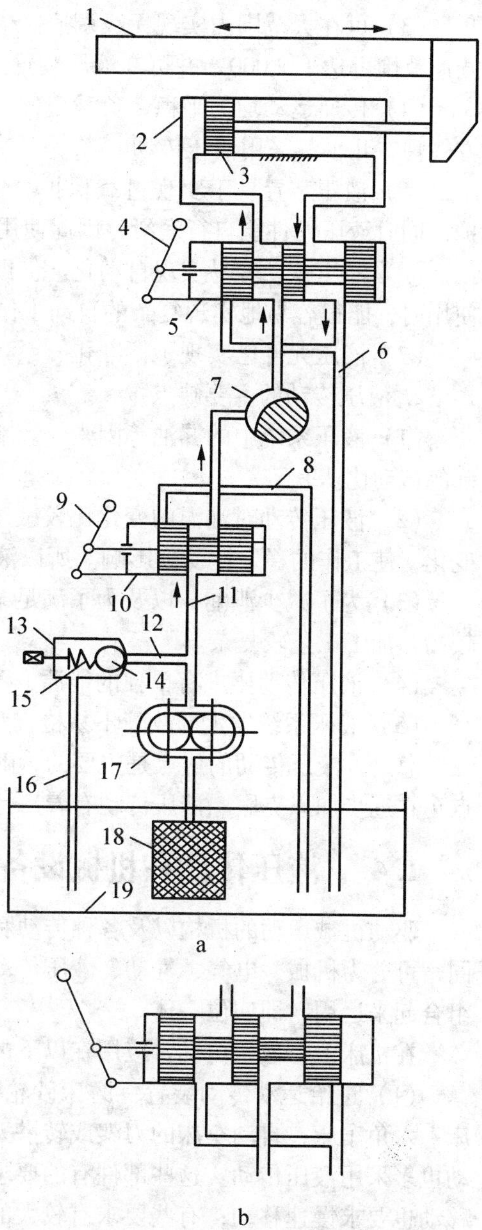

图1-2　机床工作台液压传动系统工作原理

1. 工作台　2. 液压缸　3. 活塞　4. 换向手柄　5. 换向阀　6、8、16. 回油管　7. 节流阀　9. 开停手柄　10. 开停阀　11. 压力管　12. 压力支管　13. 溢流阀　14. 钢球　15. 弹簧　17. 液压泵　18. 滤油器　19. 油箱

1.3　液压传动的特点

1. 液压传动的主要优点

（1）传动机构便于布置。由于液压传动是油管连接，所以借助油管的连接可以方便灵活地布置传动机构，这是比机械传动优越的地方。例如，在井下抽取石油的泵可采用液压传动来驱动，以克服长驱动轴效率低的缺点。由于液压缸的推力很大，且容易布置，在挖掘机等重型工程机械上已基本取代了老式的机械传动，不仅操作方便，而且外形美观大方。

（2）液压传动装置的重量轻、结构紧凑、惯性小。例如，相同功率下的液压马达的体积为电动机的12% ~13%。液压泵和液压马达单位功率的重量目前是发电机和电动机的1/10，液压泵和液压马达的单位功率的重量可小至0.002 5 N/W，发电机和电动机的则约为0.03 N/W。

(3) 可在大范围内实现无级调速。借助阀或变量泵、变量马达，可以实现无级调速，调速范围可达1∶2 000，并可在液压装置运行的过程中进行调速。

(4) 传递运动均匀平稳，负载变化时速度较稳定。因此，金属切削机床中磨床的传动方式现在几乎都采用液压传动。

(5) 液压装置易于实现过载保护。借助于装置中的溢流阀等元件，可以实现过载保护，同时液压元件能自行润滑，因此使用寿命长。

(6) 液压传动容易实现自动化。借助于各种控制阀，特别是液压控制和电气控制结合使用时，能很容易地实现复杂的自动工作循环，而且可以实现遥控。

(7) 液压元件已实现了标准化、系列化和通用化，便于设计、制造和推广使用。

2. 液压传动的主要缺点

(1) 液压系统中的漏油等因素，影响运动的平稳性和正确性，使液压传动不能保证精确的传动比。

(2) 液压传动对油温的变化比较敏感，温度变化时，液体黏性变化，引起运动特性的变化，使工作的稳定性受到影响。所以液压传动不宜在温度变化很大的环境条件下工作。

(3) 为了减少泄漏，以及为了满足某些性能上的要求，液压元件制造和装配精度要求较高，加工工艺较复杂。

(4) 液压传动要求有单独的能源，不像电源那样使用方便。

(5) 液压系统发生的故障不易检查和排除。

总之，液压传动的优点是主要的，随着设计制造和使用水平的不断提高，它的一些缺点正在逐步加以克服。液压传动有着广泛的发展前景。

1.4 液压传动在机械设备中的应用

驱动机械运动的机构以及各种传动和操纵装置有多种形式，根据所用部件和零件的不同，可分为机械、电气、气动、液压传动装置四类。实际使用时还经常将这些不同的形式组合起来运用，即四位一体。

在机床上，液压传动常应用在以下的一些装置中：

(1) 进给运动传动装置：磨床砂轮架和工作台的进给运动大部分采用液压传动；车床、六角车床、自动车床的刀架或转塔刀架，铣床、刨床、组合机床的工作台等的进给运动也多采用液压传动。这些部件有的要求快速移动，有的要求慢速移动，有的既要求快速移动也要求慢速移动；有些要求有较大的调速范围，并要求在工作中无级调速；有的要求持续进给，有的要求间歇进给；有的要求在负载变化下速度恒定，有的要求有良好的换向性能。所有这些要求都是可以用液压传动来实现的。

(2) 往复主体运动传动装置：在龙门刨床的工作台、牛头刨床或插床的滑枕，由于要求作高速往复直线运动，并且要求换向冲击小、换向时间短、能耗低，因此都可以采用液压传动。

(3) 仿形装置：车床、铣床、刨床上的仿形加工，可以采用液压伺服系统来完成。其精度可达0.01~0.02 mm。此外，磨床上的成形砂轮修正装置亦可采用这种系统。

（4）辅助装置：机床上的夹紧装置、齿轮箱变速操纵装置、丝杆螺母间隙消除装置、垂直移动部件平衡装置、分度装置、工件和刀具装卸装置、工件输送装置等，采用液压传动后，有利于简化机床结构，提高机床自动化程度。

（5）静压支撑装置：在重型机床、高速机床、高精度机床上的轴承、导轨、丝杠螺母机构等处采用液体静压支撑后，可以提高工作平稳性和运动精度。

思考与练习

1. 何谓液压传动？
2. 液压传动由哪几部分组成？试说明各组成部分的作用。
3. 液压传动有哪些优点和缺点？

第2章 液压传动基础

在液压系统中，液压油是传递动力和信号的工作介质，同时还起到润滑、冷却、清洗和防锈的作用。液压系统能否有效、可靠地工作，很大程度上取决于系统中的液压油，因此，我们必须了解液压油的种类、基本性质等。另外，对液压油在液压系统中所表现出的动、静力学性质的学习，将有助于正确理解液压传动的基本原理，分析液压传动系统中的一些现象。这些内容也是液压系统设计、计算和合理使用的理论基础。

2.1 液压油

液压油是液压传动的工作介质，液压油本身的性质，尤其是液压油的黏性和可压缩性，对液压系统影响很大。下面我们先来介绍液压油的主要物理性质。

2.1.1 液压油的主要性质

1. 密度　密度是液体的一个重要物理量。液压油的密度随温度和压力的变化而变化，具体来说：液压油的密度随温度升高而减小，随压力增加而增大。密度 ρ 的计算公式为 $\rho = m/V$，其中 m 为质量，单位为 kg，V 为体积，单位为 m^3。但在一般工作条件下，由压力和温度引起的密度变化很小，我们可以认为密度是常数。例如液压系统中常用的矿物油，其密度为 $\rho = 900\ kg/m^3$。

2. 可压缩性　液体体积随作用压力的变化而发生相应变化的性质称为液体的压缩性，用体积压缩系数 K 表示。

设压力为 p，体积为 V 的液体，如压力增大 Δp 时，体积减小 ΔV，则此液体在单位压力变化下的体积相对变化量表示为

$$K = -\frac{1}{\Delta p} \cdot \frac{\Delta V}{V} \tag{2-1}$$

由于压力增大时液体体积减小，因此式（2-1）右边加一负号，使之为正值。

当液体受到压缩时，它必然产生一种向外膨胀力，所产生的这种向外膨胀力可以看成是一种弹性力，其大小用体积弹性模量 k 表示，其大小为液体体积压缩系数的倒数，简称体积模量，即 $k = 1/K$。石油基液压油的体积模量 $k =（1.4 \sim 2）\times 10^9$ Pa，可压缩性是钢的 100～170 倍。

液压油体积模量同温度、压力有关：温度增大时，在正常工作范围内 k 值会有 5%～25%减小；压力增大时，k 值增大，但两者不呈线性关系。当压力 $p \geqslant 3$ MPa 时，k 值基本不再增大。一般情况下，液压油的可压缩性对液压系统性能影响不大，但在高压下或动态性能分析时，则必须考虑。另外，液压油中若混有气泡时，k 值将大大减小。因此应采取

措施尽量减少液压系统中游离空气的含量。表2-1为各种液压油的体积模量。

表2-1 各种液压油的体积模量 k (20 ℃, 1.013×10^5 Pa)

液压油种类	体积模量 k/ (N/m^2)
石油基液压油	$(1.4\sim2)\times10^9$
水包油乳化液	1.95×10^9
油包水乳化液	2.3×10^9
水-乙二醇液	3.45×10^9
磷酸酯液	2.65×10^9

3. 黏性　液体在外力作用下流动或有流动趋势时，液体分子间的内聚力要阻碍分子之间相对运动而产生一种内摩擦力，这种产生内摩擦力的特性叫液体的黏性。液体只有在流动或有流动趋势时才会呈现黏性。

黏性是液体阻止自身发生剪切变形的一种特性，它存在于液体内部。液体在流动时，由于黏性的存在而要克服自身的内摩擦力做功，因此，液体黏性是液体产生能量损失而使系统发热的根源。

下面运用牛顿内摩擦定律对黏性作定量分析。

如图2-1所示，设在两平行平板间充满液体，上平板以速度 v_0 向右运动，下平板固定不动。由于液体的黏性，流动的液体内部各处速度不相等。紧靠上平板的液体层速度为 v_0，而紧靠下平板的液体层速度为零，中间液体的速度由上到下逐渐减小。具体来说，中间各层液体由于其质点间内摩擦力作用，层与层间互相影响、相对滑动，流速较快的液体层对相邻流速较慢的液体层有一个加速驱动作用，而流速较慢的液体层反过来对相邻流速较快的液体层有一个减速阻力作用，在相邻不同流速液层间，黏性引起的内摩擦力成对出现。

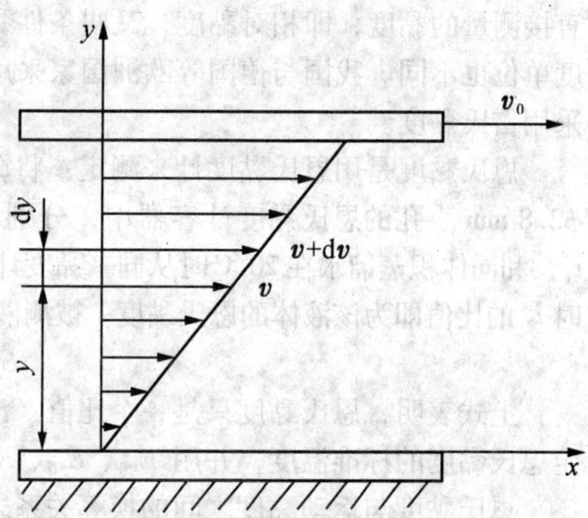

图2-1 液体黏性示意

实验表明：液体流动时相邻液层间的内摩擦力 F 与液层接触面积 A 及液层的相对速度 dv 成正比，而与液层间的距离 dy 成反比，即

$$F=\mu A\frac{dv}{dy} \tag{2-2}$$

式中，μ 为比例常数，称为黏性系数或动力黏度；dv/dy 为速度梯度或剪切率，即液层相对速度对液层距离的变化率；在液体静止时，dv=0，内摩擦力 F 为零，所以液体在静止时不呈现黏性。

若以τ表示液层间单位面积上的内摩擦力，则式（2-2）可写为

$$\tau=\frac{F}{A}=\mu\frac{dv}{dy} \tag{2-3}$$

这就是牛顿液体内摩擦定律。由上式可得

$$\mu=\tau\frac{dy}{dv} \tag{2-4}$$

液体黏性的大小常用黏度表示。黏度通常有三种不同的测试单位：动力黏度、运动黏度和相对黏度。

(1) 动力黏度：又称绝对黏度，是表征流动液体内摩擦力大小的黏性系数，用μ表示。其物理意义是指两层相距1 m、具有相对速度为1 m/s的相对滑动的液体，在1 m^2的接触面上所发生的内摩擦力的大小。动力黏度的国际（SI）计量单位为牛顿·秒/米^2，符号为N·s/m^2（或帕·秒，符号为Pa·s）。以前用泊（P）或厘泊（cP）作单位，换算关系为1 Pa·s=1 N·s/m^2=10 P=10^3 cP。

(2) 运动黏度：液体动力黏度μ与其密度ρ的比值称为该液体的运动黏度，用ν表示。运动黏度无明确的物理意义，因在其单位中只有长度和时间的量纲，类似运动学的量，故称为运动黏度。运动黏度是液体性质及其力学特性研究和计算中常用的物理量。各类液压油的牌号一般以运动黏度表示。运动黏度在SI制中的单位为米^2/秒，符号为m^2/s，与过去的计量单位沲（St）、厘沲（cSt）的换算关系为1 m^2/s=10^4 St=10^6 cSt。

(3) 相对黏度：液体的动力黏度和运动黏度直接测量较困难，在工程上常采用一种可直接测量的黏度，即相对黏度，又叫条件黏度。根据测量条件的不同，各国采用的相对黏度单位也不同。我国与德国等欧洲国家采用的是恩氏黏度，美国采用的是赛氏黏度，英国采用雷氏黏度。

恩氏黏度是用恩氏黏度计来测定：将200 mL某一温度的被测液体装入底部有直径为ϕ2.8 mm小孔的恩氏黏度计容器中，分别测定该液体在自重作用下流出小孔所需的时间t_1，和同体积蒸馏水在20 ℃时从同一黏度计流出所需的时间t_2。流尽时前者耗时t_1与后者耗时t_2的比值即为该液体的恩氏黏度。被测液体在温度为t时的恩氏黏度用符号$°E_t$表示。即

$$°E_t=t_1/t_2 \tag{2-5}$$

上式表明，恩氏黏度只是一个比值，没有单位。一般常用20 ℃、50 ℃、100 ℃作为测定恩氏黏度的标准温度，并用$°E_{20}$、$°E_{50}$、$°E_{100}$来分别表示。

恩氏黏度与运动黏度之间的换算关系式为

$$\nu_t=\left(7.31°E_t-\frac{6.31}{°E_t}\right)\times10^{-6}\ (m^2/s) \tag{2-6}$$

式中，ν_t指温度为t（单位为℃）时油液的运动黏度；$°E_t$指温度为t时油液的恩氏黏度。

当液压油的运动黏度不超过76 cSt，温度在30～150 ℃范围内时，可用下式计算温度为t时的运动黏度

$$\nu_t=\nu_{50}\ (50/t)^n \tag{2-7}$$

式中，ν_{50}是温度为50 ℃时油液的运动黏度；ν_t是温度为t时油液的运动黏度；n是黏－温指数，它随油液的黏度而变化。其值可参考表2－2。

表2－2　黏－温指数

ν_{50}/cSt	2.5	6.5	9.5	12	21	30	38	45	52	60	68	76
n	1.39	1.59	1.72	1.79	1.99	2.13	2.24	2.32	2.42	2.49	2.52	2.56

4. 温度、压力对黏度的影响

（1）黏度与温度的关系：温度的变化会使液体的内聚力发生变化，因此液体的黏度对温度变化极为敏感。当温度升高时，液体分子间的内聚力减小，油的黏度下降，液压油的黏度随温度变化的这一性质被称为黏－温特性。液压油黏度与温度的关系可用黏－温特性线查找。如图2－2所示。

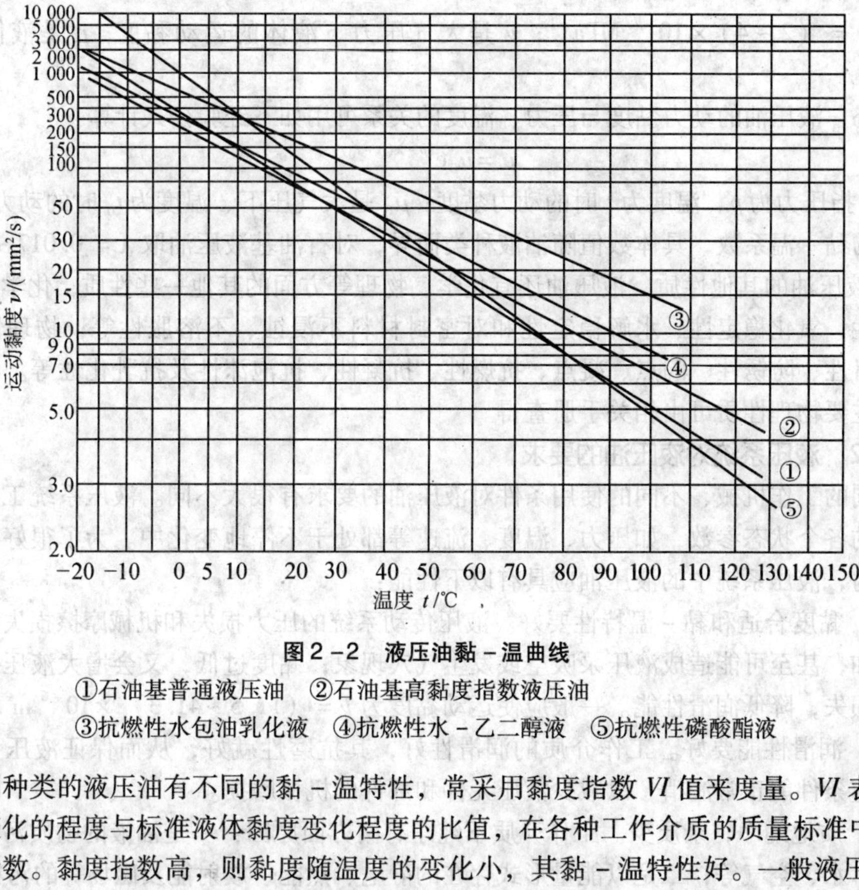

图2－2　液压油黏－温曲线

①石油基普通液压油　②石油基高黏度指数液压油

③抗燃性水包油乳化液　④抗燃性水－乙二醇液　⑤抗燃性磷酸酯液

不同种类的液压油有不同的黏－温特性，常采用黏度指数 *VI* 值来度量。*VI* 表示该液体黏度变化的程度与标准液体黏度变化程度的比值，在各种工作介质的质量标准中都会给出黏度指数。黏度指数高，则黏度随温度的变化小，其黏－温特性好。一般液压油的 *VI* 值要求在90以上。当液压系统的工作温度范围较大时，应选用黏度指数较高的工作介质。表2－3给出了几种典型工作介质的黏度指数。

表2－3　几种典型工作介质的黏度指数

介质种类	黏度指数 *VI*	介质种类	黏度指数 *VI*
通用液压油 L—HL	90	磷酸酯液 L—HFD	−31～170
低温液压油 L—HV	130	水－乙二醇液 L—HFC	140～170
抗磨液压油 L—HM	≥95	油包水乳化液 L—HFB	130～170
高黏度指数液压油 L—HR	≥160	高含水液压油 L—HFA	130

（2）黏度与压力的关系：当液体受到的压力增大时，其分子间的距离相应减小，内聚力增大，黏度亦随之增大。这种影响在中低压时不明显，可以忽略不计；但当压力大于10 MPa或压力变化量超过20 MPa时，压力对黏度的影响趋于显现。压力对黏度的影响可表示为

$$\nu_p = \nu\ (1 + bp) \tag{2-8}$$

式中，ν_p 表示压力为 p 时液体的运动黏度；b 是黏性压力指数，不同液体介质的 b 值不同，一般取 $b=(2\sim4)\times10^{-7}\ \mathrm{MPa}^{-1}$；$\nu$ 是大气压力下液体的运动黏度；p 是液体的压力（MPa）。

另外，液压油的动力黏度与压力、温度的关系可用如下经验公式计算：

$$\mu = \mu_0 e^{bp-\lambda(t-t_0)} \tag{2-9}$$

式中，μ 指压力为 p、温度为 t 时的动力黏度；μ_0 是大气压下、温度为 t_0 时的动力黏度；λ 是油液的黏－温系数，具体数值随油液种类而异，对石油基液压油取 $\lambda=0.017\sim0.050$。

5. 液压油的其他性质　液压油还有化学、物理等方面的其他一些性质，化学性质包括热稳定性、氧化稳定性、水解稳定性和对密封材料不浸蚀、不溶胀性等；物理性质有密度、润滑性、防锈性、闪点、凝点、抗燃性、抗凝性、抗泡沫性及抗乳化性等。各种工作介质的主要物理性质可由相关手册查得。

2.1.2　液压系统对液压油的要求

不同的工作机械、不同的使用条件对液压油的要求有很大不同。液压系统工作时，工作介质的各个状态参数，如压力、温度、流速等都处于不停地变化中。为了很好地传递运动和动力，液压系统中的液压油应具有以下性能：

（1）黏度合适和黏－温特性要好。液压传动系统的压力损失和机械摩擦损失随黏度增大而增加，甚至可能造成液压泵吸空或发生气穴现象；黏度过低，又会增大液压传动系统的容积损失，降低润滑性能。一般应使运动黏度为 $\nu=(11.5\sim41.3)\times10^{-6}\ \mathrm{m^2/s}$。

（2）润滑性能要好。工作介质的润滑性好，其抗磨性就好，从而保证液压元件在高压、高速条件能正常润滑，以减少液压元件和部件的机械磨损。

（3）质地纯净，杂质少。工作介质不纯净有两方面原因：一是油液的物质污染，如固体颗粒、水、空气等；二是以能量形式存在的静电、热能、放射能及磁场等的污染。

（4）对涂料和密封件材料有良好的相容性。液压系统中使用的一些密封元件和涂料，都是由有机合成材料制成的，如果不相容，就会使密封元件发生膨胀、软化或硬化，降低它的工作寿命；或使涂料溶解，破坏液压元件的保护涂层，污染工作介质并使其变质。

（5）抗泡沫性和抗乳化性好。工作介质中产生泡沫会引起气穴现象，从而产生噪声和振动。所以在使用中液压系统都设有排气装置。

矿物类油液在流动和液压元件的剧烈搅动下，易与混入的水分形成乳化液。乳化液会促使油液变质、酸值增加，并生成腐蚀性沉淀物，从而降低油液的润滑性、缩短油液的使用寿命。矿物类油液与水接触时，抵抗它们生成乳化液的能力，被称为抗乳化性。

（6）抗氧化稳定性好，长期工作不易变质。工作介质与空气接触会发生氧化变质，使黏度改变、酸值增加，并腐蚀液压元件，改变传动系统的工作性质。严重的还会引起黏稠的液态和固态物质堵塞系统中的工作小孔和运动副间隙，破坏液压传动系统的正常工作。

研究表明：工作介质温度越高，其氧化过程越快。所以，在采用矿物类工作介质时，工作温度应不超过65 ℃，短期运转不超过80 ℃，一般液压系统的工作温度应控制在55 ℃左右。

（7）抗剪切的黏度稳定性好。液压油在工作时，由于受到运动零件表面反复的剪切作用，其黏度会减小，使系统的工作特性发生改变。

（8）对人体应无害，且成本低；燃点高、凝点低。

2.1.3 液压油的分类

液压传动及控制系统中所用工作介质的种类较多，主要有三类：矿物石油型、乳化型、合成型。液压油的主要品种及其特性、用途如表2－4所示。

表2－4 液压油的品种、特性及用途

类型	名称	ISO代号	特性与用途
矿物石油型	普通液压油	L—HL	精制矿物油加添加剂，提高抗氧化和防锈性能，适用于室内一般设备的中低压系统
	抗磨液压油	L—HM	L—HL中加添加剂，改善抗磨性能，适用于工程机械，车辆液压系统
	低温液压油	L—HV	L—HM中加添加剂，改善黏－温特性，适用于环境温度在－20～40 ℃的高压系统
	高黏度指数液压油	L—HR	L—HM中加添加剂，改善黏－温特性，*VI*值在175以上，适用于对黏－温特性有特殊要求的低压系统，如数控机床的液压系统
	液压导轨油	L—HG	L—HM中加添加剂，改善黏－温性能，适用于机床中液压和导轨润滑油合用的系统
	全损耗系统用油	L—HH	属浅度精制油，抗氧化性、抗泡沫性较差，适用于机械润滑，可作液压代用油，用于要求不高的低压系统
	汽轮机油	L—TSA	属深度精制油加添加剂，改善抗氧化、抗泡沫等性能，为汽轮机专用油，可作液压代用油，适用于一般液压系统
乳化型	水包油乳化液	L—HFA	属高水基液，其黏－温特性好，难燃，有一定的防锈能力，但润滑性差，易泄漏。适用于有抗燃要求、油液用量大且泄漏严重的系统
	油包水乳化液	L—HFB	具有矿物石油型液压油的抗磨、防锈性能，又具有抗燃性，适用于有抗燃要求的中压系统
合成型	水－乙二醇液	L—HFC	难燃，黏－温特性和抗蚀性好，能在－30～60 ℃下使用，适用于有抗燃要求的中性能低压系统
	磷酸酯液	L—HFDR	难燃，润滑、抗磨和抗氧化性能良好，能在－54～135 ℃范围内使用，缺点是有毒，适用于有抗燃要求的高压精密液压系统

我国在液压系统中采用机械油和汽轮机油仍较普遍。机械油是一种工业用润滑油，价格较低，但物理化学性能较差。机械油在使用时易产生黏稠胶质，堵塞元件，影响系统性能。系统压力越高，问题越严重，因此只在压力较低和要求不高的场合中使用。与机械油相比，汽轮机油抗氧化稳定性好，使用寿命长，与水混合后能迅速分离，纯净度高。

目前，90%以上的液压设备采用矿物石油型液压油。矿物石油型液压油以机械油为基料，精炼后按需要加入适当的添加剂而成。这种油品的润滑性和防锈性好，黏度等级范围较宽，但抗燃性差。为适应不同工作性能要求，它所用的添加剂有两类：一类是用来改善油品的物理性质，如抗磨剂、增黏剂、降凝剂等；另一类是用来改善其化学性能，如抗氧化剂、防腐剂、防锈剂等。

在一些高温、易燃、易爆的工作场合，为安全起见，液压系统常用合成型（如水－乙二醇、磷酸酯等）或乳化型（如水包油、油包水等乳化液）工作介质，这两类介质的抗燃性能较好。

2.1.4 液压油的选用

1. 型号组成　GB 7631.2—2003 等效采用 ISO6743/4 的规定，液压油采用统一的命名方式，其品种由代号和后面的数字组成，一般形式如下：

L—H×—×
- ×（后）：数字表示该工作介质的某个黏度等级，即黏度牌号
- ×（前）：液压油品种
- H：表示液压系统用的工作介质
- L：石油产品的总分类号，见GB 7631.1

我国参照 ISO 标准作出规定：按工作介质在一定温度下的运动黏度的平均值来标定黏度等级。液压油的牌号，采用温度为 40 ℃时的运动黏度的平均值来表示，单位为 mm^2/s。例如 32 号液压油，指这种油在 40 ℃时的运动黏度的平均值为 32 mm^2/s。我国液压油的旧牌号是按温度为 50 ℃时运动黏度的平均值来标定的，如原来的 20 号机械油，指在温度为 50 ℃时运动黏度平均值为 20 mm^2/s（或 cSt）。表 2－5 为液压油新旧牌号的黏度对照。

表 2－5　液压油新旧牌号的黏度对照

新牌号	N7	N10	N15	N22	N32	N46	N68	N100	N150
旧牌号	5	7	10	15	20	30	40	60	80

2. 选用方法及原则　正确合理地选用液压油，是保证液压系统正常和高效率工作的前提。选用液压油时常采用两种方法：一是按液压元件说明书推荐的油类品种和规格选用液压油；另一种是根据液压系统具体工作要求和情况选用。

（1）选择液压油的步骤：选择液压油时，首先要了解各类工作介质的性能和适用范围，根据使用条件选择液压油品种，接着是选择油的黏度等级。一般经历下述四个基本步骤：

1）定出所需工作介质的某些特性的容许范围，如黏度、密度、温度界限、压力限、润滑性、相容性等。

2）查看说明书，找出符合上述特性要求的液压油。

3）综合调整各方面要求和参数，力求在满足要求的前提下经济适用。

4）征询油液制造厂的最终意见。

（2）选择液压油的注意事项：在液压油的选择过程中，对黏度等级的选择十分重要。因为黏度对液压系统工作的稳定性、可靠性、效率、温升及磨损均有显著影响，所以在选择黏度时应注意以下事项：

1）根据液压泵的类型选用。液压泵是液压系统的重要动力元件，其工作速度、压力和温升均较高，因而对润滑及黏度要求严格。因此，可将液压泵对液压油黏度的要求作为选择系统液压油的基准。表2-6为各类液压泵适用的液压油黏度范围。

表2-6 各类液压泵适用液压油的运动黏度范围

液压泵类型		工作介质黏度 ν/(mm²/s)	
		液压系统温度5~40 ℃时	液压系统温度40~80 ℃时
齿轮泵		30~70	65~165
叶片泵	$p<7.0$ MPa	30~50	40~75
	$p\geq7.0$ MPa	50~70	55~90
径向柱塞泵		30~80	65~240
轴向柱塞泵		40~75	70~150

2）按液压系统的工作压力选择。通常，当工作压力较高时，宜选用黏度较大的液压油，以减少系统泄漏；当工作压力较低时，宜选用黏度较小的液压油，以减少压力损失。如机床液压传动的工作压力一般低于6.3 MPa，故可采用运动黏度为20~60 mm^2/s 的液压油。

3）根据液压系统的环境温度选用。环境温度较高时宜选用黏度较大的液压油；反之，宜选用黏度较小的液压油。

4）根据工作部件的运动速度选用。当系统执行元件运动速度较高时，油液的流速也高，液压损失会随之增大，而泄漏相对减小，宜选用黏度较低的液压油；反之，运行速度较低，流量减小，泄漏相对较大，对系统稳定运行影响较大，宜选用黏度较高的液压油。

另外，所选液压油在满足上述要求同时，还要从经济性方面考虑，其价格和使用寿命是否合理，维护、更换是否容易等。

2.1.5 液压油的污染与控制

实践证明，工作介质污染是液压传动系统发生故障的主要原因，它严重影响着液压传动系统的可靠性及元件的寿命，因此要加强工作介质的使用、管理和进行必要的污染控制。

1. 液压油污染的原因

（1）组装液压系统时残留的污染物，如切屑、毛刺、型砂、磨粒、焊渣、铁锈等。在系统使用前未清洗干净，工作时就会被带入液压油。

（2）周围环境混入的污染物，如空气、水滴、尘埃等。

（3）由液压系统本身在工作过程中产生的污染物，如金属和密封件上的磨损颗粒、过滤材料上脱落的颗粒或纤维、锈斑、涂料剥离片、水分、气泡及油液变质后生成的胶状物等。

2. 液压油污染的危害

（1）堵塞滤油器，致使液压泵吸油困难、产生噪声。

（2）堵塞液压元件的微小孔道和缝隙，使液压阀动作失灵；加速零件的磨损，使元件不能正常工作；擦伤密封件，增加外泄漏等。

（3）水分和空气的混入使液压油的润滑能力降低，并使它加速氧化变质，产生气蚀，从而使液压元件加速腐蚀，系统出现振动、爬行等。

3. 液压油污染的控制　液压油污染的原因较复杂，同时液压油在工作中又不断产生污物，因此无法完全防止污染。实际中，为了减少液压油的污染，常采用如下一些措施：

（1）减少外来污染。组装前后要严格清洗油箱，向油箱注入油液时要经过过滤器，油箱通大气处要有空气过滤器；维修拆装时尽可能在无尘区进行；油箱内壁一般不涂刷油漆。

（2）采用合适的过滤器滤除系统产生的污物。应根据系统不同情况选用不同过滤精度、不同结构的过滤器，并定期清洗、更换滤芯。

（3）控制液压油的温升。液压油工作温度过高，会加速自身氧化变质，产生各种生成物，缩短自身的使用寿命。一般液压系统的工作温度最好控制在 65 ℃以下，机床液压系统的工作温度宜在 55 ℃以下。

（4）定期检查和更换液压油。根据液压设备保养资料要求，对液压油定期抽检化验、更换清洗；换入新液压油前，一般要求对整个系统清洗一次。

2.2 液体静力学

液体静力学是研究液体处于静止状态下的力学规律及这些规律的应用。这里所说的“静止”，是指液体内部质点间无相对运动。虽然液压系统中的介质不常是“静止”，但有关理论是我们分析和理解后续知识的基础。

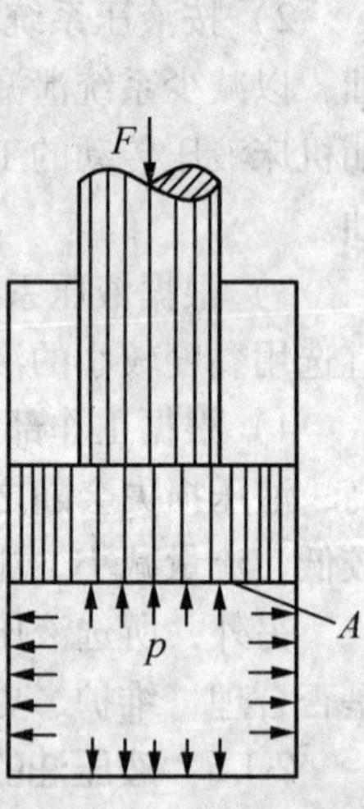

图 2－3　压力形成示意

2.2.1 液体静压力及其性质

静止液体单位面积上所受的法向力称为静压力，用 p 表示。图 2－3 为压力形成示意。静压力计算式为

$$p=\frac{F}{A} \tag{2-10}$$

式中，A 为受力面积（m^2）；F 为法向作用力（N）。

静压力就是所说的压强，在液压传动系统中我们习惯称为压力，其国际单位仍是帕，符号为 Pa 或 N/m^2。

静压力有如下性质：

（1）液体静压力垂直于受力面，其方向与该面的内法线方向一致。我们可用反证法来确认这一性质。若静压力不垂直受力面，则液体就会沿该作用力的方向产生相对运动；另外，若压力方向不指向作用表面内部，则由于液体不能受拉而产生离开该表面的运动。这些都与液体的静止条件相悖。

（2）静止液体内任一点所受到的各个方向的压力均相等。若液体内某点受到的各个方向的压力不相等，则液体必然会朝某个方向运动。这样，就又破坏了液体静止条件的设定。所以说，静止液体总是处于受压状态，只能承受法向压力，而不能受切向力或其他方向的力，且内部任何质点都是受平衡压力的作用。

2.2.2　液体静压力的基本方程

在重力作用下的静止液体，其受力情况如图2-4a所示。就液体内部任一点来看，其除了受液体重力、液面上的压力外，还受容器壁面作用在液体上的压力。若要求距液面 h 的液体内某点 a 处的压力，可以从液体内取出一个底面通过该点的垂直小液柱。设该液柱的底面积为 ΔA，高为 h，如图2-4b所示，由于液柱处于平衡状态，则有

$$p\Delta A = p_0\Delta A + G \qquad (2-11)$$

公式中 G 表示液柱的重力，且 $G=\rho gh\Delta A$。因此有

$$p = p_0 + \rho gh \qquad (2-12)$$

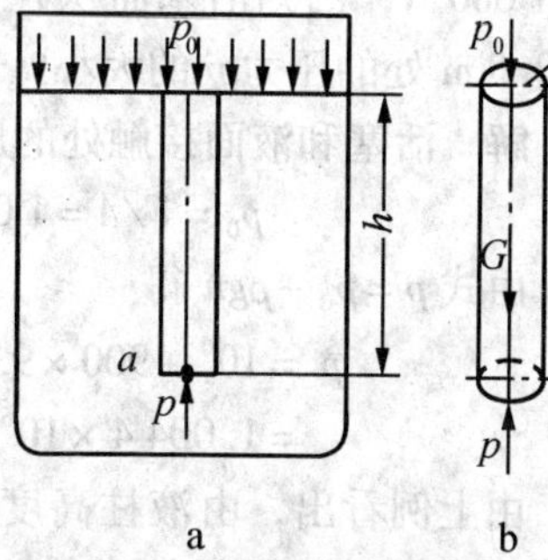

图2-4　静液体内的压力

此即液体静压力的基本方程。式（2-12）表明：

（1）静止液体内任一点处的压力由两部分组成：一部分是液面上的压力 p_0，另一部分是 ρg 与该点离液面深度 h 的乘积。静止液体内的压力随液体深度呈直线规律分布。

（2）离液面深度相同处各点的压力都相等。压力相等的各点所构成的面叫等压面。在重力作用下静止液体中的等压面是一个水平面，液面下任意深度的水平面都是等压面。另外，平衡的两种不同流体（如液体与液体、液体与气体）的分界面也均为等压面，等压面必然与重力相垂直，这是等压面的重要特性。

2.2.3　压力的表示方法及单位

液体压力分绝对压力和相对压力两种。以绝对真空作为基准所测得的压力称为绝对压力，把大气压力（用 p_a 表示）作为基准所测得的压力称为相对压力。液压系统中的压力绝大多数采用压力计测量。由于作用在物体上的大气压一般自相平衡，所以由压力计测得的读数是高出大气压力的那部分数值，是相对压力，因此把相对压力又称为表压力。

同相对压力对应，在绝对压力与大气压力的差值关系中，当绝对压力小于大气压力时，把绝对压力比大气压力小的那部分称为真空度，此时相对压力为负值。绝对压力、相对压力和真空度之间的关系如图2-5所示。图2-5表明，以大气压力为基准计算压力时，基准以上的正值是表压力，基准以下的负值是真空度。

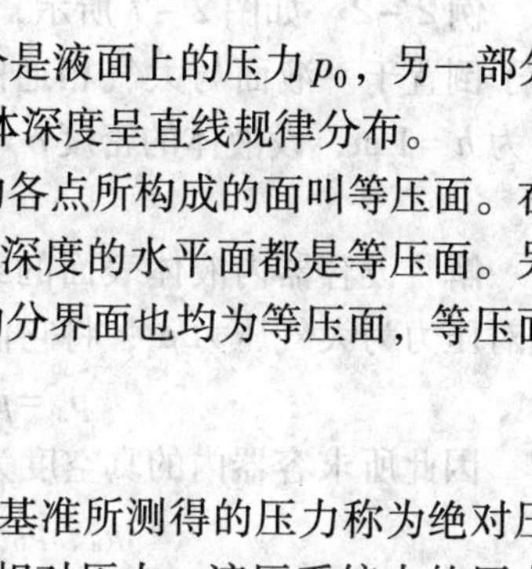

图2-5　绝对压力、相对压力和真空度之间的关系

液体压力的表示方法及其单位有如下三种：

（1）用液体在单位面积上所受到的作用力的大小表示，国际单位为帕斯卡，简称帕，符号为Pa。1 Pa = 1 N/m²，1 Pa = 10^{-3} kPa = 10^{-6} MPa。

（2）用实际压力相当于大气压力的倍数表示，一般用非法定单位工程大气压（符号为at）或标准大气压表示（符号为atm）。

（3）用液柱高度表示，一般用米水柱、毫米汞柱表示，

单位符号分别为 mH_2O、mmHg。

各单位间的关系如下：

$$1\ at = 9.8 \times 10^4\ Pa = 10\ mH_2O = 760\ mmHg$$

例 2-1 图 2-6 为一盛满油液的容器，现在活塞上作用力 $F = 1\,000$ N，已知活塞面积 $A = 1\,000\ mm^2$，试求活塞下方深度 $h = 0.5$ m 处的压力 p 的大小？（油液密度 $\rho = 900\ kg/m^3$）

解 活塞和液面接触处的压力

$$p_0 = F/A = 1\,000/(1 \times 10^{-3})$$

由式 $p = p_0 + \rho gh$ 得

$$\begin{aligned} p &= 10^6 + 900 \times 9.8 \times 0.5 \\ &= 1.004\,4 \times 10^6\ (N/m^2) \approx 1\ (MPa) \end{aligned}$$

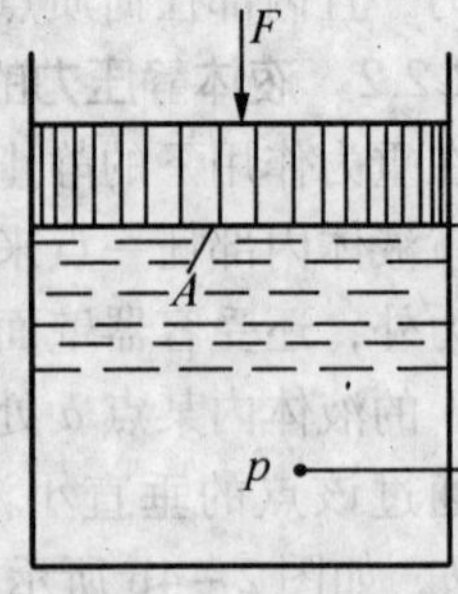

图 2-6 例 2-1

由上例看出，由液柱高度所引起的压力 ρgh 相当小，可以忽略不计，因而假定整个静止液体内部的压力是近似相等的。在以后的分析中若不加特别说明，都采用这一假定。

例 2-2 如图 2-7 所示，将具有一定真空度的容器用一根管子倒置于一液面与大气相通的水槽中，液体在管中上升的高度为 $h = 1$ m，设液体的密度 $\rho = 1\,000\ kg/m^3$，试求容器内的真空度。

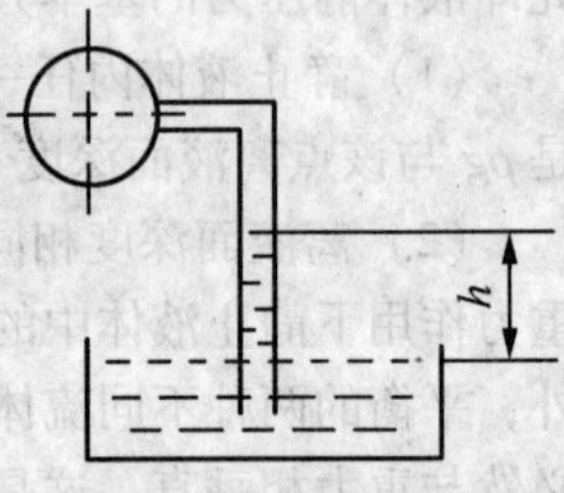

图 2-7 例 2-2

解 设容器内液体表面的绝对压力为 p_0，已知水槽表面的绝对压力为大气压力 p_a，将它们代入式 $p = p_0 + \rho gh$，得

$$p_a = p_0 + \rho gh$$

因此所求容器内的真空度为

$$p_a - p_0 = \rho gh = 1\,000 \times 9.8 \times 1 = 9\,800\ (Pa)$$

2.2.4 静止液体中压力的传递

液体静力学基本方程表明，静止液体中任一点的压力都包含液面在外力作用下所产生的压力 p_0。当外力 F 变化引起 p_0 变化时，只要液体仍保持原来的静止状态不变，则液体内任一点的压力也将发生同样大小的变化。这就是说，在密闭容器内，施加于静止液体上的外部压力将等值地传递到液体内的各点处，这就是静压传递原理，又称帕斯卡原理。

一般情况，由外力 F 产生的压力 p_0 很大，而液压系统的安装高度一般不超过 10 m，由液体高度引起的压力 ρgh 相对来说是很小的，可忽略它的影响，认为液压系统中静止液体内的压力均是由外力产生并处处相等。由 $p = p_0 = F/A$ 可知，在受力面不变情况下，p 是由 F 的大小决定，这说明液压系统中的工作压力是由外部负载决定的，这是液压传动中的一个基本概念。

例 2-3 图 2-8 为相互连通的两个液压缸，已知大缸的内径 $D = 100$ mm，小缸内径 $d = 20$ mm，现在大活塞上放置 $G = 5\,000$ kg 的重物，试求：在小活塞上施加多大的 F 力才能顶起重物？

解 根据帕斯卡原理，由于外力产生的压力在两缸中相等，所以有

$$F/\frac{\pi d^2}{4} = G/\frac{\pi D^2}{4}$$

则顶起重物应加在小活塞上的力为

$$F=\frac{d^2}{D^2}G=\frac{20^2}{100^2}\times 49\,000=19\,600\ \text{(N)}$$

本例是液压千斤顶的工作原理，体现了液压装置对力的放大作用。

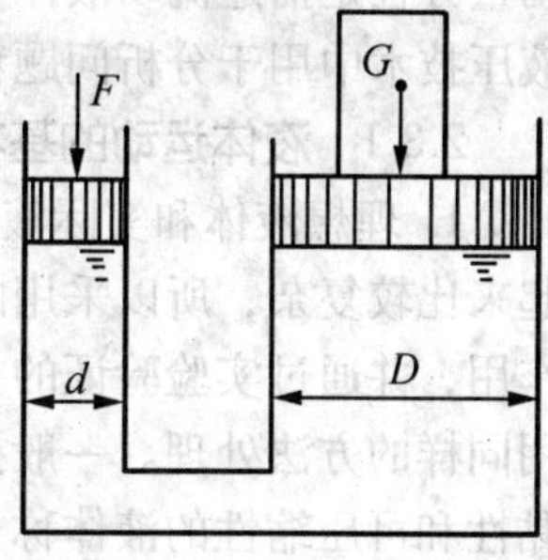

图2-8 例2-3

2.2.5 液体静压力作用在固体壁面上的力

液体和固体壁面相接触时，固体壁面将受到总液体压力的作用。下面来探讨有关的计算方法。

先来看一般情况，在如图2-9所示的一圆形管道内充满压力为p的液压油，为求油液对管道内壁在x方向上的作用力，可在内壁上取一微小面积

$$dA=l\,ds=lr\,d\theta \qquad (2-13)$$

式中，l和r分别为管道的长度和半径。则液压油作用在这块面积上的力dF的水平分量dF_x为

$$dF_x=dF\cos\theta=p\,dA\cos\theta=plr\cos\theta\,d\theta \qquad (2-14)$$

由此得液压油对管道内壁在x方向上的作用力为

$$F_x=\int_{-\pi/2}^{\pi/2}dF_x=\int_{-\pi/2}^{\pi/2}plr\cos\theta\,d\theta=2plr=pA_x \qquad (2-15)$$

式中，A_x为管道右半部内壁在x方向的投影面积，$A_x=2rl$。

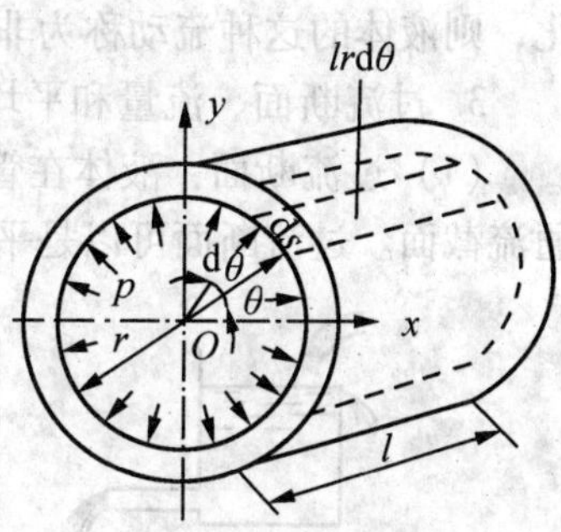

图2-9 圆形管道壁的受力

从以上分析可以总结出：

（1）当固体壁面为一曲面时，液体压力在该曲面某一方向（为叙述方便，这里取x方向）上的总作用力F_x等于液体压力p与曲面在该方向投影面积A_x的乘积，即$F_x=pA_x$。如图2-10所示。

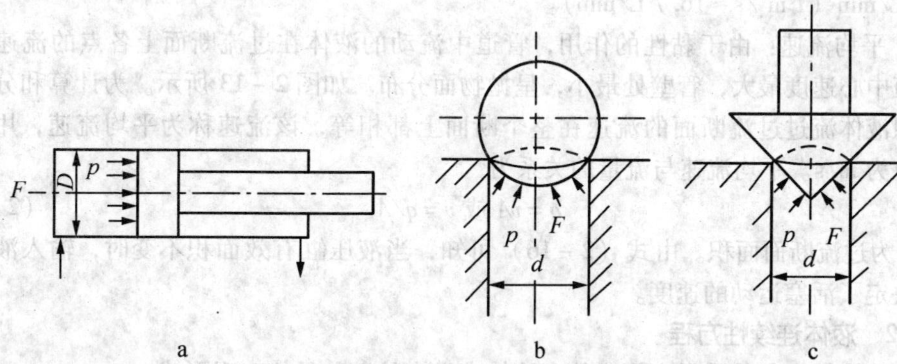

图2-10 压力油作用在固体壁面上的力

（2）当固体壁面为一平面时，液体压力在该平面上的总作用力F等于液体压力p与该平面面积A的乘积，其作用方向与该平面垂直，即$F=pA$。

2.3 液体动力学

液体动力学主要研究液体流动时流速和压力的变化规律。连续性方程、伯努利方程和

动量方程是描述流动液体力学规律的三个基本方程，它们构成了液体动力学的基础，也是液压技术中用于分析问题和设计计算的理论依据。

2.3.1 液体运动的基本概念

1. 理想液体和实际液体　在研究液体流动时必须考虑黏性的影响。由于黏性问题分析起来比较复杂，所以采用的办法是，先假设液体没有黏性来展开分析，然后再考虑黏性的作用，并通过实验验证的办法对理想结论进行补充或修正。对于液体可压缩性的问题，可用同样的方法处理。一般把无黏性又不可压缩的假想液体称为理想液体，而把事实上具有黏性和可压缩性的液体称为实际液体。

2. 稳定流动和非稳定流动　液体流动时，如果液体中任一点处的压力、速度和密度都不随时间的变化而变化，则液体的这种流动称为稳定流动，或叫恒定流动，如图 2 – 11a 所示。反之，如液体中任一点处的压力、速度和密度中有一个参量随时间的变化而发生变化，则液体的这种流动称为非稳定流动，或叫非恒定流动，如图 2 – 11b 所示。

3. 过流断面、流量和平均流速

（1）过流断面：液体在管道中流动时，垂直于液体流动方向的截面叫过流断面，又称通流截面。过流断面可以是平面，也可以是曲面。如图 2 – 12 所示，A、B 均为过流断面。

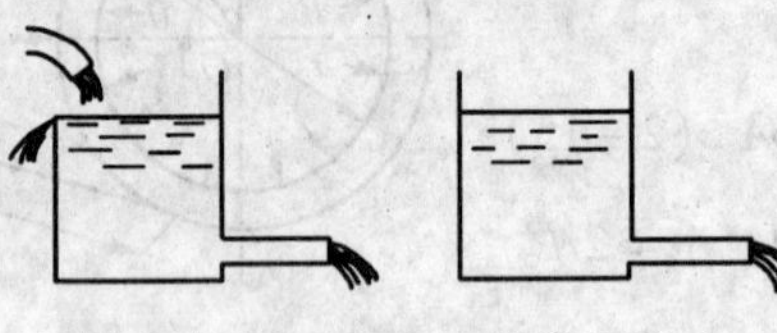

图 2 – 11　稳定流动和非稳定流动

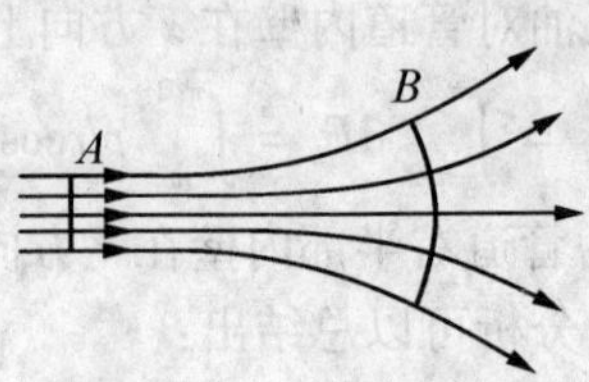

图 2 – 12　过流断面

（2）流量：单位时间内流过过流断面的液体的体积称为流量，常用 q 表示，单位为 m^3/s 或 L/min（$1\ m^3/s \approx 16.7$ L/min）。

（3）平均流速：由于黏性的作用，管道中流动的液体在过流断面上各点的流速不相等，管道中心速度最大，管壁处最小，呈抛物面分布。如图 2 – 13 所示。为计算和分析方便，假想液体流过过流断面的流速在整个断面上都相等，该流速称为平均流速，用 v 表示，单位为 m/s。平均流速与流量的关系为

$$q = vA \text{ 或 } v = q/A \tag{2-16}$$

式中，A 为过流断面面积。由式（2 – 16）可知，当液压缸有效面积不变时，输入液压缸的流量决定了活塞运动的速度。

2.3.2 液体连续性方程

液体连续性方程是质量守恒定律在流体力学中的一种具体表现形式。

理想液体在管内作稳定流动时，由质量守恒定律可知，液体在管内既不会增多，也不会减少，因此，在单位时间内流过任一过流断面的液体质量相等，此即为连续性原理。

图 2 – 14 为一变截面管，理想液体在管内作稳定流动。设截面 1 和 2 的过流断面面积分别为 A_1 和 A_2，经过两个截面上的液体密度和平均流速分别为 ρ_1、v_1 和 ρ_2、v_2。根据质量守恒定律，流经两截面 1 和 2 的质量应相等，即

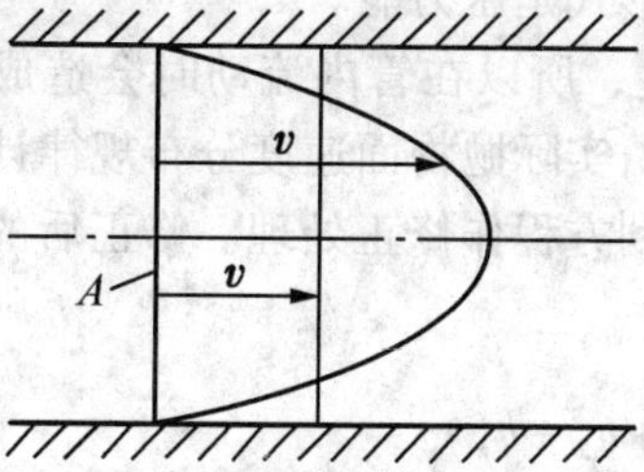

图2-13　实际流速与平均流速

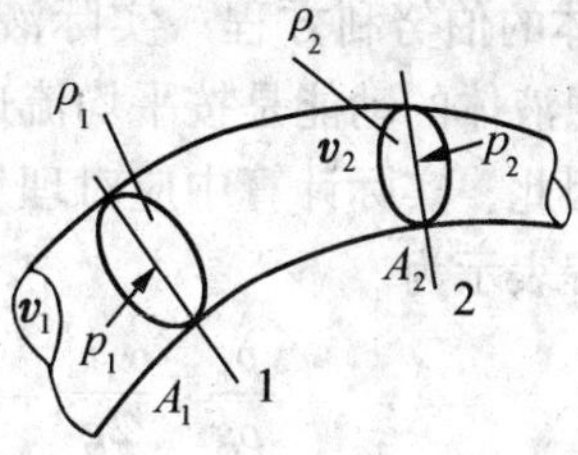

图2-14　变截面管内的稳定流动

$$\rho_1 v_1 A_1 = \rho_2 v_2 A_2 \tag{2-17}$$

因已设定为理想液体，并不考虑液体的可压缩性，即 $\rho_1 = \rho_2$，故上式又可写为

$$v_1 A_1 = v_2 A_2 \text{ 或 } q = vA = \text{常数} \tag{2-18}$$

式（2-18）即为液体连续性方程。公式表明：同一管道中，通过任意两个截面上的流量都相等。将式（2-18）改写为 $v_1/v_2 = A_2/A_1$，由此看出，同一管道中各个截面的平均流速与过流断面的面积成反比，管子细的地方流速大，管子粗的地方流速小。

2.3.3　伯努利方程

伯努利方程是能量守恒定律在流体力学中的一种表现形式。

液体具有压力能和位能，油液以一定速度流动，因而还具有动能。因实际液体在管中流动时能量变化关系较复杂，所以在此先探讨理想液体在管中流动的能量关系，然后延伸到实际液体。

1. 理想液体的伯努利方程　液体在管中作稳定流动时，其能量有三种形式：压力能、动能和势能。理想流体因无黏性，又不可压缩，所以在管内作稳定流动时无能量损失。根据能量守恒定律可知，同一管道中任一截面上的总能量都是相等的。

图2-15为一变截面管，各截面高低位置不同，任取两个截面 A_1 和 A_2，它们距水平基准面的距离分别为 h_1 和 h_2，各截面上的平均流速分别为 v_1 和 v_2，压力分别为 p_1 和 p_2。设定理想液体在管内作稳定流动，则由能量守恒定律可得

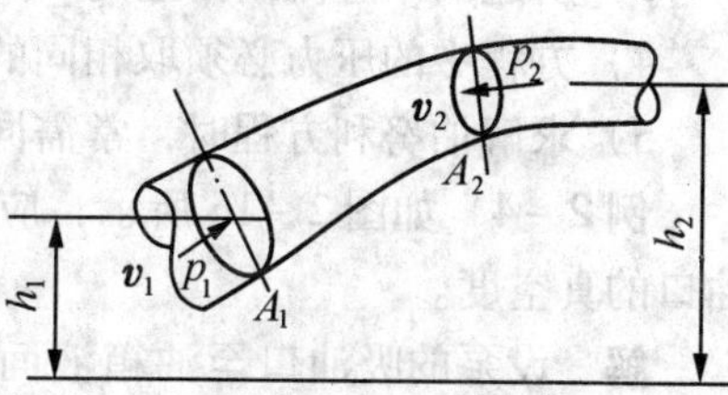

图2-15　伯努利方程示意

$$\frac{p_1}{\rho g} + \frac{v_1^2}{2g} + h_1 = \frac{p_2}{\rho g} + \frac{v_2^2}{2g} + h_2 \tag{2-19}$$

或

$$\frac{p}{\rho g} + \frac{v^2}{2g} + h = \text{常数}$$

式（2-19）即为理想液体的伯努利方程，其中 $p/\rho g$ 是单位重量液体所具有的压力能，称为比压能或压力头；$v^2/2g$ 是单位重量液体所具有的动能，称为比动能或速度头；h 是单位重量液体所具有的位能，称为比位能或位置头。三者之和称为总机械能。伯努利方程的物理意义：理想液体在管内作稳定流动时具有三种形式的能量，即动能、位能和压力能，这三种能量在流体流动过程中相互转换，但在任一截面上三种能量之和不变，即能量守恒。

由伯努利方程可以看出，当管道水平放置时，即 $h_1 = h_2$，液体的流速越高，压力就越低。管道细的地方，流速较高，压力较低；管道粗的地方，流速较低，压力较高。液压传

动中，因动能和势能比压力能小得多，故主要的能量形式是压力能。

2. 实际液体的伯努利方程　实际液体因具有黏性，所以在管内流动时会造成能量损失。另外，理想液体的动能是按平均流速计算的，与由实际抛物面速度分布规律计算出的动能有差别。因此，实际计算中应对理想液体的伯努利方程作修正处理。修正后的实际液体的伯努利方程表示为

$$\frac{p_1}{\rho g}+\frac{\alpha_1 v_1^2}{2g}+h_1=\frac{p_2}{\rho g}+\frac{\alpha_2 v_2^2}{2g}+h_2+h_w \tag{2-20}$$

式中，h_w 是实际液体从截面 A_1 流到截面 A_2 的能量损失。α_1、α_2 分别表示截面 A_1 和 A_2 的动能修正系数，对于层流，取 $\alpha=2$，对于紊流，取 $\alpha=1$。

伯努利方程揭示了液体流动过程中的能量变化规律，它是液体力学中一个重要基本方程，是我们进行液压系统分析计算的理论基础。但正确运用伯努利方程，还需明确它的适用条件和注意事项。

（1）伯努利方程的适用条件：

1）液体是恒定流动。

2）所选择的两个过流断面之间的流量应保持不变。

3）所选的两个有效断面间没有能量的输入或输出。

4）液体是连续的、不可压缩的，即密度为常数。

5）所选的有效断面应符合缓变流条件。

（2）伯努利方程使用时的注意事项：

1）基准面可选任一水平面，但最好选在两端面之下，或穿过低断面的形心，以免使 h_1、h_2 出现负值。若流动是水平的，且基准面取在基准面中心线上，则 $h=0$。

2）两个过流断面需顺流向选取，否则 h_w 为负值。

3）所选两个过流断面上的 p、v、h 应只有一个未知待求变量。

4）方程中的压力必须取相同的标准和单位。

5）求解伯努利方程时，常需同时运用连续性方程，以减少未知量个数。

例 2-4　如图 2-16 所示，应用伯努利方程求液压泵吸油口的真空度。

解　设泵的吸油口至油箱液面高度为 h，泵吸油口处的绝对压力为 p_2，油箱液面处的绝对压力为 p_1，这里 p_1 等于大气压 p_a。

取油箱液面 1-1 截面为基准水平面，泵吸油口处为2-2截面。对两截面列伯努利方程，并取 $\alpha_1=\alpha_2=1$，则有

$$\frac{p_1}{\rho g}+\frac{v_1^2}{2g}+h_1=\frac{p_2}{\rho g}+\frac{v_2^2}{2g}+h_2+h_w$$

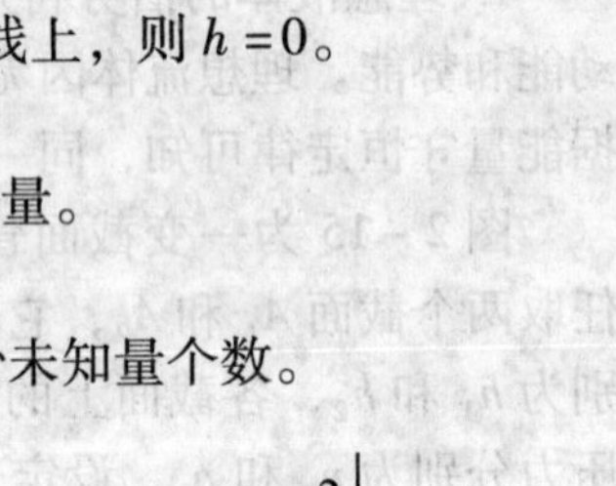

图 2-16　液压泵装置

式中，$p_1=p_a$；v_1 为油箱液面处油液的流速，近似为零；v_2 为泵吸油口油液流速；h_w 为吸油管路的能量损失。故上式为

$$\frac{p_a}{\rho g}=p_2/\rho g+v_2^2/2g+h+h_w$$

由上式可得液压泵吸油口的真空度表达式为

$$p_a - p_2 = \frac{1}{2}\rho v_2^2 + \rho gh + \rho gh_w = \frac{1}{2}\rho v_2^2 + \rho gh + \Delta p$$

式中，Δp 为油液从截面 1－1 到截面 2－2 的压力损失。

2.3.4　动量方程

动量方程是动量定理在流体力学中的具体应用。在液压传动中，运用动量方程求解液流作用在固体壁面上的力很方便。

刚体力学动量定理指出：作用在物体上的外力等于物体在单位时间内的动量变化量，即

$$F = \frac{d(mv)}{dt} \tag{2-21}$$

对于作稳定流动的液体，若忽略其可压缩性，并以平均流速代替实际流速，这样会产生误差，故引入动量修正系数。同时代入 $m = \rho q dt$，则式（2－21）可表示为

$$F = \rho q(\beta_2 v_2 - \beta_1 v_1) \tag{2-22}$$

式中，β_1、β_2 分别为前、后两个过流断面上的动量修正系数，层流时取 $\beta = 1.33$，紊流时取 $\beta = 1$；v_1、v_2 为液流在前、后两个过流断面上的平均流速矢量；F 是作用在液体上的所有外力的矢量和；ρ、q 分别为液体的密度和流量。

式（2－22）即为液流的动量方程。应用该方程时，要根据具体要求，求出在指定方向上的投影值，然后列出动量方程。如图 2－17 所示。工程问题中，往往要求出液流对通道固体壁面的作用力，即上述公式中 F 的反作用力，又称稳态液动力。

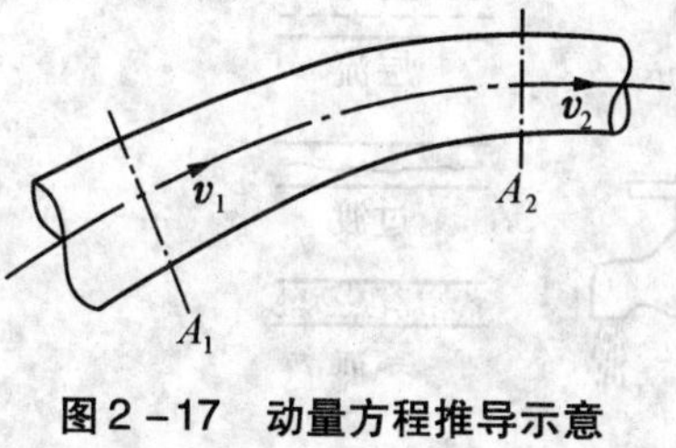

图2－17　动量方程推导示意

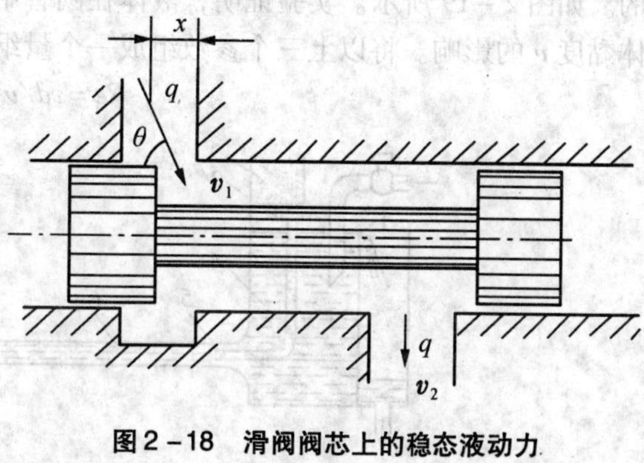

图2－18　滑阀阀芯上的稳态液动力

例2－5　图 2－18 为一滑阀示意图。当液体稳定流动并以流量 q 通过滑阀时，试求流动液体作用于阀芯上的轴向作用力（即稳态液动力）。

解　取滑阀进、出口之间的液体为控制体积，设阀芯作用于控制体积上的力为 F，根据 $F = \rho q(\beta_2 v_2 - \beta_1 v_1)$，列出 F 方向投影的动量方程为

$$F = \rho q(\beta_2 v_2 \cos\theta_2 - \beta_1 v_1 \cos\theta_1)$$

这里 $\theta_2 = 90°$，$\theta_1 = \theta$；取 $\beta_2 = \beta_1 = 1$，得

$$F = \rho q v_1 \cos\theta$$

结果为正值，故 F 的假设方向与实际方向一致。根据作用力与反作用力原理，流动液体作用于阀芯上的作用力为 F'，大小为 $\rho q v_1 \cos\theta$，方向与 F 相反。同时可以看出，只要阀

口处于开启状态，不论液流方向如何，都会产生液动力使阀芯有关闭的趋势。由于阀口流速较高，因而此力往往较大，相应的移动滑阀所需的操纵力也必须很大。因此轴向液动力对液压系统的工作性能是不利的，它增加了操纵力，降低了滑阀的工作灵敏度，甚至会引起系统的振动。因此，在工作性能要求较高的液压系统中，往往采取一定措施来消除轴向液动力的影响，对大流量的换向阀则要求采用液动或电液动操纵。

2.4 液体在管路中流动的压力损失

液体在管路中流动时，因其具有黏性，流动时的内摩擦力会使流体产生能量损失。能量损失不仅与流体的黏度有关，还与流体在管道中的流动状态、管道内壁状况、管道长度等因素有关。流体能量损失表现为压力损失，根据导致因素不同，分为沿程压力损失和局部压力损失。

2.4.1 液体的流动状态

实验表明，液体流动的压力损失与液体的流动状态有关。液体在管道中有两种流态：层流和紊流（或湍流）。

液体为层流流态时，液体质点互不干扰，液体的流动呈线性或层状，且平行于管道轴线；而为紊流时，液体质点的运动杂乱无章，除了平行于管道轴线的运动外，还存在剧烈的横向运动。理论分析认为，层流时液体流速较低，质点受黏性制约，不能随意运动，黏性力起主导作用；紊流时液体流速较高，黏性的制约作用减弱，惯性力起主导作用。

为对以上两种流态加以判别，故引入雷诺数。雷诺现象是由 19 世纪末雷诺发现而得名的。如图 2－19 所示。实验证明，液体在圆管中的流态受管内平均流速 v、管道内径 d、液体黏度 ν 的影响。将以上三个参数组成一个量纲一的数群，即雷诺数，用 Re 表示，即

$$Re = vd/\nu \tag{2-23}$$

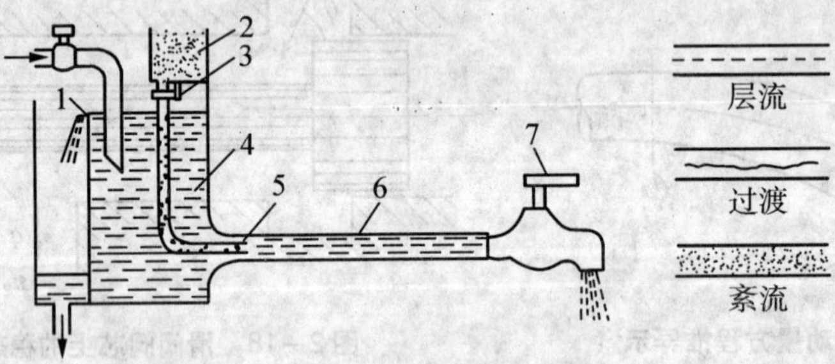

图 2－19 雷诺实验装置

1. 溢流管 2、4. 容器 3、7. 阀 5. 细导管 6. 玻璃管

液流由层流转变为紊流时的雷诺数大于由紊流转变为层流时的雷诺数，实际运用中一般将后者作为判别液流流态的依据，称为临界雷诺数，记作 Re_{cr}。当液流的雷诺数小于临界雷诺数时，液流为层流；反之液流为紊流。

流态对液流性能是有影响的。当为层流时，液体的能量损耗主要在摩擦上，并直接转为热能；反之，为紊流时，液体的能量主要消耗在动能上，表现为对液体的搅动混合，产生旋涡、尾流，形成气穴，撞击管壳，引起振动，产生噪声等，能量损耗明显增大。

圆管中的紊流运动沿横截面可分为三部分：黏性底层、过渡层和紊流核心区，如图

2-20、图2-21所示。过渡层很薄，通常和紊流核心区合称为紊流部分。黏性底层的厚度δ也很薄，通常只有几分之一毫米，它与主流的紊动程度有关，紊动越剧烈，δ就越小，δ与Re成反比。液体在圆管中的层流运动是液压传动中最常见的现象，设计和使用液压系统时，也希望管道中的液流保持这种状态。

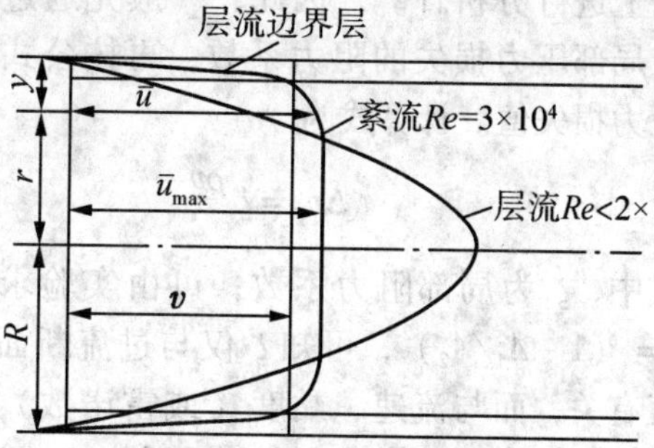

图2-20　紊流时圆管中的速度分布

2.4.2　沿程压力损失

液体在等截面直管中流动时因黏性摩擦而产生的压力损失，称为沿程压力损失。

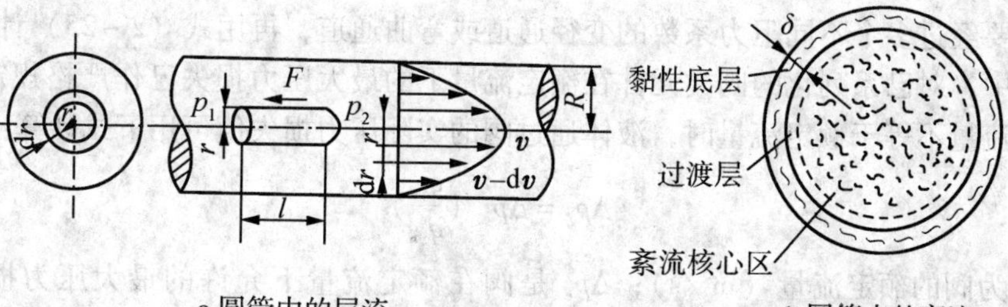

a.圆管中的层流　　b.圆管中的紊流

图2-21　圆管中的层流和紊流

沿程压力损失与液体流速、黏性和管路的长度及内径等有关，液体在管道中的流态也会对压力损失产生影响。

经理论推导，液体流经直径为d（单位：m）的直圆管时，在管长为l（单位：m）上的沿程压力损失Δp_λ的计算式为

$$\Delta p_\lambda = \lambda \frac{l}{d} \times \frac{\rho v^2}{2} \tag{2-24}$$

式中，λ为沿程阻力系数，$\lambda = \frac{75 \sim 80}{Re}$；$v$为液体的平均流速（m/s）；$\rho$为液体的密度（$kg/m^3$）。

上述公式可用于层流和紊流时的压力损失计算，不同流态选取λ值不同。阻力系数λ与雷诺数有关，还与管壁的表面粗糙度有关。对于圆管层流，理论上取$\lambda = 64/Re$，考虑到实际圆管截面可能有变形，及靠近管壁处的液层可能冷却导致黏性变大，阻力也略有放大，实际计算时对金属管取$\lambda = 75/Re$，橡胶管取$\lambda = 80/Re$。λ的取值可从有关图表中查出。

运用公式时，应先判断流态，取正确的沿程阻力系数λ值，然后代入公式计算。

2.4.3　局部压力损失

液流在流经管道的接头、弯头、截面突变部位以及阀口等处时，由于其流速的大小和方向发生急剧变化，形成的旋涡使液体质点相互撞击，从而产生流动阻力，造成较大的能量损耗，这就是局部压力损失。如图2-22所示。

产生局部压力损失的部位，流动状况极为复杂，影响因素较多，压力损失值不易从理

论上进行分析计算。因此，一般先通过实验来确定局部压力损失的阻力系数，再按公式计算局部压力损失值。计算式为

$$\Delta p_{\zeta}=\zeta\frac{\rho v^2}{2} \quad (2-25)$$

式中，ζ 为局部阻力系数，可由实验求得。由于 $\zeta=(1-A_1/A_2)^2$，可知 ζ 仅与过流断面面积的比值有关，而与流速、黏度（或雷诺数）无关。各种局部结构的 ζ 值可查有关手册。v 为液流在该局部结构处的平均流速（m/s）。

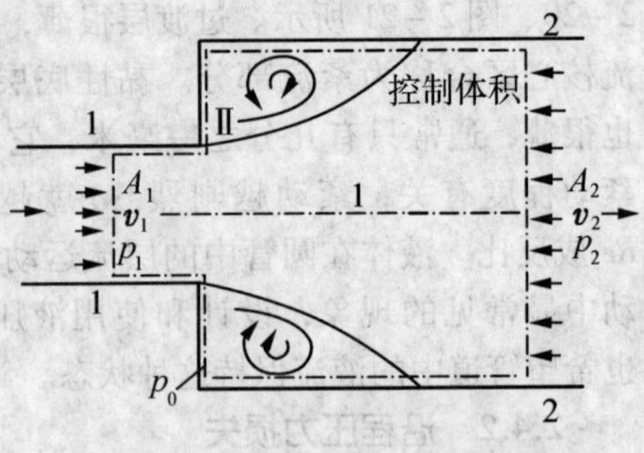

图 2-22 突然扩大处的局部损失

理论上，式（2-25）也可用于各种阀类元件局部压力损失，但因阀内通道结构复杂，流体往往要经过多个不同阻力系数的变径通道或弯曲通道，再用式（2-25）计算较困难。实际运用中，对已系列化的阀类元件在额定流量下的最大压力损失已作严格规定。当流过阀的液体流量不等于额定流量时，液体通过阀的实际压力损失值可用下式计算：

$$\Delta p_{\zeta}=\Delta p_{e}\left(\frac{q_{vs}}{q_{ve}}\right)^2 \quad (2-26)$$

式中，q_{ve}为阀的额定流量（m^3/s）；Δp_e 是阀在额定流量下允许的最大压力损失（Pa）；q_{vs}为通过阀的实际流量（m^3/s）；Δp_{ζ} 是阀通过实际流量的压力损失（Pa）。

2.4.4 管路系统的总压力损失

管路系统的总压力损失应为系统中所有沿程压力损失和所有局部压力损失之和。用公式表示为

$$\Delta p=\sum\Delta p_{\lambda}+\sum\Delta p_{\zeta}=\sum\lambda\frac{l}{d}\times\frac{\rho v^2}{2}+\sum\zeta\frac{\rho v^2}{2} \quad (2-27)$$

在液压系统中，绝大部分压力损失将转变为热能，造成系统温升增高，泄漏变大，影响系统正常工作性能，因此，应尽可能减少液压系统的压力损失，通常可采用以下措施：

（1）尽量缩短管道长度，减少管道弯曲和截面的突变。

（2）提高管道内壁的光滑程度。

（3）管道应有足够大的过流截面面积，并把液流的速度限制在适当的范围内。

（4）液压油的黏度选择要适当。

2.5 孔口和缝隙流量

液压传动中常用液体流经阀的小孔或间隙来控制流量和压力，达到调速和调压的目的。液压元件的泄漏也属于液体的间隙流动。因此，学习小孔和间隙的流量计算，将为计算和分析液压元件和系统泄漏打下基础。

2.5.1 小孔流量

小孔有三种：当小孔的长度与直径之比 $l/d\leqslant0.5$ 时，称为薄壁孔；当 $l/d>4$ 时称为细长孔；当 $0.5<l/d\leqslant4$ 时，称为短孔。它们相应的小孔流量计算方法也有所不同。

1. 薄壁孔流量　当液体从薄壁小孔流出时，在惯性力的作用下，小孔出口处的液流由于流线不能突然改变方向，在靠近孔口的后方出现较明显的过流断面的缩减，即发生收缩

现象，而后再开始扩散，这种过流断面的先收后扩的过程，会造成较大的能量损失。如图2-23所示。

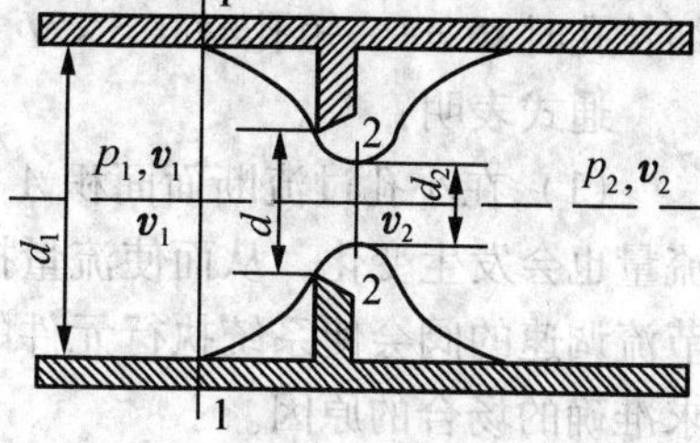

图2-23　流经薄壁小孔的液流

根据实际液体的伯努利方程对液体经薄壁小孔时的能量变化进行分析，可得出薄壁小孔的流量公式：

$$q = C_q A_T \left(\frac{2}{\rho}\Delta p\right)^{1/2} = CA_T \Delta p^{1/2} \qquad (2-28)$$

式中，C_q 是流量系数；A_T 为小孔过流断面面积（m^2）；Δp 为孔前后压力差（Pa）；C 是与小孔的结构及液体的密度等有关的系数，定义为 $C = C_q\ (2/\rho)^{1/2}$；ρ 为液体的密度（kg/m^3）。

公式表明：流经薄壁小孔的流量与小孔的过流断面面积 A_T 及小孔两端压力差的平方根 $\Delta p^{1/2}$ 的乘积成正比。

对于薄壁圆孔，当孔前通道直径 D 与小孔直径 d 之比 $D/d \geqslant 7$ 时，液体的收缩作用不受孔前通道内壁的影响，这种收缩称为完全收缩，此时取 $C_q = 0.6 \sim 0.62$；反之，当 $D/d < 7$，孔前通道对液体进入小孔起导向作用，这种收缩称为不完全收缩，取 $C_q = 0.7 \sim 0.8$。

薄壁孔由于流程很短，沿程阻力非常小，流量受黏度影响小，对液体温度变化不敏感，流量稳定，常用于液流速度调节要求较高的调速阀中。

2. 短孔流量　薄壁孔加工比较困难，实际应用较多的是短孔。短孔的流量公式仍用薄壁小孔流量计算公式，但流量系数应按图2-24所示的曲线来确定。由图2-24可知，在雷诺数较大时，C_q 基本稳定在0.8左右，一般取 $C_q = 0.82$。

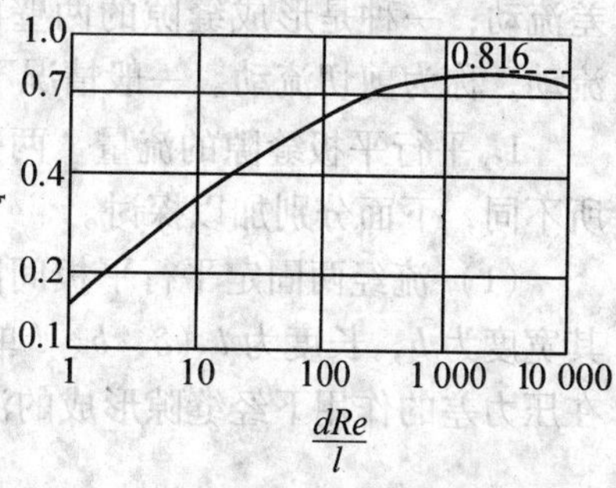

图2-24　短孔的流量系数曲线

3. 细长孔流量　流经细长小孔的液流，由于黏性的作用，一般呈现层流状态。应用等径圆管层流状态的沿程压力损失公式，经过整理可得细长孔流量计算公式：

$$q = \frac{\pi d^4}{128\mu l}\Delta p = \frac{d^2}{32\mu l}\ \frac{\pi d^2}{4}\Delta p = CA_T\Delta p \quad (2-29)$$

式中，C 为与小孔的结构及液体动力黏度有关的系数，定义为 $C = d^2/\ (32\mu l)$；d 为细长小孔的直径（m）；μ 是液体的动力黏度（$N \cdot s/m^2$）；l 为小孔的长度（m）。

公式表明：流经细长小孔的流量与小孔的过流断面面积及小孔两端的压力差成正比；与液体的黏度成反比。温度影响黏度，从而使流经细长孔的液体的流速受温度影响比较大。

对上式略作变换，可得液体流经细长小孔的压力损失计算公式：

$$\Delta p = \frac{128\mu l q}{\pi d^4} \qquad (2-30)$$

4. 小孔流量计算通式　上述各种小孔的流量计算公式可用一个通式表示为

$$q = CA_T\Delta p^{\Phi} \qquad (2-31)$$

式中，C 是由孔的形状、尺寸和液体性质决定的系数：细长孔时 $C = d^2/\ (32\mu l)$，薄壁孔

和短孔时 $C = C_q\ (2/\rho)^{1/2}$。Φ 是由孔的长度与直径之比决定的指数：薄壁孔时 $\Phi = 0.5$，细长孔时 $\Phi = 1$，短孔时 $0.5 < \Phi < 1$。

通式表明：

（1）在小孔过流断面面积 A 不变，而小孔两端压力差等因素发生变化时，通过小孔的流量也会发生变化，从而使流量控制的执行元件运动速度发生变化。所以，运用小孔进行节流调速的阀会使系统执行元件的运动速度不平稳和不准确，这也是它不能用于传动比要求准确的场合的原因。

（2）改变流经小孔的流量即可改变所控制执行元件的运行速度，达到调速的目的。在实际应用中，中小功率的液压系统常用节流阀的这一原理调速，所以被称为节流调速。

2.5.2 缝隙流量

在液压元件和液压设备中，相对运动的各零件之间，一般都存在缝隙，在系统压力作用下经缝隙有液体通过，形成缝隙流量。由于缝隙通道狭窄，液流受壁面的影响较大，故缝隙液流的流态均为层流。常见的缝隙有两种：一种为两个平行平面形成的缝隙，如图 2－25 所示；一种为内、外圆柱表面形成的环状缝隙。缝隙流动有两种状况：一种是由缝隙两端的压力差造成的流动，称为压差流动；一种是形成缝隙的两壁面作相对运动所造成的流动，称为剪切流动。一般情况下这两种流动同时存在。

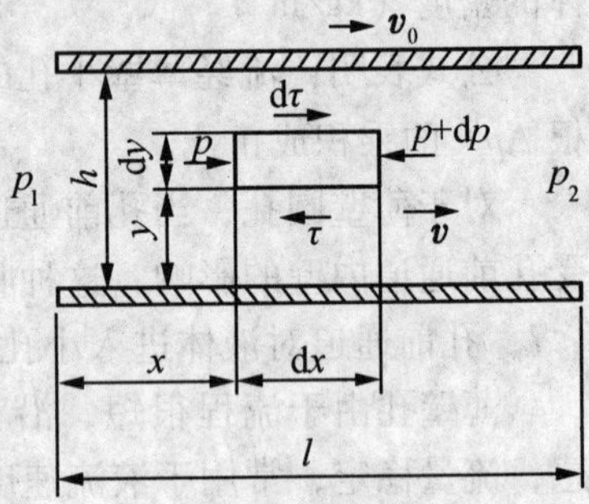

图 2－25　平行平板缝隙间的液流

1. 平行平板缝隙的流量　两平行平板相互运动状态的不同，对应的流量计算方式也有所不同，下面分别加以探讨。

（1）流经两固定平行平板间隙的流量：如图 2－26 所示，固定平行平板间有缝隙 δ，其宽度为 b，长度为 l（δ、b、l 单位均为 m），且缝隙两端因压力不同而形成压力差 Δp。在压力差的作用下经缝隙形成的流量，经理论推导可得其计算公式：

$$q = \frac{b\delta^3}{12\mu l}\Delta p \tag{2-32}$$

从上式可知：减小 b、δ、Δp，增大运动黏度 μ、l，均可减小缝隙流量。同时我们也看到，由于该流量 q 与 δ^3 成正比，所以减小缝隙高度 δ 是减小流量最有效的措施。

（2）流经两相对运动的平行平板缝隙的流量：将一平板固定，让另一平板以速度 v_0（m/s）与其作相对运动。如图 2－27 所示。此时，由于液体黏性作用，紧贴于运动平板的液体能够以速度 v_0 运动，紧贴于固定平板的液体则保持静止，中间各层液体的流速呈线性分布，即液体作剪切流动。

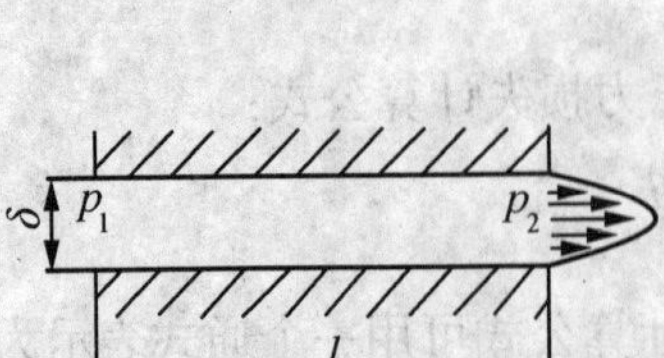

图 2－26　固定平行平板缝隙间的液流

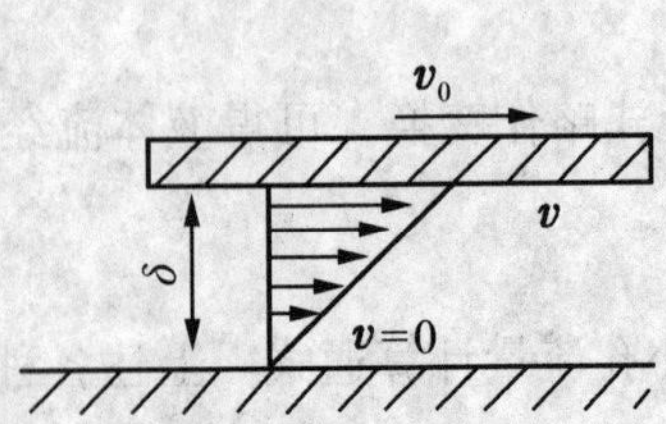

图 2－27　相对运动平行平板缝隙间的液流

因为间隙中液体的平均流速 $v = v_0/2$，故由于平板相对运动而使液体流过缝隙的流量为

$$q = vA = v_0 b\delta/2 \tag{2-33}$$

一般情况下，相对运动平行平板缝隙中既有压差流动，又有剪切流动。因此，流经相对运动平板缝隙的流量为压差流量和剪切流量的代数和，即

$$q = \frac{b\delta^3}{12\mu l}\Delta p \pm v_0 b\delta/2 \tag{2-34}$$

在式（2-34）中，当长平板相对于短平板移动方向与压差方向相同时，公式中间的“±”应取“+”，方向相反时取“-”。

2. 环形缝隙的流量　在液压元件中普遍存在环形间隙，如液压缸的活塞与缸体内孔之间、液压阀的阀芯与阀孔之间等。实际上，由于活塞或阀芯自重的影响或制造、装配等原因，圆柱体与孔的配合间隙存在一定的偏心。因此，我们将圆环缝隙分同心和偏心两种情况来确定环形缝隙流量计算公式。

（1）流经同心圆环缝隙的流量：图 2-28 为液体流经同心环形缝隙的流动情况。设定圆柱的直径为 d，缝隙厚度为 δ，缝隙长度为 l（d、δ、l 单位均为 m）。如果将环形缝隙沿圆周方向展开，就相当于一个平行平板缝隙。因此，只要用 πd 代替式（2-34）中的 b，就可得到液体通过内外表面间有相对运动情况下同心环形缝隙的流量公式。即

$$q = \frac{\pi d\delta^3}{12\mu l}\Delta p \pm \frac{\pi d\delta}{2}v_0 \tag{2-35}$$

由上式可知，当相对速度 $v_0 = 0$ 时，即内外表面间无相对运动的同心圆环缝隙流量计算式为

$$q = \frac{\pi d\delta^3}{12\mu l}\Delta p \tag{2-36}$$

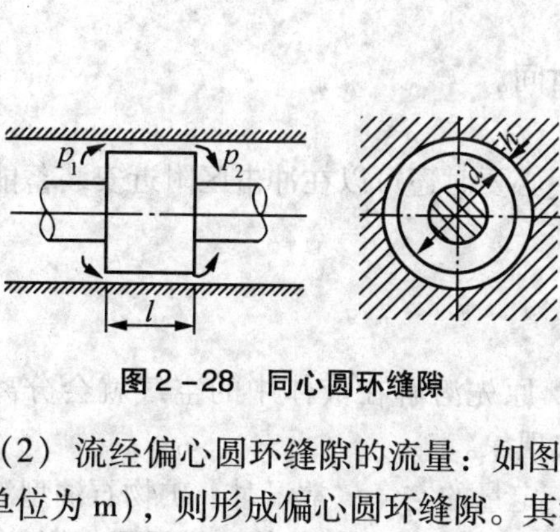

图 2-28　同心圆环缝隙

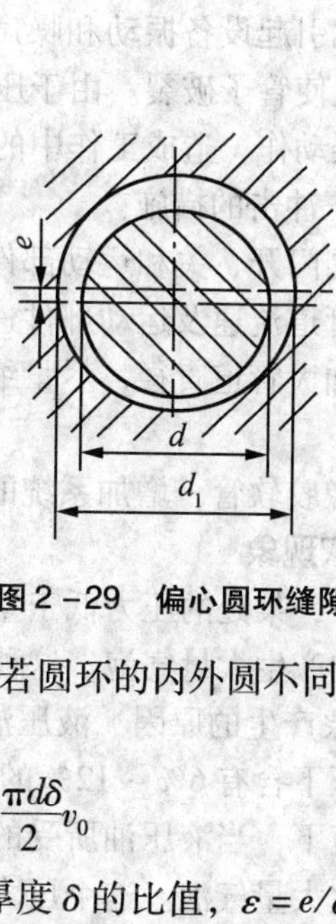

图 2-29　偏心圆环缝隙

（2）流经偏心圆环缝隙的流量：如图 2-29 所示，若圆环的内外圆不同心，偏心距为 e（单位为 m），则形成偏心圆环缝隙。其流量计算式为

$$q = \frac{\pi d\delta^3}{12\mu l}(1 + 1.5\varepsilon^2)\Delta p \pm \frac{\pi d\delta}{2}v_0 \tag{2-37}$$

式中，ε 为相对偏心率，即两圆偏心距 e 和同心环缝隙厚度 δ 的比值，$\varepsilon = e/\delta$。

式（2-37）表明：当偏心率 $\varepsilon = 0$ 时（即 $e = 0$），公式为同心圆环缝隙流量计算式；当 $\varepsilon = 1$ 时，达到最大偏心，其压差流量为同心圆环缝隙压差流量的 2.5 倍。可见，在制

作或装配时，应尽量使相互配合的零件处于同心状态。实际中，常在阀芯和活塞的圆柱表面上加工多条环形压力平衡槽，借助槽使圆周油液的压力相等，使配合件自动对中，减小偏心，从而可减小流量。

2.6 液压冲击与气穴现象

液压传动系统中，液压冲击和气穴现象会给系统的正常工作带来不利影响，因此需要了解这些现象产生的原因，并采取措施加以防止。

2.6.1 液压冲击

在液压系统中，由于某种原因引起油液的压力在某一瞬间突然急剧上升，形成很高的压力峰值，这种现象称为液压冲击。

1. 液压冲击产生的原因

(1) 当液体突然停止运动的时候，例如迅速关闭阀门时，液体的流速突然降为零，此时液体受到挤压，液体的动能转为液体的压力能，于是液体的压力急剧升高，从而引起液压冲击。

(2) 急速改变运动部件的速度，如液压缸作高速运动时突然被制动，油液封闭在两腔中，由于惯性力的作用，液压缸仍继续向前运动，因而压缩回油腔的液体，使油液受到挤压，瞬间压力急速升高，从而引起液压冲击。

(3) 由于液压系统中某些元件反应不够灵敏，也会造成液压冲击。如溢流阀在超压时不能迅速打开，形成压力的超调量，或限压式变量液压泵在油温升高时不能及时减少输油量等，都会造成液压冲击。

2. 液压冲击的危害　产生液压冲击时，液压系统的瞬时压力峰值有时比正常工作压力高好几倍，因此引起设备振动和噪声，影响系统正常工作。液压冲击还会损坏液压元件、密封装置，甚至使管子破裂。由于压力增高，系统中的某些元件，如顺序阀和压力继电器等也可能产生误动作，造成工作中的事故。

3. 减少液压冲击的措施

(1) 延长阀门开、关和运动部件制动换向的时间。

(2) 限制管道流速及运动部件速度。

(3) 适当加大管道直径，尽量缩短管路长度，必要时还可以在冲击区附近安装蓄能器等缓冲装置。

(4) 采用橡胶软管，增加系统的弹性。

2.6.2 气穴现象

液压系统中，某处的压力低于空气分离压时，原先溶解在液体中的空气就会分离出来，导致液体中产生大量气泡，这种现象称为气穴现象。

1. 气穴现象产生的原因　液压油中总是含有一定量的空气，常温时，矿物石油型液压油在一个大气压下含有 6% ~12% 的溶解空气。溶解空气对液压油的体积模量没有影响。

在一定温度下，当液压油所受的压力低于某个值时，溶于油中的空气就会迅速从油中分离出来，产生大量气泡。这个压力称为液压油在该温度下的空气分离压。含有气泡的液压油，其体积模量将减小，所含气泡越多，油的体积模量越小。

当液压油在某温度下的压力低于一定数值时，油液本身迅速汽化，即油从液态变为气态，产生大量蒸气气泡，这时的压力称为液压油在该温度下的饱和蒸气压。一般来说，液压流的饱和蒸气压相当小，比空气分离压小得多。因此，要使液压油不产生大量气泡，它所在液压系统的工作压力最低不得低于液压油所在温度下的空气分离压。表2－7给出了几种液体的饱和蒸气压。

表2－7 几种液体的饱和蒸气压

工作介质	温度/℃	饱和蒸气压/Pa
水	20	2 338.4
	50	12 398.9
22号汽轮机油	20	1.799
	50	0.013
30号汽轮机油	20	0.387
	50	0.011

2. 气穴现象产生的部位及危害 气穴多发生在阀口和液压泵的进口处。由于阀口的通道狭窄，液体的流速增大，压力则大大下降，以致产生气穴；泵的安装高度过大、吸油管直径太小、滤油器堵塞，或泵的转速过高，这些都造成进口处真空度过大，并低于其工作温度的空气分离压，而产生气穴。气穴将使吸油不足，流量下降，输出油的流量和压力剧烈波动，系统无法稳定地工作。

产生的大量气泡随着液压油流到压力较高的部位时，因承受不了高压而破灭，产生局部液压冲击，发出噪声并引发振动。当附着在金属表面上的气泡破灭时，它所产生的局部高温和高压会使金属剥落，造成金属表面粗糙，或出现海绵状小洞穴，这种现象称为气蚀。

3. 减少气穴和气蚀危害的措施 减少气穴和气蚀的措施有以下几点：

(1) 减小调节阀节流口前后压力差，一般控制阀前与阀后的压力比 $p_1/p_2<3.5$。

(2) 采取可靠的密封，防空气渗入。

(3) 提高零件的抗气蚀能力，如降低零件表面粗糙度，或采用抗气蚀能力强的金属材料。青铜的抗气蚀能力较好，但铸铁较差。

(4) 液压泵转速不能过高，以防吸油不足；管路尽量平直，避免急转向或狭窄的连接方式。

思考与练习

1. 什么是液体的黏性？常用的黏度表示方法有哪几种？说明各种黏度的单位。

2. 液压油污染的原因有哪些？如何控制液压油的污染？

3. 某一液压油体积为 $V=200\ mm^3$，密度为 $\rho=800\ kg/m^3$，在50 ℃时流过恩氏黏度计所需时间为 $t_1=150\ s$，已知同体积蒸馏水在20 ℃时流过恩氏黏度计所需时间 $t_2=50\ s$，试计算该液压油的恩氏黏度 $°E_{50}$、运动黏度 ν、动力黏度 μ 的大小。

4. 如图 2－30 所示，柱塞上物重 $G=10$ kg，柱塞受重力作用下落，缸中油液经缝隙中泄出。设间隙 $\delta=0.05$ mm，缝隙长度 $l=70$ mm，油液黏度 $\mu=50\times10^{-3}$ N·s/m^2，不计柱塞自重。当柱塞与缸孔同心时，下落 0.1 m 所需时间是多少？若柱塞与缸孔为全偏心时，下落 0.1 m 需要多少时间？

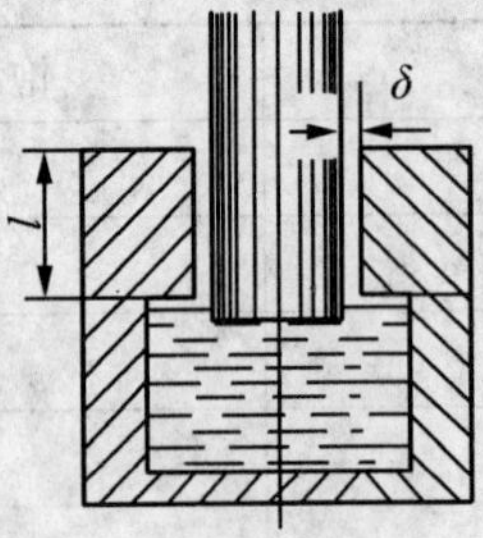

图 2－30　题 4

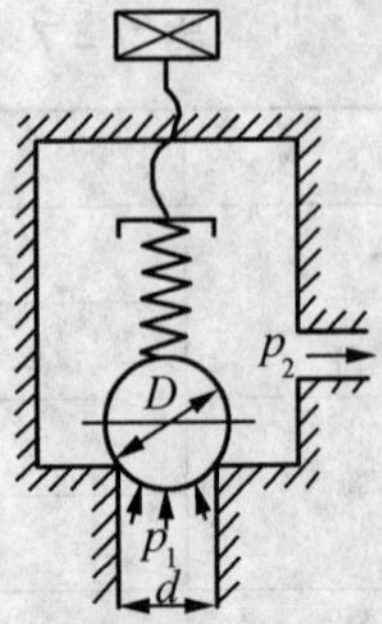

图 2－31　题 5

5. 如图 2－31 所示，钢球直径 $D=15$ mm，阀座孔直径 $d=10$ mm，作用在钢球上的弹簧力为 $F_1=450$ N，钢球上端压力 $p_2=3\times10^5$ Pa。问钢球下端的压力 p_1 为多大时才会顶开钢球？

6. 管路中的压力损失有哪几种？各有哪些影响因素？

7. 什么是气穴现象？什么是液压冲击？它们产生的原因各是什么？

8. 如图 2－32 所示的液压系统，已知使活塞 1、2 向左运动所需的压力分别为 p_1、p_2，阀门 T 的开启压力为 p_3，且 $p_1<p_2<p_3$。问：

(1) 哪个活塞先动，此时系统中的压力为多少？

(2) 另一个活塞何时才能运动？这个活塞运动时系统中的压力是多少？

(3) 阀门 T 何时开启？此时系统压力又是多少？

(4) 若 $p_3<p_2<p_1$，此时两个活塞能否运动，为什么？

9. 如图 2－33 所示，运动黏度 $\nu=40$ mm^2/s 的油液通过长 300 mm 的光滑管道，管道两端连接两个液面差保持不变的容器，液面差 $h=30$ cm，如果仅计管道中的沿程损失，求：

(1) 当通过流量为 60 L/min 时，液体作层流运动的管道直径 d。

(2) 根据由 (1) 所得出的直径，求不发生紊流时两容器最高液面差 h_{max}。

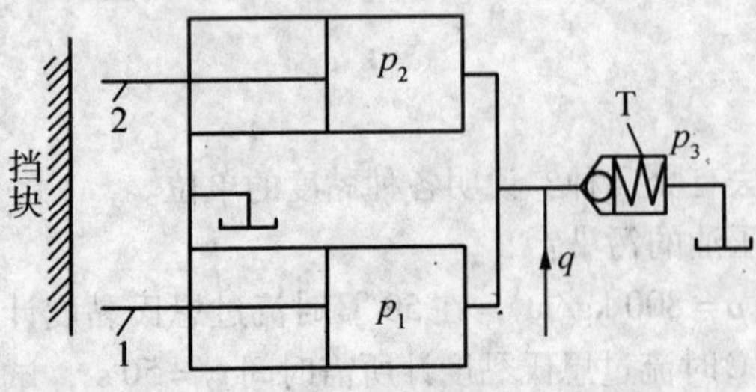

图 2－32　题 8

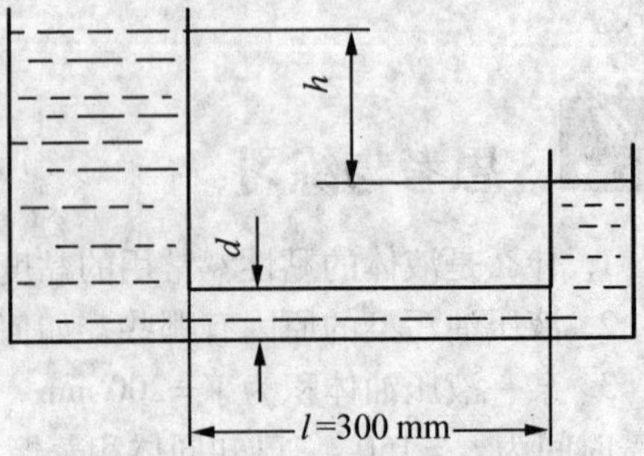

图 2－33　题 9

第3章　液压动力装置

3.1　液压泵

3.1.1　液压泵的作用

液压动力装置起着向系统提供动力源的作用，是系统中不可缺少的核心部件。液压泵为液压系统提供一定的流量和压力，它是将原动机（电动机或内燃机）输出的机械能转换为工作液体的压力能的一种能量转换装置。液压系统一般使用的都是容积式液压泵，通过密闭容积的周期性变化来实现工作。

3.1.2　液压泵的结构

液压泵主要是由泵体、运动件、配流装置等部件组成。其基本特点如下：

（1）具有密封且又可以周期性变化的空间。容积由小变大时吸油，由大变小时压油。液压泵输出流量与此空间的容积变化量和单位时间内的变化次数成正比，与其他因素无关。这是容积式液压泵的一个重要特性。

（2）具有相应的配流装置。将吸油腔和排油腔隔开，保证液压泵有规律地、连续地吸、排液体。图3-1为单柱塞容积式液压泵，它的两个单向阀起到配流作用，是配流装置中的一种。不同液压泵的结构不同，其配流机构也不相同。

容积式液压泵中的油腔处于吸油时称为吸油腔，处于排油时称为压油腔。吸油腔的压力决定于吸油高度和吸油管路的阻力。吸油高度过高或吸油管路阻力太大，会使吸油腔真空度过高而影响液压泵的自吸能力。压油腔的压力则取决于外负载和排油管路的压力损失，从理论上讲，排油压力与液压泵的流量无关。

容积式液压泵排油的理论流量取决于液压泵的有关几何尺寸和转速，而与排油压力无关，但排油压力会影响泵的内泄漏和油液的压缩量，从而影响泵的实际输出流量，所以液压泵的实际输出流量随排油压力的升高而降低。

3.1.3　液压泵的分类

液压泵按照主要运动构件的形状和运动方式分为齿轮泵、叶片泵、柱塞泵、螺杆泵。齿轮泵又分为内啮合齿轮泵和外啮合齿轮泵，叶片泵分为单作用叶片泵、双作用叶片泵和凸轮转子叶片泵，柱塞泵分为径向柱塞泵和轴向柱塞泵，螺杆泵分为单螺杆泵、双螺杆泵和三螺杆泵。液压泵按排量分为定量泵和变量泵。

3.1.4　液压泵的工作原理

以图3-1所示的单柱塞液压泵为例，可看出液压泵的工作原理如下：柱塞2安装在泵体3中，并在弹簧的作用下使其顶在偏心轮1上。当偏心轮1由原动机（电动机或者内

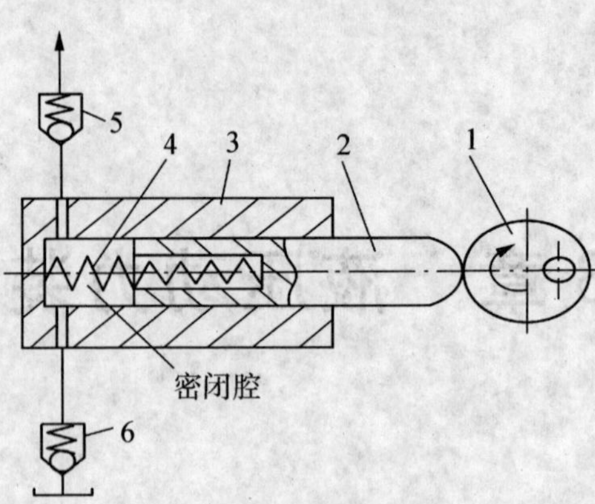

图 3－1　单柱塞液压泵的结构

1. 偏心轮　2. 柱塞　3. 泵体　4. 弹簧　5、6. 单向阀

燃机）带动旋转时，柱塞 2 在泵体 3 中作往复运动，同时密闭腔的容积跟着也发生大小周期性变化。柱塞往右运动时，密闭腔容积增大，形成局部真空，油箱中的油在大气压力作用下通过单向阀 6 流入密闭腔中，单向阀 5 关闭，防止系统的油液回流，这时液压泵吸油。柱塞向左移动时，密闭腔容积减小，油液受挤压从单向阀 5 压入系统中，单向阀 6 关闭，避免油液流回油箱。偏心轮不停转动，泵就不断地吸油和压油，源源不断地为系统供给具有一定压力能的油液。

由以上分析可见，容积式液压泵是靠密闭容积的变化来实现吸油和压油，从而将机械能（或电能）转化为液压能。其排油量的大小取决于密封容积变化量的大小。

3.1.5　液压泵的性能参数

1. 液压泵的压力

（1）工作压力 p：液压泵实际工作时的输出压力称为工作压力。工作压力的大小取决于外负载的大小和排油管路上的压力损失，而与液压泵的流量无关。

（2）额定压力 p_n：液压泵在正常工作条件下，按照试验标准的规定，连续运转的最高压力称为液压泵的额定压力。超过此压力值时就是过载。

（3）最高允许压力：是指在超过额定压力的条件下，泵在短时间内所允许超载使用的极限压力。由于液压传动的用途不同，液压系统所需要的压力也不同，为了便于液压元件的设计和使用，将压力分为几个等级，如表 3－1 所示。

表 3－1　压力分级

压力分级	低压	中压	中高压	高压	超高压
压力/MPa	≤2.5	>2.5～8	>8～16	>16～32	>32

2. 液压泵的排量和流量　液压泵的流量有理论流量、实际流量、额定流量、瞬时流量之分，它们的单位都是 m^3/s 或 L/min。

（1）排量 V：液压泵每转一周，由其密闭腔容积变化计算而得的排出液体的体积叫液压泵的排量。排量可调节的液压泵称为变量泵，排量为定值的液压泵则称为定量泵。排量的单位是 mL/r。

(2) 理论流量 q_t：液压泵的理论流量是在不考虑泄漏的情况下，在单位时间内根据液压泵密闭腔容积的变化计算得到的排出液体的体积。理论流量与工作压力无关，它等于排量 V 和转速 n 的乘积，即

$$q_t = Vn \tag{3-1}$$

(3) 实际流量 q_v：指泵在工作中实际输出的流量，是在考虑泵的泄漏的情况下得出的结果。它等于理论流量减去泵的泄漏量，即

$$q_v = q_t - \Delta q \tag{3-2}$$

其中 Δq 称为泵的泄漏量，也叫泵的容积损失。泄漏量会随着泵的工作压力升高而变大。

(4) 额定流量 q_n：指泵在额定转速和额定压力下输出的流量。由于泵存在泄漏，所以实际流量和额定流量一定小于泵的理论流量。一般泵的铭牌上标注的都是额定流量。

(5) 瞬时流量 q_{in}：指泵在某一瞬时输出的流量，一般指泵瞬时理论流量。在一定时间段内观察瞬时流量的波动幅度可以估计出泵的脉动。

3. 液压泵的功率　液压泵是能量转换的装置，其输入的是机械能，表现为转矩 T 和转速 n；输出的是液压能，表现为压力和流量。

(1) 理论功率 P_t：理论功率可用泵的理论流量与泵的进出口压差 Δp 的乘积来表示，即

$$P_t = q_t \Delta p \tag{3-3}$$

由于泵的进口压力很小，可近似为零，所以很多情况下不作特别说明时，泵的进出口压差可用泵的出口压力来代替。

(2) 输入功率 P_i：是指实际驱动泵的轴转动所需的机械功率，即

$$P_i = 2\pi nT \tag{3-4}$$

由于泵工作中各种摩擦消耗能量，所以输入功率要大于理论功率。

(3) 输出功率 P_o：输出功率是泵输出的液压功率，等于泵实际流量和进出口压差的乘积，即

$$P_o = q_v \Delta p \tag{3-5}$$

4. 液压泵的效率　液压泵在实际工作时有能量损失，因为泄漏而造成的能量损失叫容积损失；因为摩擦而造成的能量损失叫机械损失。

(1) 机械效率 η_m：由于泵内有各种摩擦损失（机械摩擦、液体摩擦等），泵的实际输入的转矩 T_i 总是大于理论转矩 T_t。机械效率定义为所需的理论转矩 T_t 与实际输入转矩 T_i 之比，即

$$\eta_m = T_t/T_i = \omega T_t/2\pi nT = \omega V\Delta p/2\pi nT = q_v \Delta p/P_i = P_t/P_i \tag{3-6}$$

(2) 容积效率 η_v：由于泵存在泄漏，泵的实际流量总是小于理论流量。容积效率是液压泵实际流量与理论流量之比，即

$$\eta_v = q_v/q_t \tag{3-7}$$

(3) 总效率 η：泵的总效率是泵输出功率 P_o 与输入功率 P_i 之比。泵的总效率等于机械效率和容积效率的乘积。即

$$\eta = P_o/P_i = q_v \Delta p/P_i = q_v \Delta p \eta_m/q_t \Delta p = \eta_v \eta_m \tag{3-8}$$

常见液压泵的容积效率和总效率见表3-2。

表 3-2 泵的容积效率和总效率

泵的类型	齿轮泵	叶片泵	柱塞泵
容积效率 η_v	0.7～0.9	0.8～0.95	0.85～0.98
总效率 η	0.6～0.8	0.75～0.85	0.75～0.9

5. 液压泵的特性曲线　液压泵的各个参数与工作压力的关系曲线如图 3-2 所示。由图可知，液压泵在零压时的流量即为 q_t。由于泵的泄漏量随压力升高而增大，所以泵的容积效率 η_v 和实际流量随着泵的工作压力的升高而降低，压力为零时的容积效率为 100%。这时的实际流量等于理论流量。总效率开始时随着压力的增大很快地上升，接近液压泵额定压力时总效率最大，达到最大值后又逐步下降。

从机械效率曲线看出泵在低压时，机械摩擦损失在总损失中所占的比重较大，机械效率很低。随着工作压力的升高，在达到某一值后机械效率基本保持不变。

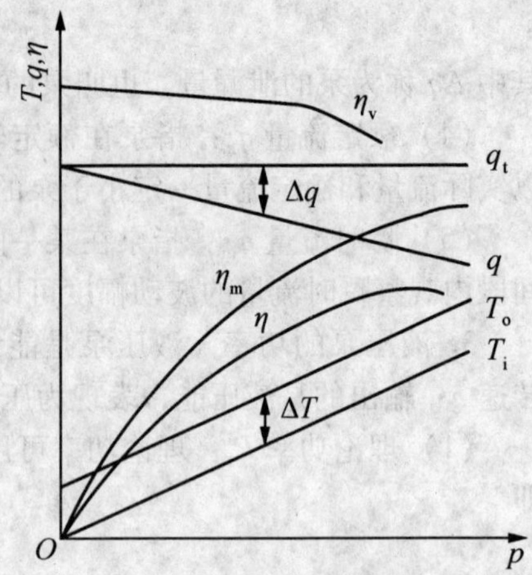

图 3-2 液压泵的特性曲线

3.1.6 液压泵的图形符号

液压泵的图形符号如表 3-3 所示。

表 3-3 液压泵的图形符号

名称	符号	说明
液压泵		一般符号
单向定量液压泵	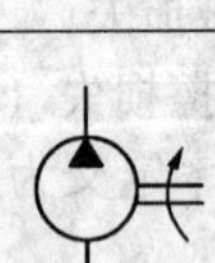	单向旋转、单向流动、定排量
双向定量液压泵	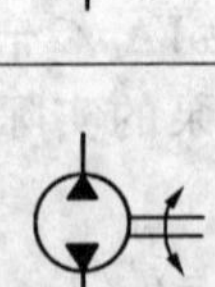	双向旋转、双向流动、定排量

续表

名称	符号	说明
单向变量液压泵	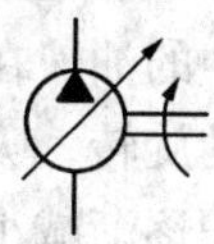	单向旋转、单向流动、变排量
双向变量液压泵		双向旋转、双向流动、变排量

3.2　齿轮泵

齿轮泵是液压系统中广泛采用的一种定量液压泵，以外啮合齿轮泵应用最为广泛。在电动机带动主轴转动下，齿轮泵的两个齿轮不停地转动，实现吸油和压油，从而向系统中不断地泵油。

3.2.1　外啮合齿轮泵

1. 工作原理　齿轮泵的工作原理如图3－3所示。它是一种外啮合型CB—B齿轮泵，为分离三片式结构。三片是指泵盖4、8和泵体7。泵体7内装有一对齿数相同、宽度和泵体接近而又互相啮合的齿轮6。这对齿轮与两端盖和泵体形成一密封腔，并由齿轮的齿顶

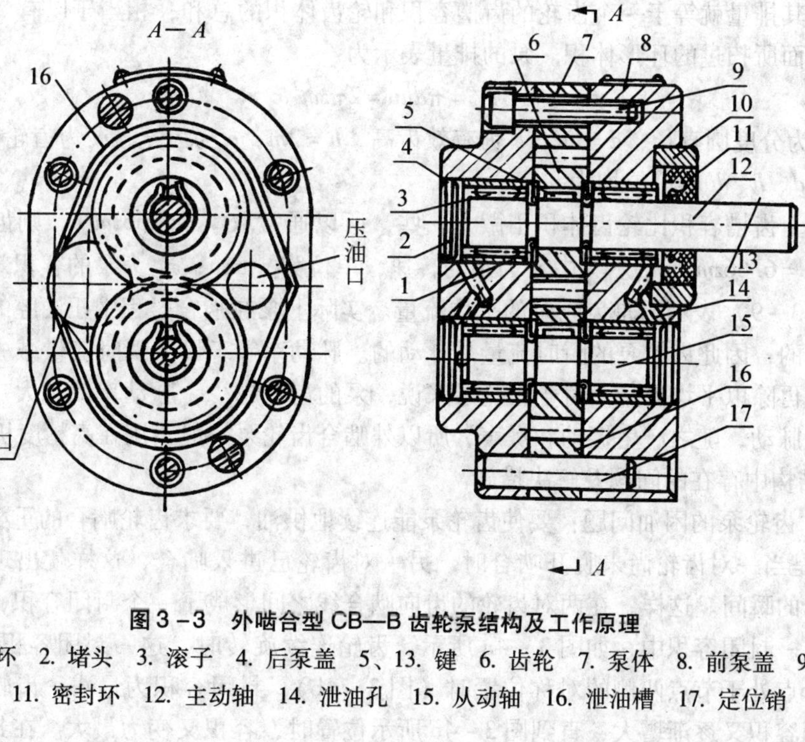

图3－3　外啮合型CB—B齿轮泵结构及工作原理

1. 轴承外环　2. 堵头　3. 滚子　4. 后泵盖　5、13. 键　6. 齿轮　7. 泵体　8. 前泵盖　9. 螺钉　10. 压环　11. 密封环　12. 主动轴　14. 泄油孔　15. 从动轴　16. 泄油槽　17. 定位销

和啮合线把密封腔划分为两部分，即吸油腔和压油腔。两齿轮分别用键固定在由滚针轴承支撑的主动轴 12 和从动轴 15 上，主动轴由电动机带动旋转。当泵的主动齿轮 6 按顺时针方向旋转时（*A—A* 剖面），齿轮泵左侧（吸油腔）齿轮脱开啮合，齿轮的轮齿退出齿间，使密封容积增大，形成局部真空，油箱中的油液在外界大气压的作用下，经吸油管路、吸油腔进入齿间形成吸油过程。随着齿轮的旋转，吸入齿间的油液被带到另一侧，进入右侧压油腔。这时轮齿进入啮合，使密封容积逐渐减小，齿轮间部分的油液被挤出，形成了齿轮泵的压油过程。齿轮啮合时齿向接触线把吸油腔和压油腔分开，起配流作用。当齿轮泵的主动齿轮由电动机带动不断旋转时，轮齿脱开啮合的一侧，由于密封容积变大则不断从油箱中吸油，轮齿进入啮合的一侧，由于密封容积减小则不断地排油，这就是齿轮泵的工作原理。

泵的前后盖和泵体由两个定位销 17 定位，用六只螺钉 9 固紧（图 3 - 3）。为保证齿轮灵活地转动，同时又要保证泄漏最小，在齿轮端面和泵盖之间应有适当间隙（轴向间隙），小流量泵轴向间隙为 0.025 ~ 0.04 mm，大流量泵为 0.04 ~ 0.06 mm。齿顶和泵体内表面间的间隙（径向间隙），由于密封带长，同时齿顶线速度形成的剪切流动又和油液泄漏方向相反，故对泄漏的影响较小。当齿轮受到不平衡的径向力后，应避免齿顶和泵体内壁相碰，所以径向间隙可稍大一些，一般取 0.13 ~ 0.16 mm。为了防止压力油从泵体和泵盖间泄漏，并减小压紧螺钉的拉力，在泵体两侧的端面上开有泄油槽 16，将渗入泵体和泵盖间的压力油引入吸油腔。在泵盖和从动轴上的小孔，其作用是将泄漏到轴承端部的压力油引到泵的吸油腔，防止油液外溢，同时还润滑了滚针轴承。

2. 流量计算　齿轮泵的排量相当于两个齿轮齿槽容积之和。假设齿槽容积等于轮齿体积，那么其排量就等于一个齿轮的齿槽容积和轮齿体积的总和，相当于以有效齿高和齿宽构成的平面所扫过的环形体积。泵的排量表示为

$$V = \pi dhb = 2\pi zm^2 b \tag{3-9}$$

式中，d 为分度圆直径，$d = mz$；h 为有效齿高，$h = 2m$；b 为齿宽；m 为齿轮模数；z 为齿轮齿数。d、h、b 的单位均为 m。

实际上齿槽容积比轮齿体积稍微大一些，所以通常取 $V = 6.66zm^2 b$，则齿轮泵的实际流量为 $q_v = 6.66zm^2 bn\eta_v$。其中 n 为泵的转速，单位为 r/min；η_v 为泵的容积效率。

式（3 - 9）表示的是齿轮泵的平均流量。实际上泵在啮合过程中压油腔的容积变化率是不均匀的，因此齿轮泵的瞬时流量是脉动的。脉动率等于最大瞬时流量减去最小瞬时流量的差值再除以平均流量。对于齿轮泵来说，泵的齿数越少，脉动率就越大。流量脉动会引起压力脉动，随之产生振动和噪声，所以外啮合齿轮泵一般不用在高精度机械传动中。

3. 结构中存在的问题及解决措施

（1）齿轮泵的困油问题：要使齿轮泵能连续地供油，要求齿轮啮合的重叠系数 ε 大于 1，也就是当一对齿轮尚未脱开啮合时，另一对齿轮已进入啮合，这样就出现同时有两对齿轮啮合的瞬间。这样，在两对齿轮的齿向啮合线之间形成了一个封闭容积，一部分油液被困在这一封闭容积中，如图 3 - 4a 所示。齿轮连续旋转时，这一封闭容积便逐渐减小，当两啮合点处于节点两侧的对称位置时（图 3 - 4b），封闭容积为最小；齿轮再继续转动时，封闭容积又逐渐增大，直到图 3 - 4c 所示位置时，容积又变为最大。在封闭容积减小

时，被困油液受到挤压，压力急剧上升，因而轴承上会突然受到很大的冲击载荷，使泵剧烈振动，这时高压油从一切可能泄漏的缝隙中挤出，造成功率损失，同时油温升高。当封闭容积增大时，由于没有油液补充，因此形成局部真空，使原来溶解于油液中的空气分离出来，形成了气泡。油液中产生气泡后，会引起噪声、气蚀等现象。以上情况就是齿轮泵的困油现象。困油现象严重地影响着泵的工作平稳性和使用寿命。

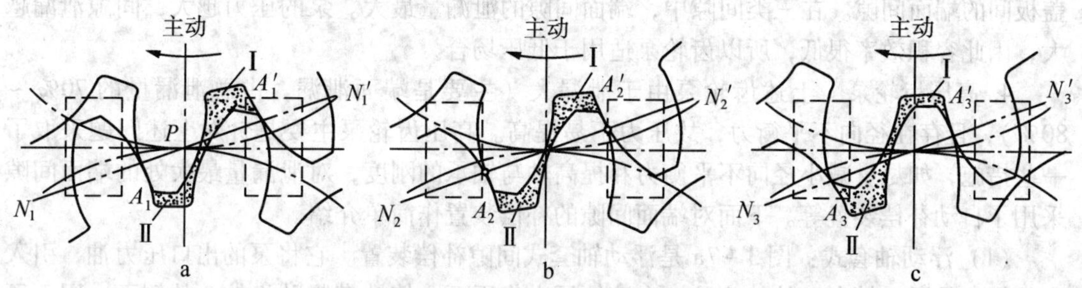

图3-4　齿轮泵的困油现象

为了消除困油现象，可在CB—B型齿轮泵的泵盖上铣出两个卸荷凹槽，其几何关系如图3-5所示。卸荷槽的位置应该使困油腔由大变小时，能通过卸荷槽与压油腔相通；而当困油腔由小变大时，能通过另一卸荷槽与吸油腔相通。两卸荷槽之间的距离为a，必须保证在任何时候都不能使压油腔和吸油腔互通。

按上述方式对称铣出卸荷槽后，当困油封闭腔由大变至最小时（图3-5），由于油液不易从即将关闭的缝隙中挤出，故封闭油压仍将高于压油腔压力；齿轮继续转动，当封闭腔和吸油腔相通的瞬间，高压油又突然和吸油腔的低压油相接触，会引起冲击和噪声。于是CB—B型齿轮泵将卸荷槽的位置整个向吸油腔侧平移了一个距离。这时封闭腔只有在由小变至最大时才和压油腔断开，油压没有突变，封闭腔和吸油腔接通时，封闭腔不会出现真空也没有压力冲击。这样改进后，使齿轮泵的振动和噪声得到了进一步改善。

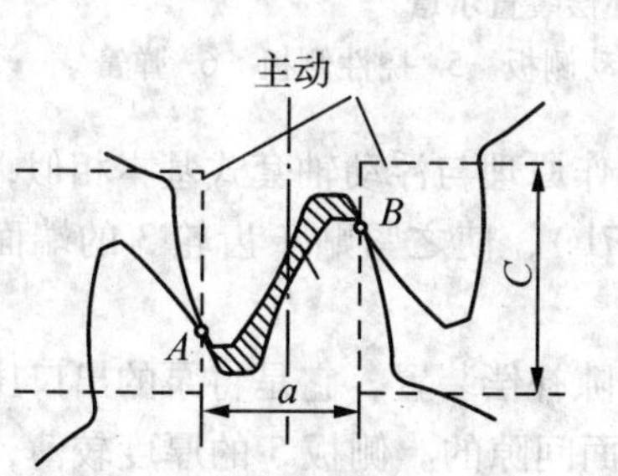

图3-5　齿轮泵的困油卸荷槽

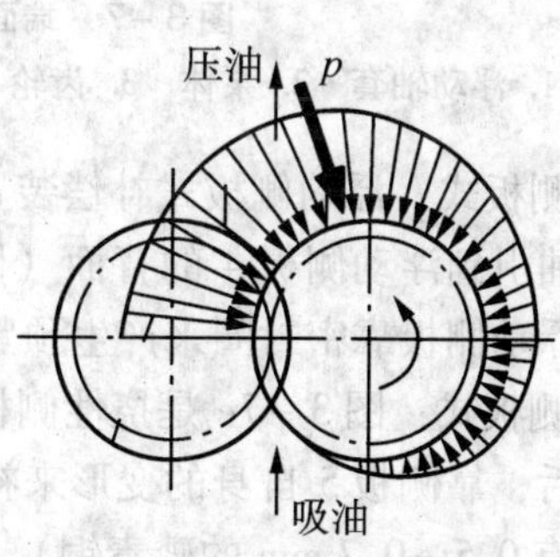

图3-6　齿轮泵的径向不平衡力

（2）齿轮泵的径向不平衡力：齿轮泵工作时，在齿轮和轴承上承受径向液压力的作用。如图3-6所示。图中下方为吸油腔，上方为压油腔。在压油腔内有液压力作用于齿轮上，沿着齿顶的泄漏油，具有大小不等的压力，这就是齿轮和轴承受到的径向不平衡力。液压力越高，这个不平衡力就越大，其结果不仅加速了轴承的磨损，降低了轴承的寿命，而且使轴变形，造成齿顶和泵体内壁的摩擦等。为了解决径向不平衡力的问题，在有些齿轮泵上，采用开压力平衡槽的办法来消除径向不平衡力，但这将使泄漏增大，容积效率降低。CB—B 型齿轮泵则采用缩小压油腔，以减少液压力对齿顶部分的作用面积来减小径向不平衡力，所以泵的压油口孔径比吸油口孔径要小。

（3）齿轮泵的泄漏：外啮合齿轮泵压油腔的压力油向吸油腔泄漏有三条途径：一是通过齿轮啮合间的间隙，二是通过泵体内孔和齿顶圆间的径向间隙，三是通过齿轮两端面和盖板间的端面间隙。在三类间隙中，端面间隙的泄漏量最大。泵的压力越大，间隙泄漏越大，因此容积效率很低，所以齿轮泵适用于低压场合。

4. 高压齿轮泵　上述齿轮泵由于泄漏大（主要是端面泄漏，占总泄漏量的 70% ~ 80%），且存在径向不平衡力，故压力不易提高。高压齿轮泵主要是针对上述问题采取了一些措施，如尽量减小径向不平衡力和提高轴与轴承的刚度，对泄漏量最大处的端面间隙采用了自动补偿装置等。下面对端面间隙的补偿装置作简单介绍。

（1）浮动轴套式：图 3 - 7a 是浮动轴套式间隙补偿装置。它将泵的出口压力油，引入齿轮轴上的浮动轴套 1 的外侧腔，在液体压力作用下，使轴套紧贴齿轮 3 的侧面，因而可以消除间隙并可补偿齿轮侧面和轴套间的磨损量。在泵启动时，靠弹簧 6 来产生预紧力，保证了轴向间隙的密封。

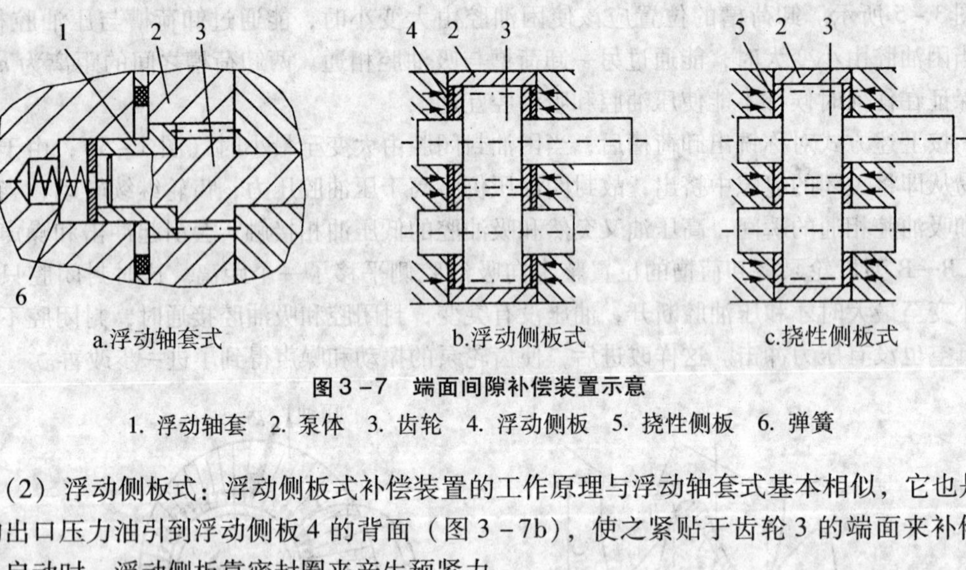

图 3 - 7　端面间隙补偿装置示意

1. 浮动轴套　2. 泵体　3. 齿轮　4. 浮动侧板　5. 挠性侧板　6. 弹簧

（2）浮动侧板式：浮动侧板式补偿装置的工作原理与浮动轴套式基本相似，它也是将泵的出口压力油引到浮动侧板 4 的背面（图 3 - 7b），使之紧贴于齿轮 3 的端面来补偿间隙。启动时，浮动侧板靠密封圈来产生预紧力。

（3）挠性侧板式：图 3 - 7c 是挠性侧板式间隙补偿装置，它是将泵的出口压力油引到侧板 5 的背面后，靠侧板 5 自身的变形来补偿端面间隙的。侧板 5 的厚度较薄，内侧面要耐磨（如烧结有 0.5 ~ 0.7 mm 的磷青铜）。这种结构采取一定措施后，易使侧板外侧面的压力分布大体上和齿轮侧面的压力分布相适应。

3.2.2　内啮合齿轮泵

内啮合齿轮泵的工作原理也是利用齿间密封容积的变化来实现吸油和压油的。内啮合齿轮泵有渐开线齿形和摆线齿形两种。

1. 渐开线齿形内啮合齿轮泵结构和工作原理　如图 3 - 8 所示，该泵主要由小齿轮、内齿环、月牙形隔板组成。当小齿轮为主动轮时，带动内齿环一起绕各自的中心同方向旋转，左半部轮齿退出啮合，容积增大，形成真空进行吸油。进入齿槽的油液被带到压油腔，右半部齿轮进入啮合，容积减小，从压油口压油。在小齿轮和内齿环之间要装上一块月牙形隔板，用来将吸油腔和压油腔隔开。

2. 摆线齿形内啮合齿轮泵结构和工作原理　如图3－9所示，该泵又叫摆线转子泵，它主要是由一对内啮合的齿轮构成。内转子齿数比外转子齿数少一个，两转子之间有一个偏心距。工作时内转子带动外转子同向旋转，所有内转子的齿都进入啮合，形成几个独立的密封腔。随着内转子的啮合旋转，各自的密封腔的容积不断发生变化，从而进行吸油和压油。

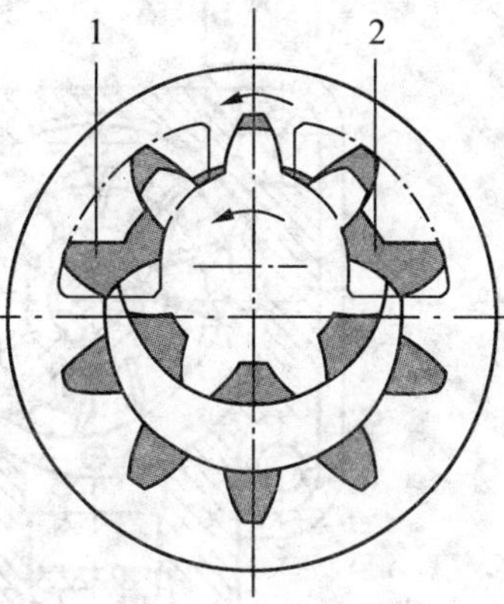

图3－8　渐开线齿形

1. 吸油腔　2. 压油腔

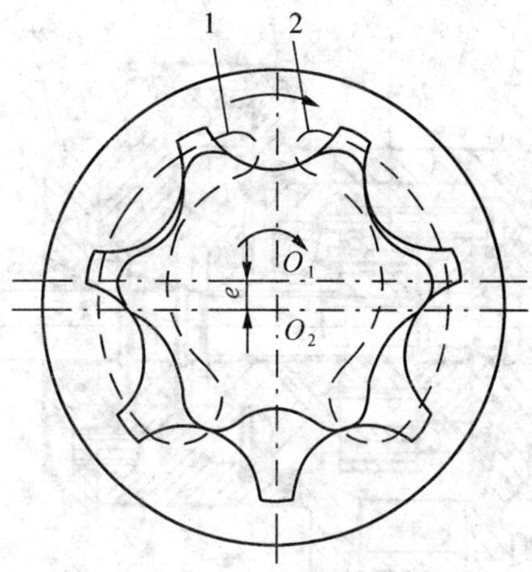

图3－9　摆线齿形

1. 压油腔　2. 吸油腔

3.3　叶片泵

叶片泵分为单作用叶片泵和双作用叶片泵两种，前者用于变量泵，后者用于定量泵。叶片泵具有结构紧凑、流量均匀、噪声小、运转平稳等优点，因而被广泛地应用于中、低压液压系统，特别是在机床液压系统中广泛应用。它的缺点是结构复杂、吸油能力差、对油液的污染比较敏感等。

3.3.1　双作用叶片泵

1. 结构　图3－10为双作用叶片泵的结构简图。该泵主要由定子、转子、叶片、配流盘和泵体等组成。定子内表面形状似椭圆，由两段大半径圆弧、两段小半径圆弧和四段过渡曲线组成，且定子和转子是同心的。在转子上有均匀分布的若干个槽，槽内分别安装有叶片，这些叶片可以沿着槽径向滑动。在配流盘上，对应于定子四段过渡曲线的位置开有四个配流窗口，其中两个窗口与泵的吸油口连通，另外两个窗口与压油口连通。

2. 工作原理　如图3－10所示，当转子由轴带动按逆时针方向旋转时，叶片在离心力和根部油液的压力作用下压向定子内表面，并随定子内表面曲线的变化而被迫在转子槽内滑动。这种叶片泵由于有两个吸油腔和两个压油腔，并且各自的中心夹角是对称的，所以作用在转子上的油液压力相互平衡，因此双作用叶片泵又称为卸荷式叶片泵。为了使径向力完全平衡，密封空间数（即叶片数）应当是双数。其中密封圈可以防止油液泄漏和空气进入。

3. 排量和流量　由叶片泵的工作原理可知，当不考虑叶片厚度时，双作用叶片泵排量等于两叶片间最大容积与最小容积之差和叶片数相乘后再乘以2，即

$$V=2\pi\ (R^2-r^2)\ bn \tag{3-10}$$

其中 b 为叶片宽度，R、r 分别是定子的大、小半径。

泵的实际流量是

$$q_v=2\pi\ (R^2-r^2)\ bn\eta_v \tag{3-11}$$

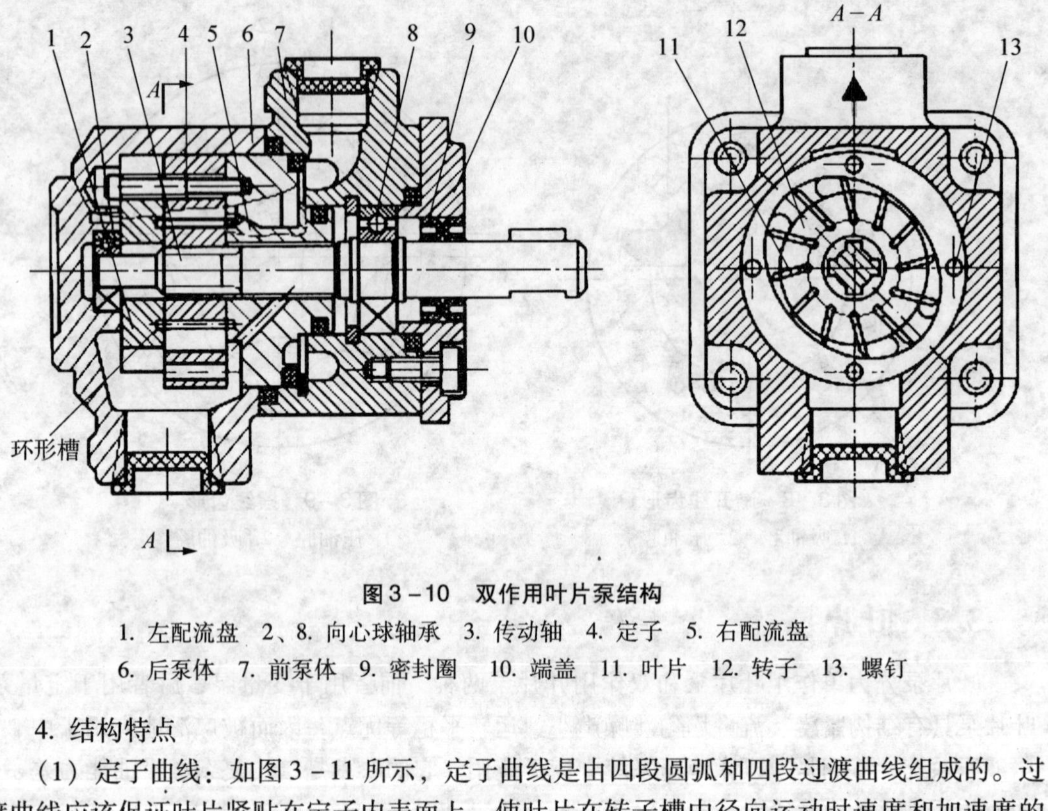

图3－10　双作用叶片泵结构

1. 左配流盘　2、8. 向心球轴承　3. 传动轴　4. 定子　5. 右配流盘　6. 后泵体　7. 前泵体　9. 密封圈　10. 端盖　11. 叶片　12. 转子　13. 螺钉

4. 结构特点

（1）定子曲线：如图3－11所示，定子曲线是由四段圆弧和四段过渡曲线组成的。过渡曲线应该保证叶片紧贴在定子内表面上，使叶片在转子槽中径向运动时速度和加速度的变化均匀，并使叶片对定子内表面的冲击尽可能小。

（2）端面间隙：为了使转子和叶片能自由旋转，它们与配流盘两端面应保持一定间隙。但间隙过大将使泵的内泄漏增加，容积效率下降。为了提高压力、减少端面泄漏，可采取间隙自动补偿的措施，将配流盘的外侧与压油腔连通，使配流盘在液体压力推动作用下压向转子。泵的工作压力越高，配流盘就越贴紧转子，从而对转子端面间隙进行自动补偿。

（3）叶片倾角：叶片顺着转子旋转方向前倾一个角度，其目的是减小叶片和定子内表面接触时的压力角，从而减小叶片和定子间的摩擦磨损。当叶片以前倾角度安装后，叶片泵不能反转。

3.3.2　单作用叶片泵

1. 结构　如图3－12所示，单作用叶片泵主要由泵体、转子1、定子2、叶片3和主动轴组成。与双作用叶片泵显著不同的是，单作用叶片泵的定子内表面是一个圆柱面，转子与定子之间有一个偏心距e，两端的配流盘上只开一个吸油窗口和压油窗口。

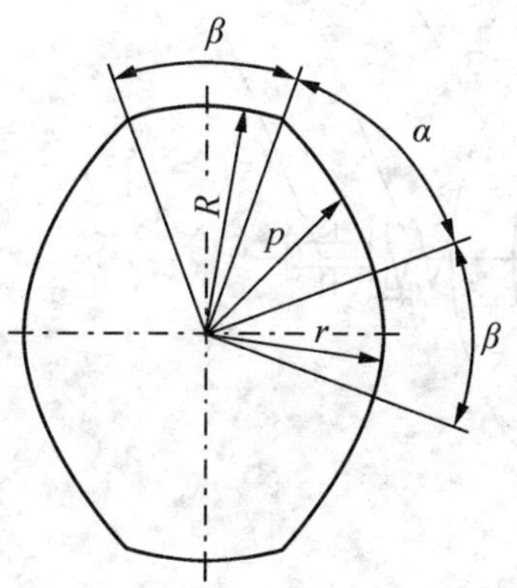

图3－11　定子曲线

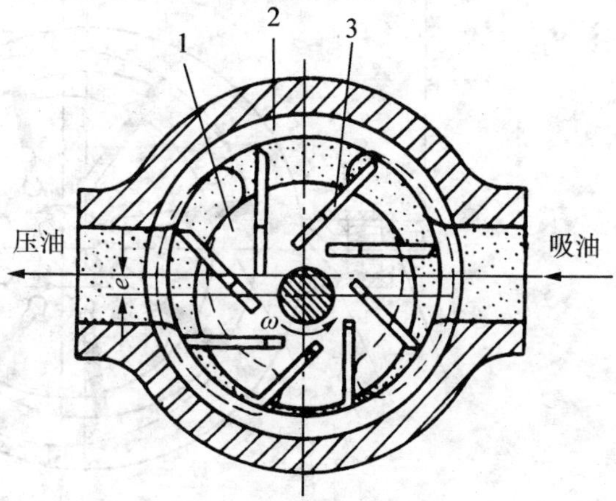

图3－12　单作用叶片泵工作原理

1. 转子　2. 定子　3. 叶片

2. 工作原理　转子每转一周时，每一叶片在转子槽内往复滑动一次，每相邻两叶片间的密封腔容积发生一次增大和减小的变化，即每旋转一周完成一次吸油和压油，因此称为单作用叶片泵。转子不停地旋转，泵就不断地吸油和压油。

3. 排量和流量　泵的排量近似表达式为

$$V = 2\pi beD \tag{3-12}$$

泵的实际流量为

$$q_v = 2\pi beDn\eta_v \tag{3-13}$$

式中，b为叶片宽度；e是转子与定子偏心距；D为定子内径；n为泵的转速（r/min）；η_v为泵的容积效率。b、e、D的单位均为m。

单作用叶片泵的定子内表面和转子外表面都为圆柱面，由于偏心放置，其容积变化不均匀，故流量是脉动的。泵内叶片数越多，流量脉动越小。

4. 结构特点

（1）定子和转子偏心放置。通过移动定子位置改变偏心距，就可以调节泵的输出流量。偏心反向时，吸压油方向跟着相反。

（2）叶片后倾。叶片倾角和双作用叶片泵相反，由于叶片上、下的液压力是平衡的，叶片向外运动主要依靠其旋转时所受到的惯性力，因此叶片后倾一个角度更有利于叶片在离心力作用下向外伸出。

（3）径向力不平衡。由于转子及轴承上承受的径向力不平衡，所以该类型泵不能用于高压。

5. 限压式变量叶片泵　图3－13为限压式变量叶片泵的工作原理，转子1的中心O_1是固定的，定子2可以在泵输出的油液压力作用下在活塞6上左右移动，从而改变了转子

1和定子2之间的中心距。改变定子和转子间的偏心距 e，就能改变泵的输出流量。限压式变量叶片泵能借助输出压力的大小自动改变偏心距的大小，以此来改变输出流量。最大偏心距可以用流量调节螺钉7来调节。

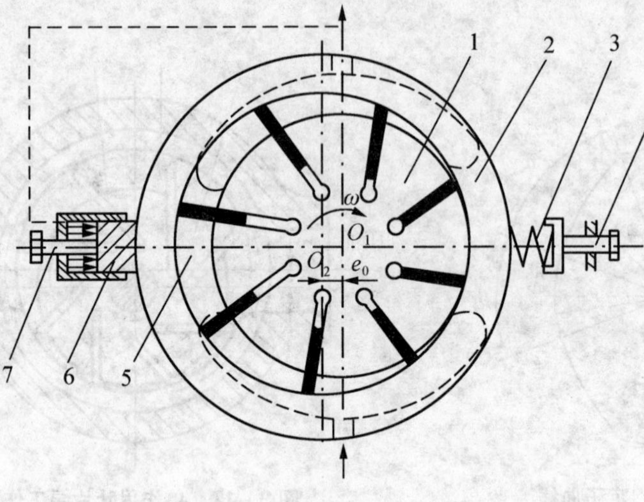

图3-13 限压式变量叶片泵的工作原理

1. 转子 2. 定子 3. 弹簧 4. 调压螺钉 5. 配流盘 6. 活塞 7. 流量调节螺钉

当工作压力 p 小于限定压力 p_b 时，$pA < kx_0$（k 为弹簧弹性系数，x_0 为弹簧的预压缩量），此时弹簧的预压缩量不变，定子不作移动，最大偏心距保持不变，泵输出的流量是最大的。

当工作压力升高而大于限定压力 p_b 时，$pA \geqslant kx_0$，此时弹簧被压缩，定子向右移动，偏心距减小，泵输出的流量随之减小。

泵的工作压力愈高，偏心量就愈小，泵的输出流量也就愈小。控制定子移动的作用力是将液压泵出口的压力油引到活塞上，然后再加到定子上去，这种控制方式称为外反馈式。

3.4 柱塞泵

柱塞泵是靠柱塞在缸体中作往复运动造成密封容积的变化来实现吸油与压油的液压泵，与齿轮泵和叶片泵相比，这种泵有许多优点。首先，构成密封容积的零件为圆柱形的柱塞和缸孔，加工方便，可得到较高的配合精度，密封性能好，在高压工作下仍有较高的容积效率；其次只需改变柱塞的工作行程就能改变流量，易于实现变量；第三，柱塞泵中的主要零件均受压应力作用，材料强度性能得到充分利用。由于柱塞泵压力高、结构紧凑、效率高、流量调节方便，故在需要高压、大流量、大功率的系统中和流量需要调节的场合，如龙门刨床、拉床、液压机、工程机械、矿山冶金机械、船舶上得到广泛的应用。柱塞泵按柱塞的排列和运动方向不同，可分为径向柱塞泵和轴向柱塞泵两大类。轴向柱塞泵又分为斜盘式和斜轴式两种。

3.4.1 径向柱塞泵

1. 结构与工作原理 径向柱塞泵的结构与工作原理如图3-14所示。柱塞1径向排列装在缸体2中，缸体由原动机带动并连同柱塞一起旋转，所以缸体一般称为转子，柱塞在离心力的（或低压油）作用下顶紧定子4的内壁。当转子按图示方向回转时，由于定子和转子之间有偏心距e，柱塞绕经上半周时向外伸出，柱塞底部的容积逐渐增大，形成部分真空，因此便经过衬套3（衬套压紧在转子内，并和转子一起回转）上的油孔从配流轴5和吸油口b吸油；当柱塞转到下半周时，定子内壁将柱塞向里推，柱塞底部的容积逐渐减小，向配流轴的压油口c压油。当转子回转一周时，每个柱塞底部的密封容积完成一次吸油、压油。转子连续运转，即完成压油、吸油工作。配流轴固定不动，油液从配流轴上半部的两个孔a流入，从下半部两个油孔d压出。为了进行配流，在配流轴和衬套3接触的一段加工出上下两个缺口，形成吸油口b和压油口c，留下的部分形成封油区。封油区的宽度应能封住衬套上的吸压油孔，以防吸油口和压油口相连通。

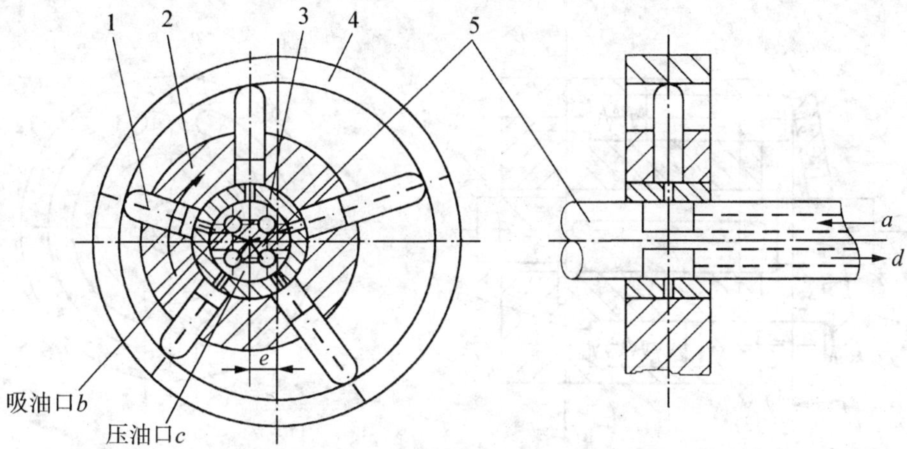

图3-14 径向柱塞泵的结构与工作原理

1. 柱塞 2. 缸体（转子） 3. 衬套 4. 定子 5. 配流轴

2. 排量和流量计算 当转子和定子之间的偏心距为e时，柱塞在缸体孔中的行程为$2e$，设柱塞个数为z，直径为d时，泵的排量为

$$V=\frac{\pi}{4}d^2\cdot 2e\cdot z=\frac{\pi}{2}d^2ez \tag{3-14}$$

设泵的转数为n，容积效率为η_v，则泵的实际流量为

$$q_v=\frac{\pi}{2}d^2ezn\eta_v \tag{3-15}$$

3.4.2 轴向柱塞泵

1. 结构与工作原理 图3-15是一斜盘式轴向柱塞泵的结构与工作原理，这种泵主体由缸体1、配流盘2、柱塞3、斜盘4、传动轴5、弹簧6组成。柱塞沿圆周均匀分布在缸体内，斜盘轴线与缸体轴线倾斜一角度，柱塞靠机械装置或在低压油作用下压紧在斜盘上（图中为弹簧），配流盘和斜盘固定。原动机通过传动轴使缸体转动，由于斜盘的作用，迫使柱塞在缸体内作往复运动，并通过配流盘的配流窗口进行吸油和压油。

旋转时，缸体转角在 $\pi \sim 2\pi$ 范围内，柱塞向外伸出，柱塞底部缸孔的密封工作容积增大，通过配流盘的吸油窗口吸油；在 $0 \sim \pi$ 范围内，柱塞被斜盘推入缸体，使缸孔容积减小，通过配流盘的压油窗口压油。缸体每转一周，每个柱塞各完成一次吸油、压油。如改变斜盘倾角大小 γ，就能改变柱塞行程的长度，即改变液压泵的排量；改变斜盘倾角方向，就能改变吸油和压油的方向，成为双向变量泵。配流盘上吸油窗口和压油窗口之间的密封区宽度应稍大于柱塞缸体底部通油孔宽度，但不能相差太大；否则，会发生困油现象。一般在两配流窗口的两端部开有小三角槽，以减小冲击和噪声。

斜轴式轴向柱塞泵的缸体轴线相对传动轴轴线成一倾角，传动轴端部用万向铰链、连杆与缸体中的每个柱塞相连接。当传动轴转动时，通过万向铰链、连杆使柱塞和缸体一起转动，并迫使柱塞在缸体中作往复运动，借助配流盘进行吸油和压油。这类泵的优点是变量范围大，泵的强度较高，但和上述斜盘式柱塞泵相比，其结构较复杂，外形尺寸和重量均较大。

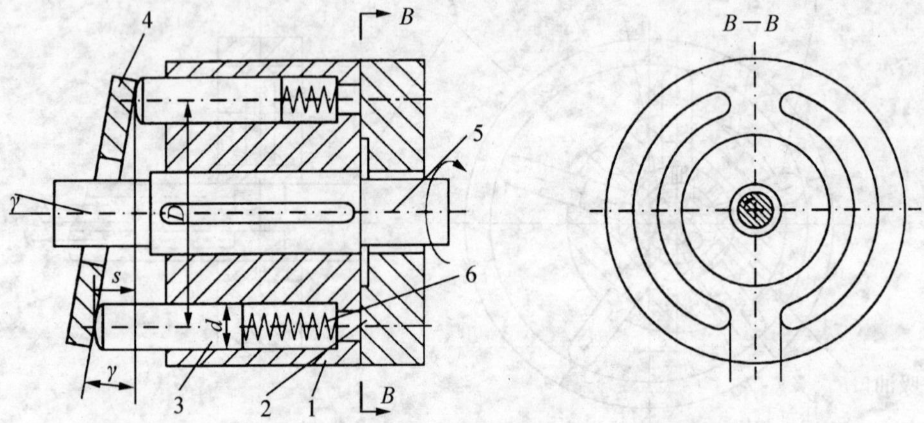

图 3－15　斜盘式轴向柱塞泵的结构与工作原理

1. 缸体　2. 配流盘　3. 柱塞　4. 斜盘　5. 传动轴　6. 弹簧

轴向柱塞泵的优点是结构紧凑、径向尺寸小、惯性小、容积效率高，目前最高工作压力可达 40 MPa 甚至更高，一般用于工程机械、压力机等高压系统中。但其轴向尺寸较大，轴向作用力也较大，结构比较复杂。

2. 排量和流量　图 3－15 中，柱塞的直径为 d，柱塞分布圆直径为 D，斜盘倾角为 γ 时，柱塞的行程为 $s = D\tan\gamma$，所以当柱塞数为 z 时，轴向柱塞泵的排量为

$$V = \frac{\pi}{4} d^2 z D \tan\gamma \tag{3-16}$$

设泵的转数为 n，容积效率为 η_v，则泵的实际输出流量为

$$q_v = \frac{\pi}{4} d^2 z D n \eta_v \tan\gamma \tag{3-17}$$

实际上，由于柱塞在缸体孔中运动的速度不是恒定的，因而输出流量有脉动，当柱塞数为奇数时，脉动较小，且柱塞数大时，脉动也较小，因而一般常用的柱塞泵的柱塞个数为 7、9 或 11。

3. 轴向柱塞泵的结构特点

（1）滑阀结构：图3－16为一种直轴式轴向柱塞泵的结构。柱塞5的球状头部装在滑履4内，以缸体6作为支撑的弹簧9通过钢球推压回程盘3，回程盘和柱塞滑履一同转动。在排油过程中斜盘2推动柱塞作轴向运动，在吸油时依靠回程盘、钢球和弹簧组成的回程装置将滑履紧紧压在斜盘表面上滑动。弹簧一般称为回程弹簧，这样的泵具有自吸能力。在滑履与斜盘相接触的部分有一油室，它通过柱塞中间的小孔与缸体中的工作腔相连。压力油进入油室后在滑履与斜盘的接触面间形成了一层油膜，起着静压支撑的作用，使滑履作用在斜盘上的力大大减小，因而磨损也减小。传动轴8通过花键带动缸体旋转，由于滑履贴紧在斜盘表面上，柱塞在随缸体旋转的同时在缸体中作往复运动。缸体中柱塞底部的密封工作容积是通过配流盘7与泵的进出口相通的。随着传动轴的转动，液压泵就连续地吸油和排油。

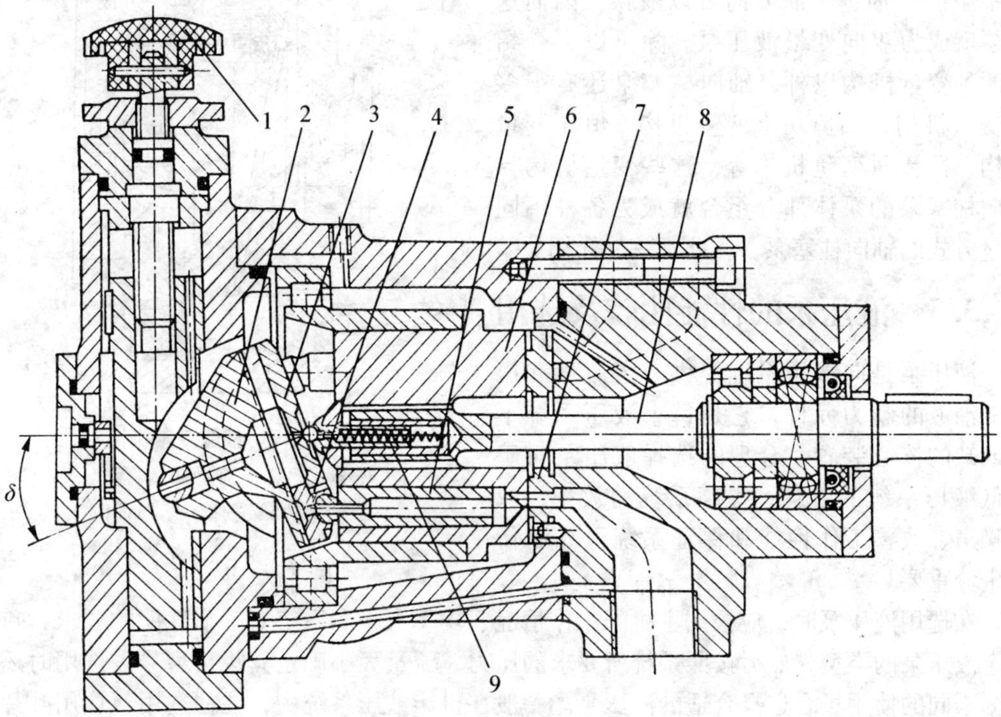

图3－16 直轴式轴向柱塞泵结构

1. 转动手轮 2. 斜盘 3. 回程盘 4. 滑履 5. 柱塞 6. 缸体 7. 配流盘 8. 传动轴 9. 弹簧

（2）变量机构：由前面的分析可知，只需改变斜盘的倾角，即可改变轴向柱塞泵的排量和输出流量。下面介绍常用的轴向柱塞泵的伺服变量机构的工作原理。

图3－17为轴向柱塞泵的伺服变量机构，其工作原理为：泵输出的压力油由通道经单向阀6进入变量机构壳体的下腔d，液压力作用在变量活塞4的下端。当与伺服阀阀芯1相连接的拉杆不动时（图示状态），变量活塞的上腔g处于封闭状态，变量活塞不动，斜盘3在某一相应的位置上。当使拉杆向下移动时，推动阀芯一起向下移动，d腔的压力油经通道e进入上腔g。由于变量活塞上端的有效面积大于下端的有效面积，向下的液压力

大于向上的液压力，故变量活塞也随之向下移动，直到将通道 e 的油口封闭为止。变量活塞的移动量等于拉杆的位移量，当变量活塞向下移动时，通过轴销带动斜盘摆动，斜盘倾斜角增加，泵的输出流量随之增加；当拉杆带动伺服阀阀芯向上运动时，阀芯将通道 f 打开，上腔 g 通过卸压通道接通油箱，变量活塞向上移动，直到阀芯将卸压通道关闭为止。它的移动量也等于拉杆的移动量。这时斜盘也被带动作相应的摆动，使倾斜角减小，泵的流量也随之相应地减小。

由上述可知，伺服变量机构是通过操作液压伺服阀动作，利用泵输出的压力油推动变量活塞来实现变量的。故加在拉杆上的力很小，控制灵敏。拉杆可用手动方式或机械方式操作，斜盘可以倾斜 ±18°，故在工作过程中泵的吸油、压油方向可以变换，因而这种泵就成为双向变量液压泵。除了以上介绍的两种变量机构以外，轴向柱塞泵还有很多种变量机构，如恒功率变量机构、恒压变量机构，恒流量变量机构等，这些变量机构与轴向柱塞泵的泵体部分组合就成为各种不同变量方式的轴向柱塞泵，在此不一一介绍。

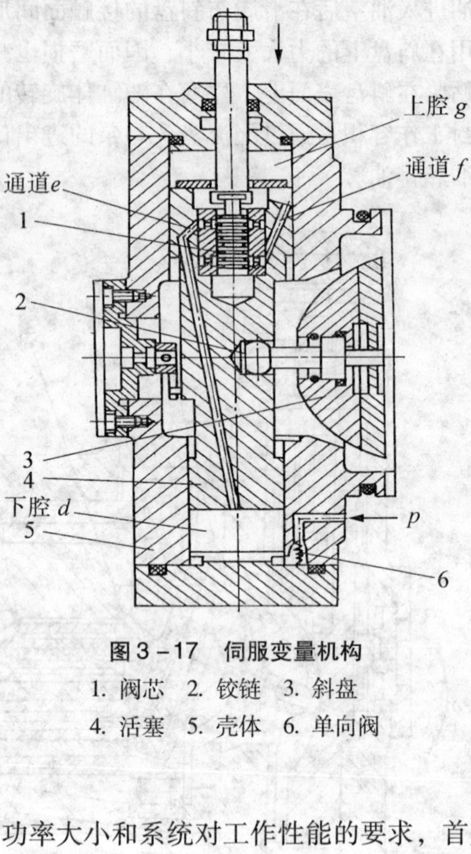

图 3－17　伺服变量机构

1. 阀芯　2. 铰链　3. 斜盘
4. 活塞　5. 壳体　6. 单向阀

3.5　液压泵的性能比较及选用

液压泵是向液压系统提供一定流量和压力的油液的动力元件，它是每个液压系统不可或缺的核心装置，合理的选择液压泵对于降低液压系统的能耗、提高系统的效率、减小噪声、改善工作性能和保证系统可靠工作都十分重要。

在选用液压泵时，应根据主机的工作情况、功率大小和系统对工作性能的要求，首先确定液压泵的类型，然后按照系统所要求的压力、流量大小确定其规格型号。选用时还要根据不同的使用场合选择合适的液压泵。一般在机床液压系统中，往往选用双作用叶片泵和限压式变量叶片泵；在筑路机械、港口机械以及小型工程机械中往往选择抗污染能力较强的齿轮泵；在负载大、功率大的场合往往选择柱塞泵。表 3－4 对常见液压泵的性能进行了比较。

表 3－4　液压系统中常用液压泵的性能比较

性能	外啮合齿轮泵	双作用叶片泵	限压式变量叶片泵	径向柱塞泵	轴向柱塞泵
输出压力	低压	中压	中压	高压	高压
流量调节	不能	不能	能	能	能

续表

性能	外啮合齿轮泵	双作用叶片泵	限压式变量叶片泵	径向柱塞泵	轴向柱塞泵
效率	低	较高	较高	高	高
输出流量脉动	很大	很小	一般	一般	一般
自吸特性	好	较差	较差	差	差
对油的污染敏感性	不敏感	较敏感	较敏感	很敏感	很敏感
噪声	大	小	较大	大	大

3.6　液压泵常见故障的诊断及排除

液压泵常见故障及其排除方法见表3-5。

表3-5　液压泵的常见故障及其排除方法

故障现象	原因分析	排除方法
不排油或无压力	1. 原动机和液压泵的转向不一致 2. 油箱油位太低 3. 吸油管或滤油器堵塞 4. 启动时转速过低 5. 油液黏度过大或叶片移动不灵活 6. 叶片泵配流盘与泵体接触不良或叶片在滑槽内卡死 7. 进油口漏气 8. 组装螺钉过松	1. 纠正转向 2. 补油到油标线 3. 清洗吸油管或滤油器，使其畅通 4. 使转速提升到最低转速以上 5. 检查油质，选合适黏度的油液或者提升油温 6. 修理接触面，重新调试，清洗滑槽和叶片，重新安装 7. 更换密封元件和接头 8. 上紧螺钉
流量不足或压力不能升高	1. 吸油管滤油器部分堵塞 2. 吸油端连接处密封不严，有空气进入，吸油位置太高 3. 叶片泵个别叶片装反，运动不灵活 4. 泵盖螺钉松动 5. 系统泄漏 6. 齿轮泵轴向和径向间隙过大 7. 叶片泵定子内表面磨损 8. 柱塞泵柱塞和缸体或配流盘与缸体间磨损，柱塞回程不够或不能回程，引起缸体与配流盘间失去密封 9. 柱塞泵变量机构失灵 10. 侧板端磨损严重，泄漏增大 11. 溢流阀失灵	1. 除去脏物，使吸油畅通 2. 在吸油端连接处涂油，若有好转，则紧固连接件或更换密封件，降低吸油高度 3. 逐个检查，不灵活叶片应重新装配 4. 适当拧紧 5. 对系统进行顺序检查 6. 找出间隙过大部位，采取措施 7. 更换零件 8. 更换柱塞，修磨配流盘与缸体的接触面，保证接触良好，检查或更新弹簧 9. 检查变量机构，纠正其调整误差 10. 更换零件 11. 检修溢流阀

续表

故障现象	原因分析	排除方法
噪声严重	1. 吸油管或滤油器部分堵塞 2. 吸油端连接处密封不严，有空气进入，吸油位置太高 3. 从泵轴油封处有空气进入 4. 泵盖螺钉松动 5. 泵与联轴器不同心或松动 6. 油液黏度过高，油中有气泡 7. 吸入口滤油器通过能力太小 8. 转速太高 9. 泵体腔道阻塞 10. 齿轮泵齿形精度不高或接触不良，泵内零件损坏 11. 齿轮泵轴向间隙过小，齿轮内孔与端面垂直度或泵盖上两孔平行度超差 12. 溢流阀阻尼孔堵塞 13. 管路振动	1. 除去脏物，使吸油畅通 2. 在吸油端连接处涂油，若有好转，则紧固连接件；或更换密封件，降低吸油高度 3. 更换油封 4. 适当拧紧 5. 重新安装，使两者同心；紧固连接件 6. 换黏度适当的液压油，提高油液质量 7. 改用通过能力较大的滤油器 8. 使转速降至允许的最高转速以下 9. 清理或更换泵体 10. 更换齿轮或研磨修整，更换损坏的零件 11. 检查并修复有关零件 12. 拆卸溢流阀并清洗 13. 采取隔离消振措施
泄漏	1. 柱塞泵中心弹簧损坏，使缸体与配流盘间失去密封性 2. 油封或密封圈损坏 3. 密封表面不良 4. 泵内零件间磨损、间隙过大	1. 更换弹簧 2. 更换油封或密封圈 3. 检查修理 4. 更换或重新配零件
过热	1. 油液黏度过高或过低 2. 侧板和轴套与齿轮端面严重摩擦 3. 油液变质，吸油阻力增大 4. 油箱容积太小，散热不良	1. 更换适当黏度的油液 2. 修理或更换侧板和轴套 3. 换油 4. 加大油箱，扩大散热面积
柱塞泵变量机构失灵	1. 在控制油路上可能出现阻塞 2. 变量活塞以及弹簧心轴卡死	1. 净化油，必要时冲洗油路 2. 如果机械卡死，可研磨修复；如果油液污染，则清洗零件并更换油液
柱塞泵不转	1. 柱塞与缸体卡死 2. 柱塞球头折断，滑履脱落	1. 研磨、修复 2. 更换零件

3.7 液压马达

3.7.1 液压马达的作用

液压马达是一种执行元件，可将输入的液压能转换成机械能（转矩和转速），从而带动负载工作。从原理上看液压马达和液压泵是可逆的。

3.7.2 液压马达的分类

液压马达与液压泵一样，按结构形式分为齿轮式、叶片式和柱塞式三种；按其排量是否可调分为定量式和变量式。液压马达一般根据转速分为高速液压马达和低速液压马达两类。一般认为，额定转速高于 500 r/min 的液压马达属于高速液压马达，额定转速低于 500 r/min的液压马达属于低速液压马达。低速液压马达的输出转矩较大，所以又称为低速大转矩液压马达。低速液压马达的主要缺点是体积大、转动惯量大、制动较为困难。

3.7.3 液压马达的工作原理

图 3－18a 为一叶片式液压马达，叶片式液压马达通常是双作用的。叶片式液压马达一般还是双向定量液压马达。为保证叶片式液压马达的正、反转要求，叶片沿转子径向放置，进、回油口通径一样大，同时叶片根部必须与进油腔相通，使叶片与定子内表面紧密接触。在泵体内装有两个单向阀。图 3－18b、c、d 分别为单向定量、单向变量、双向变量液压马达的图形符号。

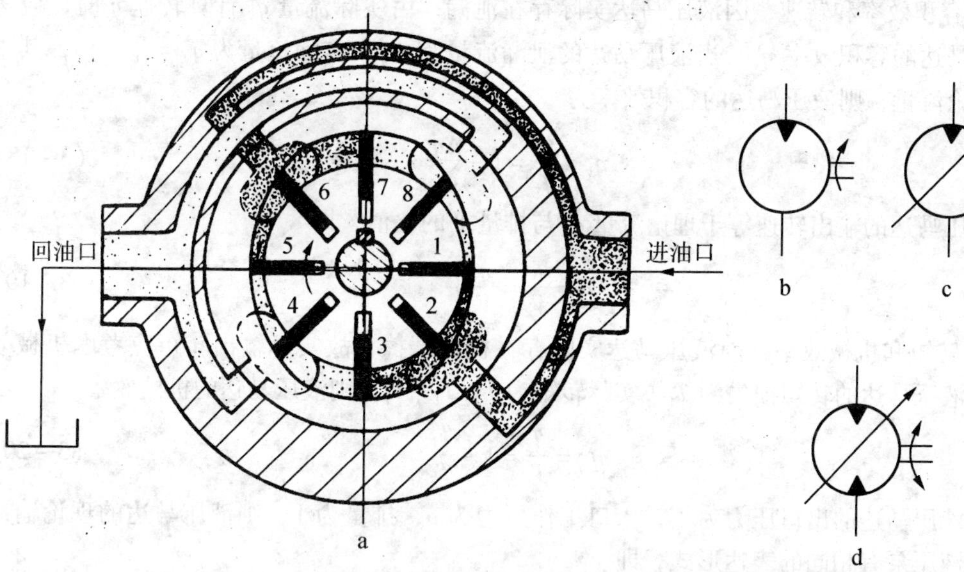

图 3－18 液压马达的工作原理及图形符号

3.7.4 液压马达在结构上与液压泵的区别

液压马达和液压泵在结构上基本相同，但由于用途不同，它们的结构是有差别的。

（1）液压马达是依靠输入压力油来启动的，密封容腔必须有可靠的密封。

（2）液压马达往往要求能正、反转，因此它的配流机构应该对称，进、出油口的大小相等。

（3）液压马达是依靠泵输出压力来进行工作的，不需要具备自吸能力。

（4）液压马达要实现双向转动，高、低压油口要能相互变换，故采用外泄式结构。

（5）液压马达应有较大的启动转矩，为使启动转矩尽可能接近工作状态下的转矩，要求液压马达的转矩脉动小、内部摩擦小，液压马达的齿数、叶片数、柱塞数比液压泵多一些。同时，液压马达轴向间隙补偿装置的压紧力系数也比液压泵小，以减小摩擦。

虽然液压马达和液压泵的工作原理是可逆的，但因结构上仍有细微差别，所以同类型的液压泵和液压马达一般不能通用。

3.7.5 液压马达的性能参数

1. 工作压力和额定压力 液压马达入口油液的实际压力称为液压马达的工作压力，液压马达入口压力和出口压力的差值称为液压马达的工作压差。在液压马达出口直接接油箱的情况下，为便于定性分析问题，通常近似认为液压马达的工作压力等于工作压差。

液压马达在正常工作条件下，按试验标准规定，连续运转的最高压力称为液压马达的额定压力。液压马达的额定压力亦受泄漏和零件强度的制约，超过此值时就会过载。

2. 流量和排量 液压马达入口处的流量称为液压马达的实际流量。液压马达密封腔容积变化所需要的流量称为液压马达的理论流量。实际流量和理论流量之差即为液压马达的泄漏量。

液压马达轴每转一周，由其密封容腔有效体积变化而排出的液体体积称为液压马达的排量。

3. 容积效率和转速 因液压马达实际存在泄漏，由实际流量 q_v 计算转速 n 时，应考虑液压马达的容积效率 η_v。当液压马达的泄漏流量为 Δq，实际流量为 $q_v = q_t + \Delta q$，其中 q_t 为理论流量，则液压马达的容积效率为

$$\eta_v = \frac{q_t}{q_v} = 1 - \frac{\Delta q}{q_v} \tag{3-18}$$

液压马达的输出转速等于理论流量 q_t 与排量 V 的比值，即

$$n = \frac{q_t}{V} = \frac{q}{V}\eta_v \tag{3-19}$$

4. 转矩和机械效率 因液压马达实际存在机械摩擦，故实际输出转矩应考虑机械效率。若液压马达的转矩损失为 T_f，实际转矩为 $T = T_t - T_f$，则液压马达的机械效率为

$$\eta_m = \frac{T}{T_t} = 1 - \frac{T_f}{T_t} \tag{3-20}$$

设液压马达的出口压力为零，入口工作压力为 p，排量为 V，则液压马达的理论输出转矩与液压泵有相同的表达形式，即

$$T_t = \frac{pV}{2\pi} \tag{3-21}$$

液压马达的实际输出转矩为

$$T = \frac{pV}{2\pi}\eta_m \tag{3-22}$$

5. 功率和总效率 液压马达的输入功率为

$$P_i = pq_v \tag{3-23}$$

液压马达的输出功率为

$$P_o = 2\pi nT \tag{3-24}$$

液压马达的总效率为

$$\eta = \frac{P_o}{P_i} = \frac{2\pi nT}{pq_v} = \eta_v\eta_m \tag{3-25}$$

实训1　液压泵的拆装

1. 实训目的　液压元件是液压系统的重要组成部分，通过对液压泵的拆装可加深对液压泵结构及工作原理的了解。

2. 实训工具及材料　内六角扳手、固定扳手、螺丝刀、铜棒、各类液压泵。

3. 实训内容及步骤　拆解各类液压泵，观察并了解各零件在液压泵中的作用，了解各种液压泵的工作原理，并按一定的步骤装配各类液压泵。

（1）轴向柱塞泵：选用型号：cy14—1 型轴向柱塞泵（手动变量）。

1）工作原理：当液压泵的输入轴通过电动机带动旋转时，缸体随之旋转。由于装在缸体中的柱塞的球头部分上的滑履被回程盘压向斜盘，因此柱塞将随着斜盘的斜面在缸体中作往复运动，从而实现液压泵的吸油和排油。液压泵的配流是由配流盘实现的。改变斜盘的倾斜角度就可以改变液压泵的流量输出。

2）思考：轴向柱塞泵是否有变量机构？内外套、定心弹簧的作用是什么？

（2）齿轮泵：选用型号：CB—B 型齿轮泵。

1）工作原理：在吸油腔，轮齿在啮合点相互从对方齿谷中退出，密封工作空间的有效容积不断增大，完成吸油过程。在排油腔，轮齿在啮合点相互进入对方齿谷中，密封工作空间的有效容积不断减小，实现排油过程。

2）思考：卸荷槽的作用是什么？齿轮泵的密封工作区是指哪一部分？

（3）双作用叶片泵：选用型号：YB—6 型叶片泵。

1）工作原理：当轴带动转子转动时，装于叶片槽中的叶片在离心力和叶片底部压力油的作用下伸出，叶片顶部紧贴定子内表面，沿着定子曲线滑动。叶片往定子的长轴方向运动时叶片伸出，使得由定子的内表面、配流盘、转子和叶片所形成的密闭容腔不断扩大，通过配流盘上的配流窗口实现吸油。往短轴方向运动时叶片缩进，密闭容腔不断缩小，通过配流盘上的配流窗口实现排油。转子旋转一周，叶片伸出和缩进两次。

2）思考：单作用叶片泵和双作用叶片泵的主要区别是什么？双作用叶片泵的定子内表面是由哪几段曲线组成的？

4. 拆装注意事项

（1）如果有拆装流程示意图，请参考该图进行拆装。

（2）仅有元件结构图或根本没有结构图的，拆装时请记录元件及解体零件的拆卸顺序和方向。

（3）拆卸下来的零件，尤其泵体内的零件，要注意不落地、不划伤、不锈蚀等。

（4）拆装个别零件需要专用工具。如拆轴承需要用轴承螺丝刀，拆卡环需要用内卡钳等。

（5）在需要敲打某一零件时，请用铜棒，切忌用铁或钢棒。

（6）拆卸（或安装）一组螺钉时，用力要均匀。

（7）安装前要给元件去毛刺，用煤油清洗然后晾干，切忌用棉纱擦干。

（8）检查密封有无老化现象，如果有请更换新的密封。

（9）安装时不要将零件装反，注意零件的安装位置。有些零件有定位槽孔，安装时一定要对准。

(10) 安装完毕后，检查现场有无漏装元件。

5. 实训报告　填写如下的实训报告。

<table>
<tr><td>实训项目</td><td colspan="5"></td></tr>
<tr><td>实训目的</td><td colspan="5"></td></tr>
<tr><td rowspan="3">所拆元件</td><td>名 称</td><td></td><td></td><td></td><td></td></tr>
<tr><td>型 号</td><td></td><td></td><td></td><td></td></tr>
<tr><td>图形符号</td><td></td><td></td><td></td><td></td></tr>
<tr><td colspan="6">简述所拆液压泵的结构组成及其特点</td></tr>
</table>

班级：	姓名：	学号：	日期：	成绩：

思考与练习

1. 容积式液压泵的工作原理是什么？

2. 液压泵的排量、流量各取决于哪些因素？流量的理论值和实际值有什么区别？

3. 齿轮泵结构上存在什么问题？

4. 什么是齿轮泵的困油现象？

5. 双作用叶片泵和单作用叶片泵的优缺点各是什么？

6. 液压泵在工作中会产生哪两方面的能量损失？产生损失的原因是什么？

7. 简述液压泵的容积效率为什么小于1。

8. 某液压泵的输出压力为5 MPa，排量为10 mL/r，机械效率为0.95，容积效率为0.9，转速为1 200 r/min。泵的输出功率和驱动泵的电动机功率各为多少？

9. 从理论上看为什么柱塞泵比齿轮泵、叶片泵的额定压力高？

10. 已知齿轮泵的齿数为15，模数是3，齿宽25 mm，转速等于1 450 r/min，在额定压力下输出流量为30 L/min，求该泵的排量和容积效率。

第 4 章　液压执行装置

在液压系统中，执行装置可把通过回路输入到液压缸的液压能转变成机械能输出。液压执行装置有液压缸和液压马达两种类型，液压缸用于实现直线往复运动或摆动运动，液压马达用于实现回转运动。其中液压马达我们在前一章已经学习过，本章重点学习液压缸的类型、结构以及设计计算。

4.1　液压缸的类型

按照结构特点的不同，液压缸可分为活塞式、柱塞式、摆动式三类。按照作用方式不同，液压缸又分为单作用式和双作用式两种。双作用式液压缸中，具有两个密封的容积空腔，工作时，压力油交替供入液压缸的两腔，使缸实现正反两个方向的往复运动。而在单作用液压缸中，只有一个密封容积空腔，压力油只能供入这一个腔，使缸实现单方向运动，反方向运动则依靠外力（弹簧力、自重或外部载荷等）来实现。

4.1.1　活塞式液压缸

活塞式液压缸又分为双杆式和单杆式两种。

1. 双杆式活塞液压缸　双杆式活塞液压缸的结构如图 4－1 所示。

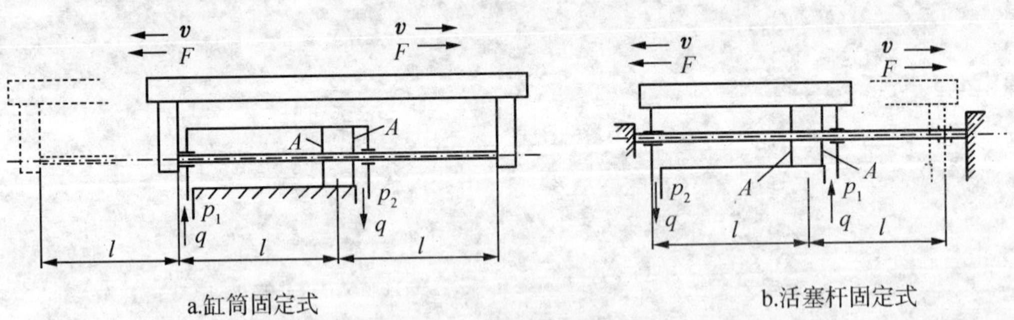

图 4－1　双杆式活塞液压缸

活塞两端都有一根直径相等的活塞杆伸出的液压缸称为双杆式活塞液压缸，它一般由缸筒、缸盖、活塞、活塞杆和密封件等零件构成。根据安装方式不同可分为缸筒固定式（又称为实心双杆式）和活塞杆固定式（又称为空心双杆式）两种。

图 4－1a 为缸筒固定式双杆活塞缸，它的进、出口布置在缸筒两端，活塞运动时通过活塞杆带动工作台移动，一般适用于小型机床。当工作台行程要求较长时，可采用图 4－1b 所示的活塞杆固定的形式。这种安装形式中，工作台的移动范围只等于液压缸有效行

程的两倍，因此占地面积小。进、出油口可以设置在固定不动的空心活塞杆的两端，但必须使用软管连接。

由于双杆式活塞缸两端的活塞杆直径通常是相等的，因此它左、右两腔的有效面积也相等。当分别向左、右腔输入相同压力和相同流量的油液时，液压缸左、右两个方向的推力和速度相等。当活塞的直径为 D，活塞杆的直径为 d，液压缸进、出油腔的压力分别为 p_1 和 p_2，输入流量为 q 时，双杆式活塞缸的推力 F 和速度 v 为

$$F = A\ (p_1 - p_2)\ = \pi\ (D^2 - d^2)\ (p_1 - p_2)\ /4$$

$$v = q/A = 4q/\pi\ (D^2 - d^2)$$

式中，A 为活塞的有效工作面积。

双杆式活塞缸在工作时，一般设计成一个活塞杆是受拉的，而另一个活塞杆不受力，因此这种液压缸的活塞杆可以做得细些。

2. 单杆式活塞液压缸　如图4－2所示，单杆式活塞液压缸的活塞只有一端带活塞杆。单杆式活塞液压缸也有缸筒固定和活塞杆固定两种形式，但它们的工作台移动范围都是活塞有效行程的两倍。

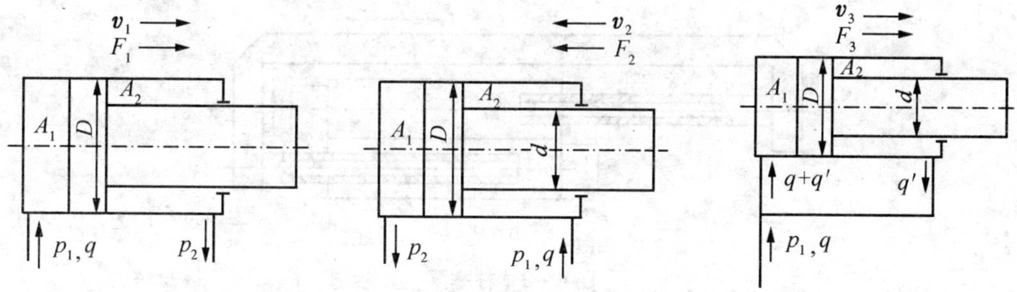

a.无杆腔进油　　b.有杆腔进油　　c.差动连接

图4－2　单杆式活塞液压缸

单杆式活塞缸的活塞两端有效面积不等。如果以相同流量的压力油分别进入液压缸的左、右腔，则活塞移动的速度与进油腔的有效面积成反比，即油液进入无杆腔时有效面积大、速度慢，进入有杆腔时有效面积小、速度快。而活塞上产生的推力则与进油腔的有效面积成正比。

（1）当无杆腔进压力油，有杆腔回油时（图4－2a），活塞推力 F_1 和速度 v_1 分别为

$$F_1 = p_1A_1 - p_2A_2 = \pi/4\ [D^2p_1 - (D^2 - d^2)\ p_2]$$

$$v_1 = q/A_1 = 4q/\pi D^2$$

（2）当有杆腔进压力油，无杆腔回油时（图4－2b），活塞推力 F_2 和速度 v_2 分别为

$$F_2 = p_1A_2 - p_2A_1 = \pi/4\ [\ (D^2 - d^2)\ p_1 - D^2p_2]$$

$$v_2 = q/A_2 = 4q/\pi\ (D^2 - d^2)$$

（3）当差动连接时，即无杆腔和有杆腔连接起来一起供油时，由于无杆腔工作面积比有杆腔面积大，活塞向右的推力大于向左的力，所以活塞向右移动，有杆腔的油液流向无杆腔。由于无杆腔和有杆腔连接着，根据帕斯卡原理，两个腔内的压力相同，如图4－2c所示。则活塞推力 F_3 和速度 v_3 分别为

$$F_3 = (A_1 - A_2)\ p_1 = \pi d^2 p_1/4$$
$$v_3 = q/(A_1 - A_2) = 4q/\pi d^2$$

由上式可知，差动连接时液压缸的推力比非差动连接时小，速度比非差动连接时大。利用这一点，可使在不加大油源流量的情况下得到较快的运动速度。这种连接方式被广泛应用于组合机床的液压动力滑台和其他机械设备的快速运动中。

4.1.2 柱塞式液压缸

柱塞式液压缸是一种单作用液压缸，其结构简图如图 4－3a 所示，柱塞与工作部件连接，缸筒固定在机体上。当压力油进入缸筒时，推动柱塞带动运动部件向右运动，柱塞式液压缸通常成对反向布置使用，如图 4－3b 所示。

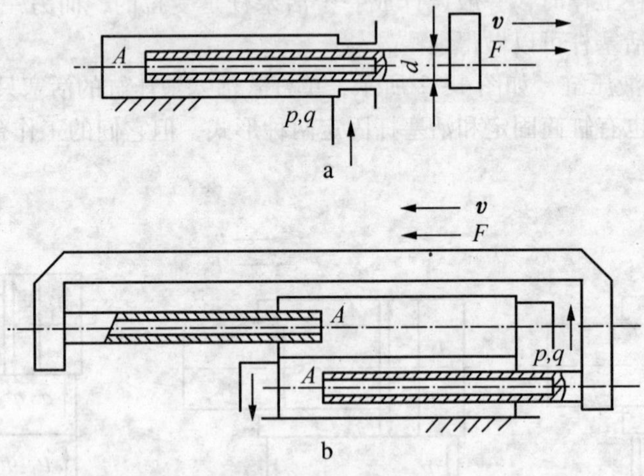

图 4－3 柱塞泵

当柱塞的直径为 d，输入液压油的流量为 q，压力为 p 时，其柱塞上所产生的推力 F 和速度 v 为

$$F = pA = \pi d^2 p/4$$
$$v = q/A = 4q/\pi d^2$$

柱塞式液压缸是单作用缸，只能向一个方向运动，要想回程必须依靠外力，比如弹簧弹力、自身重力或者其他力驱动。柱塞式液压缸的主要特点是柱塞与缸筒无配合要求，缸筒内壁不需要精度很好，这样可以降低泵体的加工成本。柱塞式液压缸运动时需要一个导向套来导向，所以特别适合用在行程长的场合。

4.1.3 摆动式液压缸

摆动式液压缸也称摆动液压马达，分单叶片式和双叶片式两种。当它通入压力油时，主轴能输出小于360°的摆动运动，常用于夹具夹紧装置、送料装置、转位装置以及需要周期性进给的系统中。图 4－4a 为单叶片式摆动式液压缸，它的摆动角度较大，可达到300°。当摆动缸进、出油口压力分别为 p_1 和 p_2，输入流量为 q 时，它的输出转矩 T 和角速度 ω 各为

$$T = b\ (R_2^2 - R_1^2)\ (p_1 - p_2)\ /2$$
$$\omega = 2q/b\ (R_2^2 - R_1^2)$$

式中，b 表示叶片的宽度；R_1、R_2 分别为叶片顶部和底部的回转半径。

图 4－4b 为双叶片式摆动式液压缸，它的摆动角度较小，一般不超过 150°，它的输出转矩是单叶片式的两倍，而角速度则是单叶片式的一半。

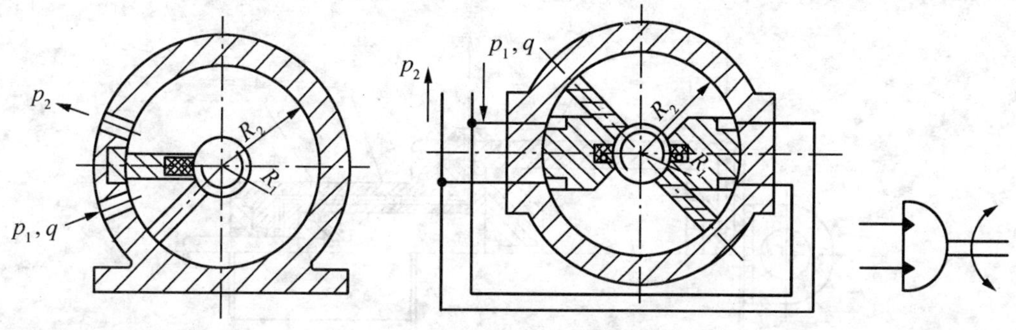

图 4－4　摆动式液压缸

4.1.4　其他液压缸

1. 增压液压缸　增压液压缸又称为增压器，它利用活塞和柱塞有效面积的不同使液压系统中的局部区域获得高压。它有单作用式和双作用式两种。如图 4－5 所示，当输入活塞缸的液体压力为 p_1，活塞直径为 D，柱塞直径为 d 时，柱塞缸中输出的液体压力为高压，其值为

$$p_2 = p_1 \ (D/d)^2 = Kp_1$$

式中，$K = \ (D/d)^2$，称为增压比，它代表液压缸的增压程度。

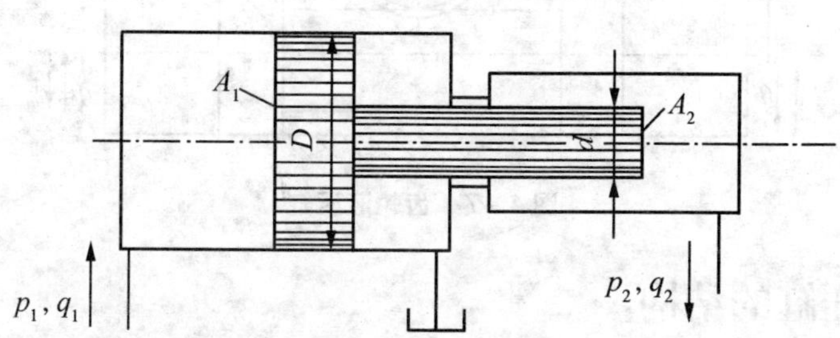

图 4－5　增压液压缸

显然增压能力是在降低有效流量的基础上得到的，也就是说增压缸仅仅是增大输出的压力，并不能增大输出的流量。

单作用式增压液压缸在柱塞运动到终点时，不能再输出高压液体，需要将活塞退回到起始位置，再向同一方向行进时才又输出高压液体，为了克服这一缺点，可采用双作用式增压液压缸。

2. 伸缩液压缸　伸缩液压缸由两个或多个活塞缸套装而成，前一级活塞缸的活塞杆内孔是后一级活塞缸的缸筒，伸出时可获得很长的工作行程，缩回时可保持很小的结构尺寸。伸缩液压缸被广泛用于起重运输车辆上。

伸缩液压缸可以是单作用式，也可以是双作用式，前者靠外力回程，后者靠液压回

程。伸缩液压缸的外伸动作是逐级进行的。首先是最大直径的缸筒以最低的油液压力开始外伸，当到达行程终点后，稍小直径的缸筒开始外伸，直径最小的末级缸筒最后伸出。随着工作级数变大，外伸缸筒直径越来越小，工作油液压力随之升高，工作速度变快（图4－6）。

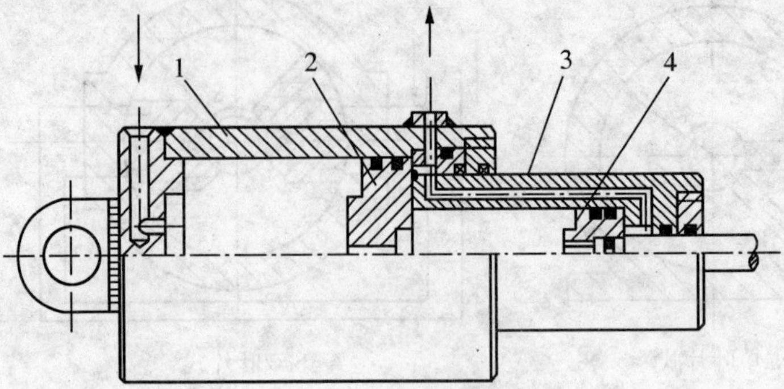

图4－6　伸缩式液压缸

1. 一级缸筒　2. 一级活塞　3. 二级缸筒　4. 二级活塞

3. 齿轮液压缸　它由两个柱塞缸和一套齿轮齿条传动装置组成。柱塞的移动经齿轮齿条传动装置变成齿轮的传动，用于实现工作部件的往复摆动或间歇进给运动（图4－7）。

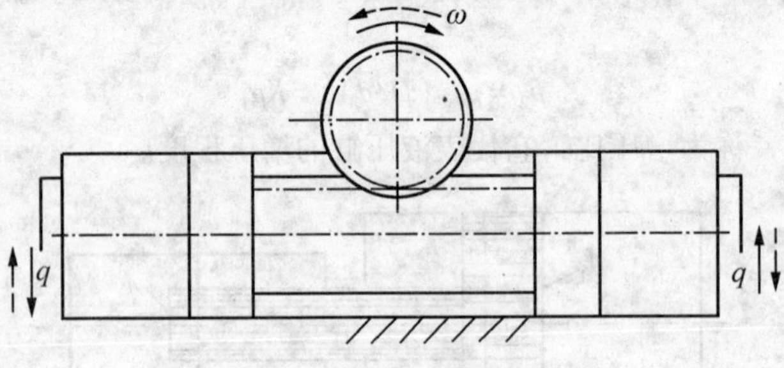

图4－7　齿轮液压缸

4.2　液压缸的结构

图4－8是一个常用的双作用单杆式活塞液压缸。它主要是由缸底20、缸筒10、缸盖兼导向套9、活塞11和活塞杆18组成。缸筒一端与缸底焊接，另一端缸盖（导向套）与缸筒用卡键6、套5和弹簧挡圈4固定，以便拆装检修。缸筒两端设有油口A和B。活塞与活塞杆利用卡键15、卡键帽16和弹簧挡圈17连在一起。活塞与缸孔的密封采用的是一对Y形聚氨酯密封圈12。由于活塞与缸孔有一定间隙，采用由尼龙1010制成的耐磨环（又叫支撑环）13定心导向。活塞杆和活塞的内孔由O形密封圈14密封。较长的导向套9则可保证活塞杆不偏离中心，导向套外径由O形密封圈7密封，而其内孔则由Y形密封圈8和防尘圈3来分别防止油外漏和灰尘带入缸内。缸及活塞杆杆端的销孔与外界连接，销孔内有尼龙衬套来抗磨。

从上面所述的液压缸典型结构中可以看到，液压缸基本上可以分为缸筒和缸盖、活塞

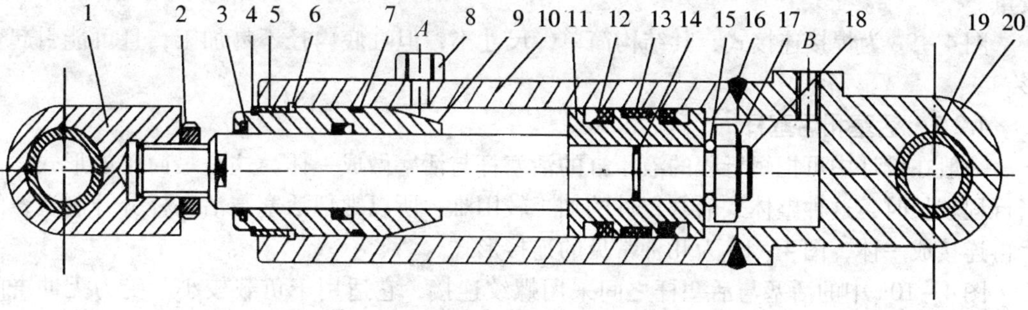

图4-8 双作用单杆式活塞液压缸

1. 耳环 2. 螺母 3. 防尘圈 4、17. 弹簧挡圈 5. 套 6、15. 卡键
7、14. O形密封圈 8、12. Y形密封圈 9. 缸盖兼导向套 10. 缸筒
11. 活塞 13. 耐磨环 16. 卡键帽 18. 活塞杆 19. 衬套 20. 缸底

和活塞杆、密封装置、缓冲装置和排气装置五个部分，分述如下：

4.2.1 缸筒和缸盖

一般来说，缸筒和缸盖的连接形式和它们使用的材料有关。图4-9为缸筒和缸盖的常见连接形式。

图4-9a为法兰连接式，其结构简单，容易加工，也容易装拆，但外形尺寸和重量都较大，常用于铸铁制的缸筒上。

图4-9b为半环连接式，它的缸筒壁上因开了环形槽而强度降低，为此有时要加厚缸壁。此种缸筒缸盖容易加工和装拆，重量较轻，常用于无缝钢管或锻钢制成的缸筒上。

图4-9c为螺纹连接式，它的缸筒端部结构复杂，外径加工时要求保证内外径同心，装拆要使用专用工具。它的外形尺寸和重量都较小，常用于无缝钢管或铸钢制成的缸筒上。

图4-9d为拉杆连接式，其结构的通用性强，容易加工和装拆，但外形尺寸较大，且

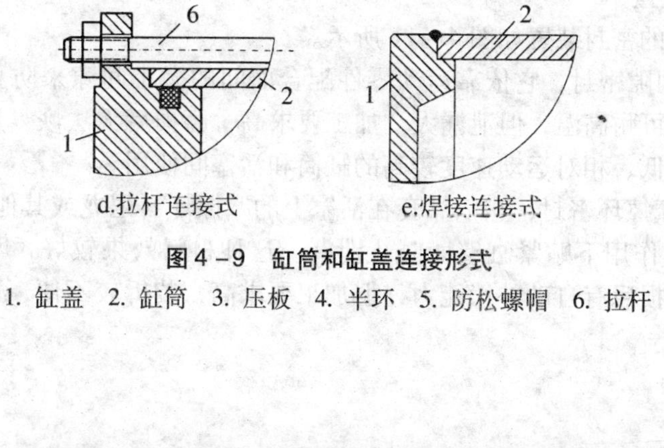

图4-9 缸筒和缸盖连接形式

1. 缸盖 2. 缸筒 3. 压板 4. 半环 5. 防松螺帽 6. 拉杆

较重。

图4-9e为焊接连接式，其结构简单，尺寸小，但缸底内径不易加工，且可能引起变形。

4.2.2 活塞和活塞杆

一般在设计中可把短行程的液压缸的活塞杆与活塞做成一体，这是最简单的形式。但当行程较长时，这种整体式活塞组件的加工较困难，所以常把活塞与活塞杆分开制造，然后再连接成一体，图4-10为几种常见的连接形式。

图4-10a中的活塞与活塞杆之间采用螺纹连接，它适用于负载较小，受力无冲击的液压缸中。螺纹连接虽然结构简单、安装方便、可靠，但在活塞杆上加工出螺纹会削弱其强度。

图4-10b、c均为卡环式连接方式。其中图4-10b中活塞杆5上开有一个环形槽，槽内装有两个半环3以夹紧活塞4，半环3由轴套2套住，而轴套2的轴向位置用弹簧卡1来固定。图4-10c中的活塞杆上使用了两个半环4，它们分别由两个密封圈座2套住，活塞3安放在密封圈座的中间。

图4-10d是一种径向销式连接结构，用锥销1把活塞2固定在活塞杆3上。这种连接方式特别适用于双杆式活塞。

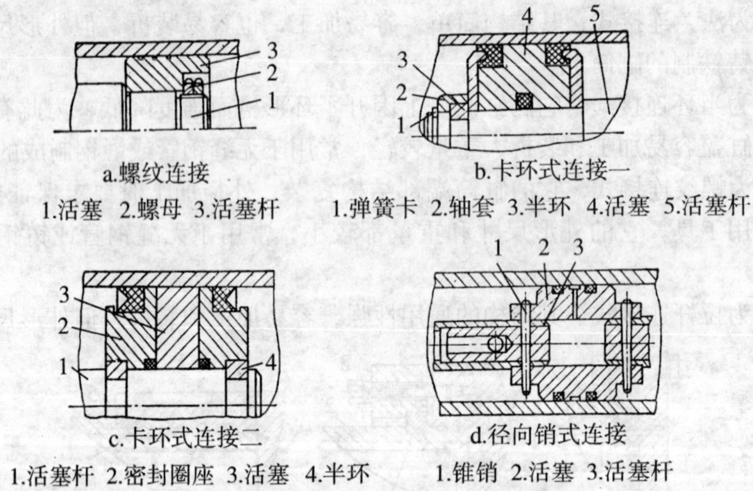

图4-10 活塞与活塞杆连接形式

4.2.3 密封装置

液压缸中常见的密封装置如图4-11所示。

图4-11a为间隙密封，它依靠运动零件配合面间的微小间隙来防止泄漏。它结构简单，摩擦阻力小，可耐高温，但泄漏大，加工要求高，磨损后无法恢复原有能力，只有在尺寸较小、压力较低、相对运动速度较高的缸筒和活塞间使用。

图4-11b为摩擦环密封，它依靠套在活塞上的摩擦环（尼龙或其他高分子材料制成）在O形密封圈弹力作用下贴紧缸壁而防止泄漏。这种材料效果较好，摩擦阻力较小且稳定，可耐高温，磨损后有自动补偿能力，但加工要求高，装拆较不便，适用于缸筒和活塞之间的密封。

图4－11c、d均为密封圈（O形圈、V形圈等）密封，它利用橡胶或塑料的弹性使各种截面的环形圈贴紧在静、动配合面之间来防止泄漏。它的结构简单，制造方便，磨损后有自动补偿能力，性能可靠，在缸筒和活塞之间、缸盖和活塞杆之间、活塞和活塞杆之间、缸筒和缸盖之间都能使用。

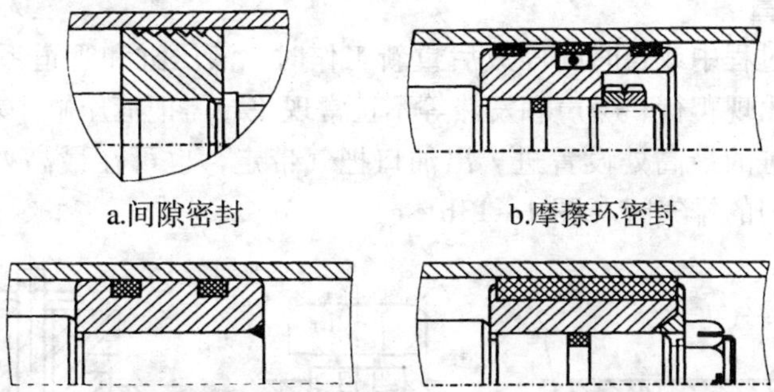

a.间隙密封　b.摩擦环密封

c.O形圈密封　d.V形圈密封

图4－11　密封装置

4.2.4　缓冲装置

液压缸一般都设置缓冲装置，特别是大型、高速或要求高的液压缸，为了防止活塞在行程终点时和缸盖相互撞击，引起噪声、冲击，则必须设置缓冲装置。

缓冲装置的工作原理是利用活塞或缸筒在其走向行程终端时封住活塞和缸盖之间的部分油液，强迫油液从小孔或细缝中挤出，以产生很大的阻力，使工作部件受到制动并逐渐减慢运动速度，达到避免活塞和缸盖相互撞击的目的。

如图4－12a所示，当缓冲柱塞进入与其相配的缸盖上的内孔时，孔中的液压油只能通过间隙δ排出，使活塞速度降低。由于配合间隙不变，故随着活塞运动速度的降低，柱塞起缓冲作用。当缓冲柱塞进入配合孔之后，油腔中的油只能经节流阀排出。

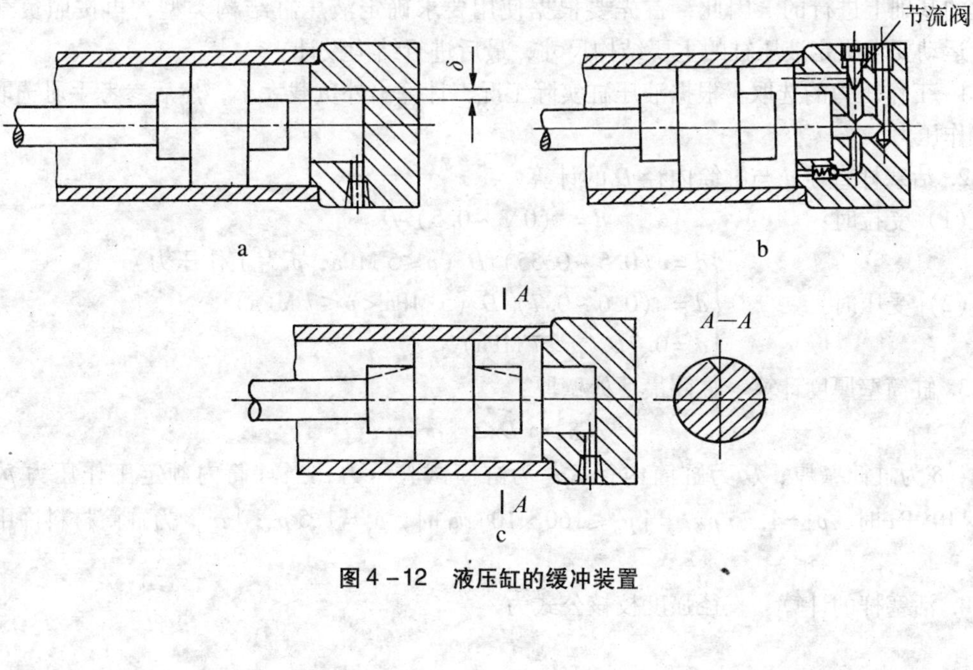

图4－12　液压缸的缓冲装置

如图 4－12b 所示，由于节流阀是可调的，因此缓冲作用也可调节，但仍不能解决速度降低后缓冲作用减弱的缺点。

如图 4－12c 所示，在缓冲柱塞上开有三角槽，随着柱塞逐渐进入配合孔中，其节流面积越来越小，解决了在行程最后阶段缓冲作用减弱的问题。

4.2.5 排气装置

液压缸在安装过程中或长时间停放后重新工作时，液压缸和管道系统中会渗入空气，为了防止执行元件出现爬行、噪声和发热等不正常现象，需把液压缸中和系统中的空气排出。一般可在液压缸的最高处设置进、出油口把气带走，也可在最高处设置如图 4－13a 所示的排气孔或专门的排气阀（图 4－13b、c）。

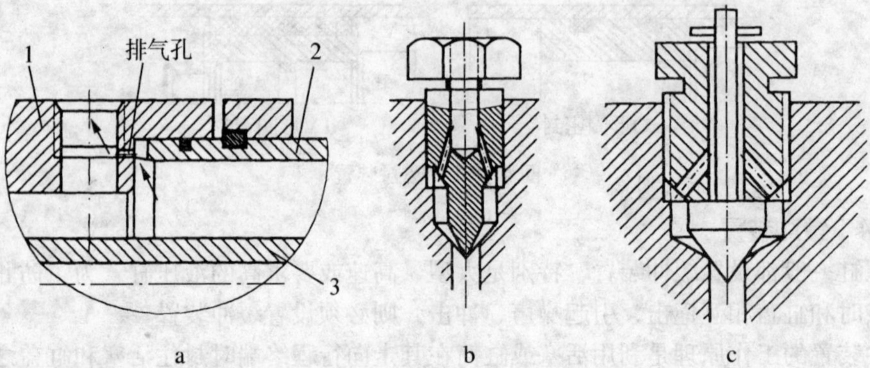

图 4－13 排气装置

1. 缸盖 2. 缸体 3. 活塞杆

4.3 液压缸的设计计算

液压缸的设计计算是在对整个液压系统进行工况分析，并计算最大负载力、定出工作压力的基础上进行的。因此，首先要根据使用要求确定液压缸结构类型，再按照负载情况、运动要求决定液压缸的主要结构尺寸，最后进行结构设计。

1. 工作压力的选取 根据液压缸实际工况，计算出外负载大小，然后参考手册选取适当工作压力。

2. 活塞杆直径 d 与缸筒内径 D 的计算

（1）受拉时： $d=(0.3\sim0.5)D$

（2）受压时：
$$\begin{cases} d=(0.5\sim0.55)D\ (p\leqslant 5\text{ MPa},\ p\text{ 为工作压力}) \\ d=(0.6\sim0.7)D\ (5\text{ MPa}<p\leqslant 7\text{ MPa}) \\ d=0.7D\ (p>7\text{ MPa}) \end{cases}$$

3. 缸筒壁厚度计算 缸筒最薄处壁厚：

$$\delta\geqslant p_yD/2[\sigma]$$

式中，δ 为缸筒壁厚；D 为缸筒内径；p_y 为缸筒试验压力，当缸筒内额定工作压力 $p_n>160\times10^5$ Pa 时，$p_y=1.25p_n$，当 $p_n\leqslant160\times10^5$ pa 时，$p_y=1.5p_n$；$[\sigma]$ 为缸筒材料许用应力。

4. 活塞杆的计算 直径强度校核公式为

$$d \geqslant \sqrt{\frac{4F}{\pi[\sigma]}}$$

式中，d 为活塞杆直径；F 为液压缸的负载；$[\sigma]$ 为活塞杆材料许用应力。

5. 缸筒长度的确定　缸筒长度根据所需的最大工作行程而定，活塞杆长度根据缸筒长度而定。对于工作行程受压的活塞杆，当活塞杆长度与活塞杆直径之比大于15时，按材料力学有关公式对活塞进行压杆稳定性验算。

6. 液压缸结构设计中的几个基本问题

（1）液压缸的缓冲：液压缸中使用的缓冲装置，常见的结构有环状间隙式、节流口可调式或外加缓冲回路等。

（2）液压缸的排气：为了排出聚集在液压缸内的空气，可在缸的两端最高部位各装一只排气塞。

思考与练习

1. 液压缸有哪些类型？
2. 假如要求机床工作台往复运动速度相同，该采用什么类型的液压缸？
3. 液压缸活塞运动的速度取决于什么？
4. 已知单杆式活塞液压缸的活塞直径 D 为活塞杆直径 d 的两倍，则差动连接的快进速度等于非差动连接前进速度的几倍？
5. 如图4－14所示，两个液压缸串联，由一台液压泵驱动。已知两液压缸尺寸相同，缸体内径 $D=90$ mm，活塞杆直径 $d=60$ mm，负载力 $F_1=F_2=10\,000$ N，液压泵流量 $q=25$ L/min。若不计容积损失和机械损失，求液压泵的输出压力及活塞运动速度。

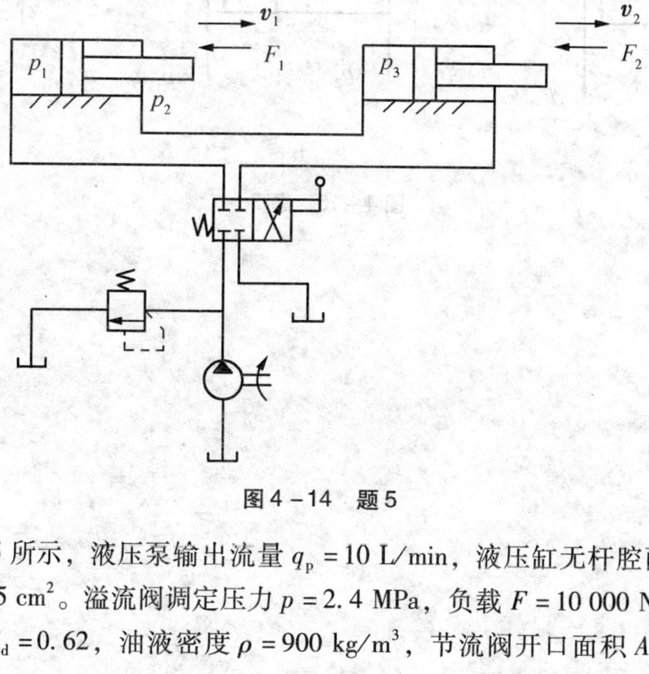

图4－14　题5

6. 如图4－15所示，液压泵输出流量 $q_p=10$ L/min，液压缸无杆腔面积 $A_1=50\ \text{cm}^2$，有杆腔面积 $A_2=25\ \text{cm}^2$。溢流阀调定压力 $p=2.4$ MPa，负载 $F=10\,000$ N。节流阀按薄壁孔计，流量系数 $C_d=0.62$，油液密度 $\rho=900\ \text{kg/m}^3$，节流阀开口面积 $A_T=0.01\ \text{cm}^2$。试

求：

（1）液压泵的工作压力。

（2）活塞的运动速度。

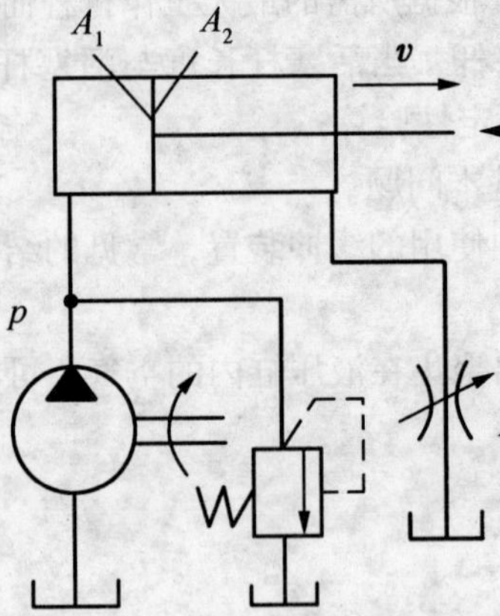

图 4－15 题 6

7. 如图 4－16 所示，已知单杆式活塞液压缸的缸筒内径 $D=90$ mm，活塞杆直径 $d=60$ mm，输入液压缸的流量 $q=25$ L/min，油液进油压力 $p_1=6$ MPa，回油压力 $p_2=0.5$ MPa。试判断并计算图示各连接方式时液压缸运动的方向及速度大小，以及最大牵引力方向及大小。

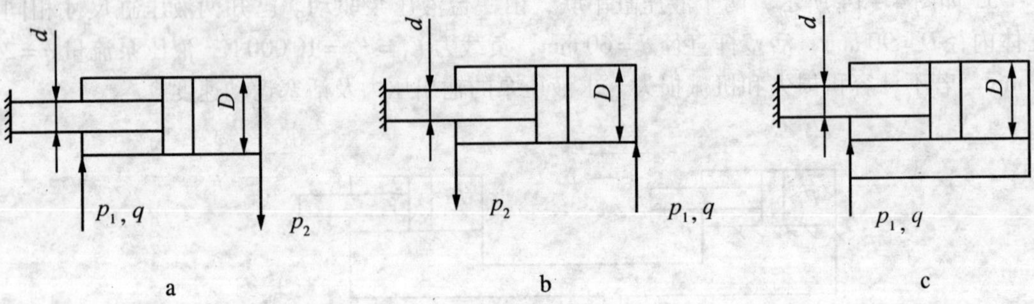

图 4－16 题 7

第5章　液压控制装置

在液压传动系统中，液压控制装置（液压控制阀）主要用来控制液压执行元件运动的方向、承载的能力和运动的速度，以满足机械设备工作性能的要求。

5.1　概述

5.1.1　液压控制阀的作用

液压控制阀是液压系统中的控制元件，其作用是控制、调节液压系统中的油液流动的方向、压力的高低和流量的大小，以满足控制执行元件所需要的启动、停止、运动方向、力或力矩、速度或转速、动作顺序等。

5.1.2　液压控制阀的分类

1. 按照用途　控制阀按用途可以分成三类：

（1）方向控制阀：包括单向阀、换向阀、伺服阀等。

（2）压力控制阀：包括溢流阀、减压阀、顺序阀、卸荷阀等。

（3）流量控制阀：包括节流阀、调速阀、分流阀等。

2. 按照控制原理　控制阀按照控制原理可分为四类：

（1）开关或定值控制阀：这种阀利用手轮、手柄、凸轮、电磁铁、压缩气体、压力液体等来控制流体的通路，定值地控制流体的流动方向、压力和流量，适用于普通液压传动系统中。

（2）比例控制阀：这种阀通过输入、输出成比例的电信号来控制流体的通路，实现按照一定规律成比例地控制系统中流体的流动方向、压力和流量。

（3）伺服控制阀：这种阀通过将微小的电气信号转换成大的功率输出，来控制系统中液体的流动方向、压力和流量。

（4）数字阀：这种阀是用数字信号直接控制的阀，适用于数字化自动控制系统中。

3. 按照结构形式　控制阀按照结构形式可分为滑阀、锥阀、球阀、转阀、喷嘴挡板阀、射流管阀等。

4. 按照安装连接形式　控制阀按照安装连接形式可分为五类：

（1）管式连接：阀的连接口用螺纹管接头与管道及其他元件连接，适用于简单的系统。

（2）板式连接：阀的各个连接口都设置在同一个平面上，便于和连接板安装。

（3）集成块式连接：把几个阀用螺钉固定在一个集成块的不同侧面上，集成块上有相互导通的孔来沟通各个阀的孔道并组成一个完整的回路。由于这种阀拆卸时不用全部拆掉，故应用较广泛。

(4) 叠加式连接：阀的上下面是连接结合面，各个油口分别在这两个面上，且同规格阀的油口连接尺寸相同。叠加式的连接结构紧凑，省去了油管，减小了压力损失和泄漏。

(5) 插装式连接：此种阀无单独的阀体，由阀芯、阀套等组成的单元体插装在插装块的预制孔中，用连接螺纹或改锥固定，并通过插装块内通道把各插装式阀连通组成回路。插装块起到阀体和管路的作用。此种连接是一种适用于系统集成化的新型安装连接方式。

5.1.3 对液压控制阀的基本要求

(1) 动作灵敏，使用可靠，工作时冲击和振动小。

(2) 阀口全开时，油液流过的压力损失要小；阀口关闭时，密封性能要好。

(3) 控制的参数要稳定，受外界干扰时变化量要小。

(4) 结构紧凑，安装、调试、使用、维护方便，通用性好。

5.2 方向控制阀

方向控制阀是用于控制液压系统中油路的接通、切断或改变液流方向的液压阀（简称方向阀），主要用以实现对执行元件的启动、停止或运动方向的控制。常用的方向控制阀有单向阀和换向阀。

5.2.1 单向阀

1. 普通单向阀的结构和工作原理　普通单向阀是保证通过阀的油液只向一个方向流动而不能反向流动的方向控制阀，一般由阀体、阀芯和弹簧等零件构成。普通单向阀简称为单向阀。单向阀的阀芯分为钢球式（图 5－1a）和锥式（图 5－1b、c）两种。图中 P_1 为进油口，P_2 为出油口。

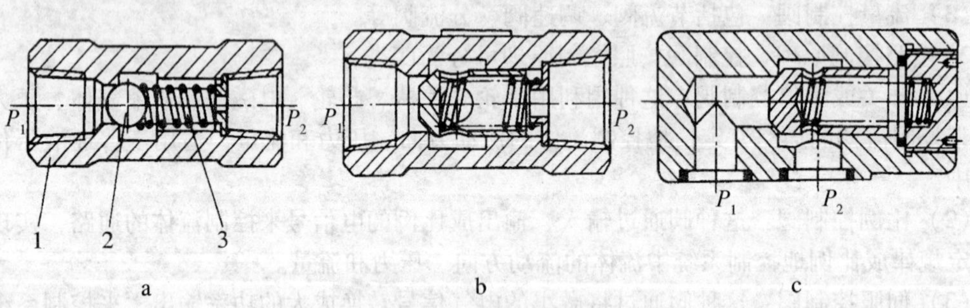

图 5－1　单向阀的结构

1. 阀体　2. 阀芯　3. 弹簧

钢球式阀芯结构简单、价格低，但密封性较差，一般仅用在低压、小流量的液压系统中。锥式阀芯阻力小、密封性好、使用寿命长，所以应用较广，多用于高压、大流量的液压系统中。

2. 液控单向阀　在液压系统中，有时需要使被单向阀闭锁的油路重新接通，为此可把单向阀做成闭锁方向能够控制的结构，这就是液控单向阀。图 5－2 为液控单向阀的结构原理与图形符号。

液控单向阀也可以做成常开式结构，即平时油路畅通，需要时通过控制油液压力，闭锁一个方向的油液流动，使油液只能单方向流动。

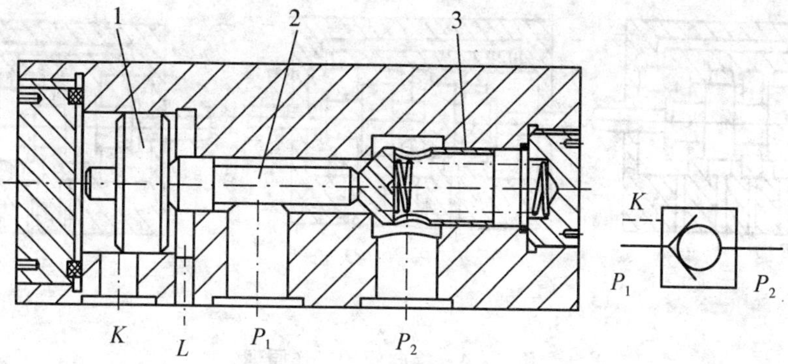

a.结构原理　　b.图形符号

图5－2　液控单向阀的结构原理与图形符号

1. 活塞　2. 顶杆　3. 阀芯

单向阀和液控单向阀的图形符号如表5－1所示。

表5－1　单向阀和液控单向阀的图形符号

	单向阀		液控单向阀	
	无弹簧	带弹簧	无弹簧	带弹簧
详细符号	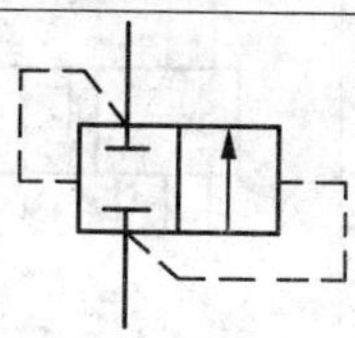	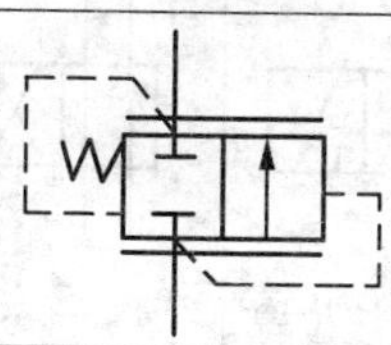	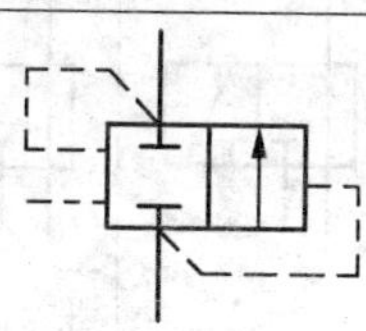	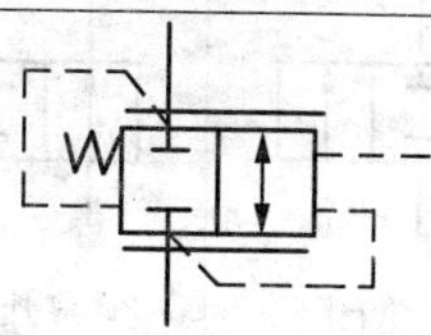
简化符号		 弹簧可省略	 控制压力关闭阀	 弹簧可省略 控制压力打开阀

5.2.2　换向阀

换向阀通过改变阀芯和阀体间的相对位置，控制油液流动方向，以接通或关闭油路，从而改变液压系统的工作状态。换向阀又叫滑阀，如图5－3所示，一般由阀芯、阀体组成。

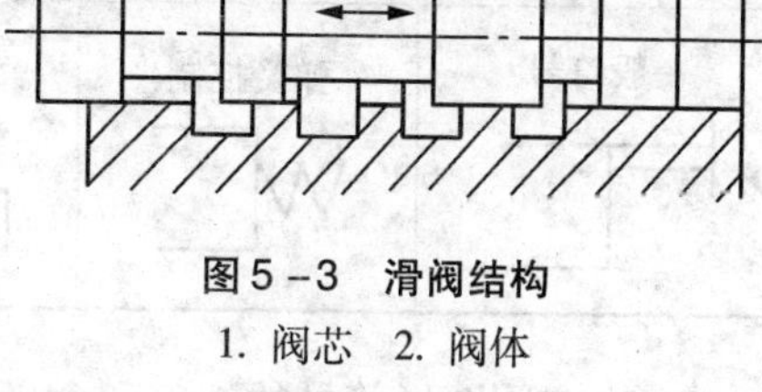

图5－3　滑阀结构

1. 阀芯　2. 阀体

1. 换向阀的工作原理　图5－4为三位四通换向阀的换向工作原理。通过控制使滑阀在阀体内作轴向移动，改变各油口间的连接关系，实现油液流动方向的改变，这就是换向阀的工作原理。

换向阀滑阀的工作位置数称为“位”，与液压

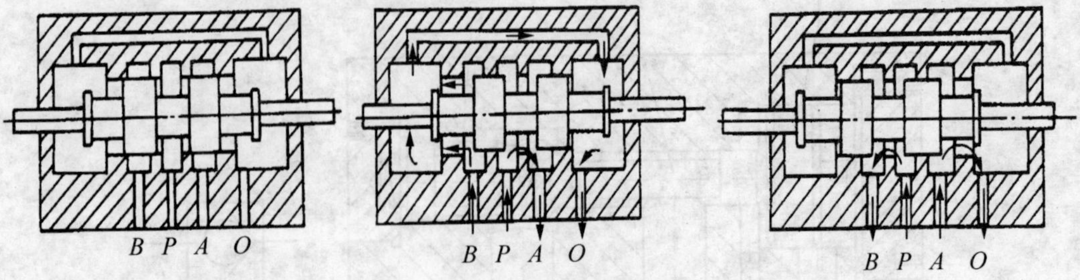

a　　b　　c

图5－4　换向阀的工作原理

系统中油路相连通的油口数称为“通”。常用的换向阀种类有：二位二通、二位三通、二位四通、二位五通、三位三通、三位四通、三位五通和三位六通等。表5－2为常用换向阀的图形符号。

表5－2　常用换向阀的图形符号

二位二通		二位三通		二位四通	二位五通
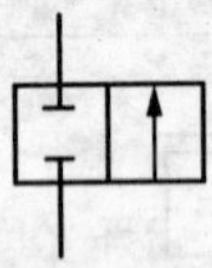	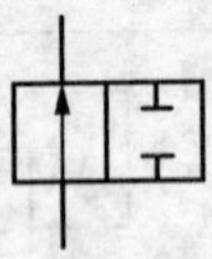	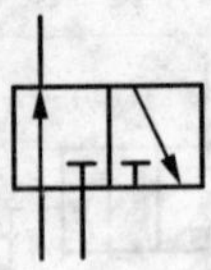	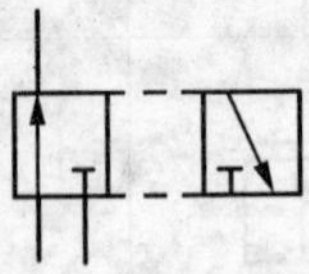	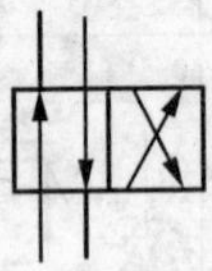	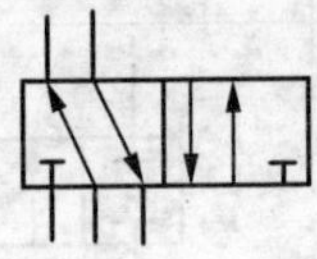
常闭	常开		带中间过渡位置		

三位三通	三位四通	三位五通		三位六通
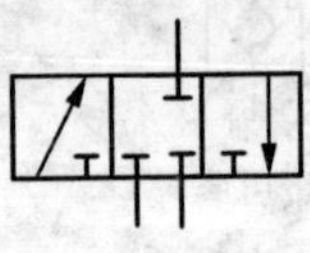	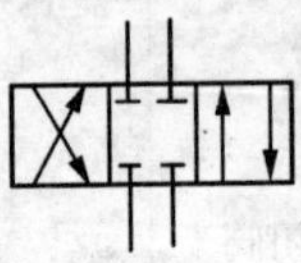	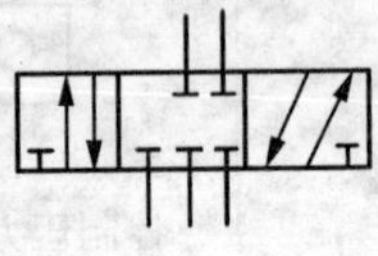	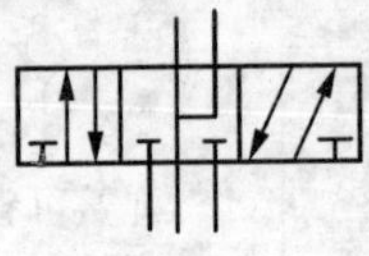	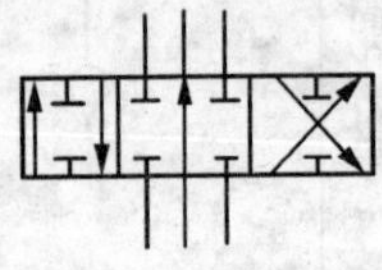

控制滑阀移动的常用方法有人力控制、机械控制、电气控制、直接压力控制和先导控制等。常用控制方法的图形符号如表5－3所示。

表5－3　常用控制方法的图形符号

人力控制	机械控制	电气控制	直接压力控制	先导控制
一般符号	弹簧控制	单作用电磁铁	加压或卸压控制	液压先导控制
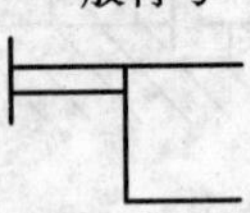	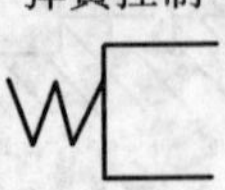	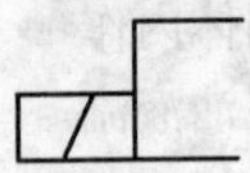	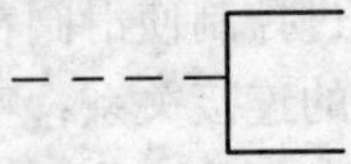	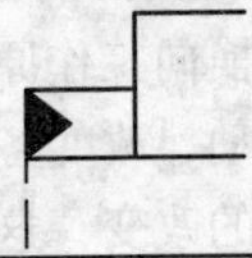

2. 换向阀图形符号的规定和含义

（1）用粗实线方框表示阀的工作位置数，有几个方框就表示几位阀。

（2）在一个方框内，"↑"或"↓"符号表示阀芯处在这一位置上两油口相通，但不表示油液的实际流向；"⊤"或"⊥"符号表示在此油路被阀芯封闭（堵塞），油液不流通。

（3）在一个方框内，相通符号"↑"、"↓"或堵塞符号"⊤"、"⊥"与方框相交的点数就是通路数，有几个交点就是几通阀。

（4）三位阀中间的方框、两位阀画有复位弹簧的那个方框为常态位置（即未施加控制号以前的原始位置）。在液压系统原理图中，换向阀的图形符号与油路的连接，一般应画在常态位置上。工作位置应按"左位"画在常态位的左面，"右位"画在常态位右面的规定。同时在常态位上应标出油口的代号。一般地，进油口用字母 P 表示，阀与系统回油路连接的回油口用字母 T（或 O）表示；而阀与执行元件连接的工作油口则用字母 A、B 等表示；有时，在图形符号上还标出泄漏油口，用字母 L 表示。

（5）控制方式和复位弹簧的符号画在方框的两侧。

3. 三位四通换向阀的中位滑阀机能

三位阀处于常态位置时（即中间位置）油口的连接关系称为滑阀机能，又称中位机能。三位四通换向阀中位滑阀机能有很多类型，主要类型的图形符号如图5-5所示。

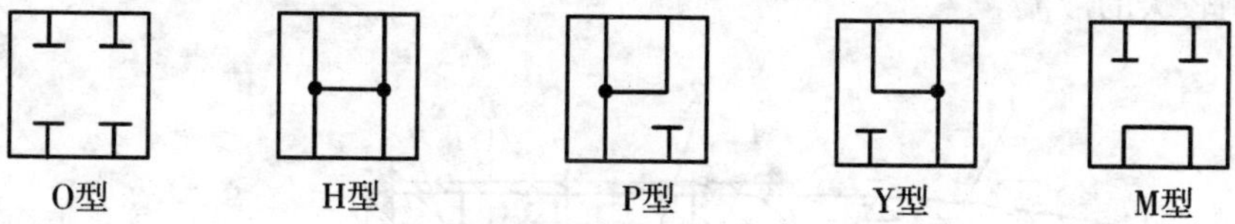

图5-5　三位四通换向阀中位机能的图形符号

4. 几种常见的换向阀

（1）手动换向阀：手动换向阀是用人力控制来改变阀芯工作位置的换向阀，有二位二通、二位四通和三位四通等多种形式。图5-6为一种三位四通自动复位手动换向阀。

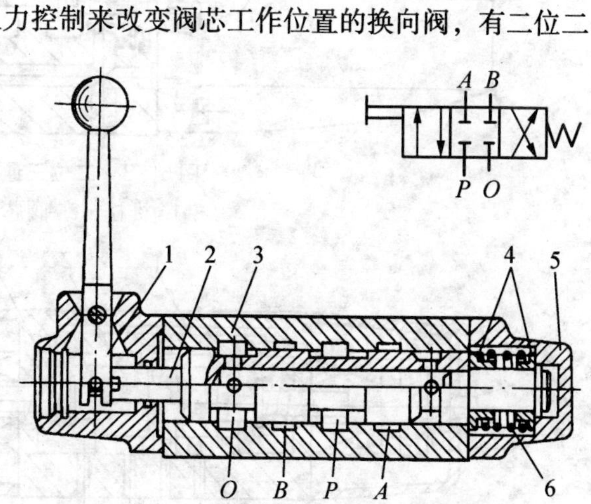

图5-6　三位四通自动复位手动换向阀

1. 手柄　2. 滑阀（阀芯）　3. 阀体
4. 套筒　5. 端盖　6. 弹簧

（2）机动换向阀：机动换向阀又称行程换向阀，是用机械控制方法来改变阀芯工作位置的换向阀，常用的有二位二通（常闭和常通）、二位三通、二位四通和二位五通等多种。图5-7为一种二位二通常闭式行程换向阀。

（3）电磁换向阀：电磁换向阀简称电磁阀，是用电气控制的方法来改变阀芯工作位置的换向阀。图5-8为一种二位三通电磁换向阀。当电磁铁通电时，衔铁通过推杆1将阀芯2推向右端，进油口 P 与油口 B 接通，油口 A 被关闭。

当电磁铁断电时，弹簧3将阀芯推向左端，油口 B 被关闭，进油口 P 与油口 A 接通。

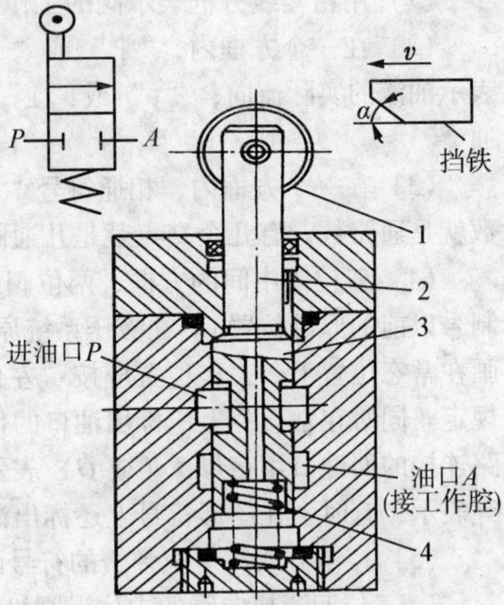

图5－7　二位二通常闭式行程换向阀

1. 滑轮　2. 阀杆　3. 阀芯　4. 弹簧

图5－9为一种三位四通电磁换向阀的结构原理。电磁换向阀的电磁铁可用按钮开关、行程开关、压力继电器等电气元件控制，无论位置远近，控制均很方便，且易于实现动作转换的自动化，因而得到广泛的应用。

根据使用电源的不同，电磁换向阀分为交流和直流两种。电磁换向阀用于流量不超过 $1.05\times10^{-4}\ m^3/s$ 的液压系统中。

（4）电液换向阀：电液换向阀是用先导控制（又称间接压力控制）的方法来改变阀芯工作位置的换向阀。电液换向阀由电磁换向阀和液动换向阀组合而成。电磁换向阀起先导作用，称为先导阀，用来控制油液的流动方向，从而改变液动换向阀（称为主阀）的阀芯位置，实现用较小的电磁铁来控制较大的液流。

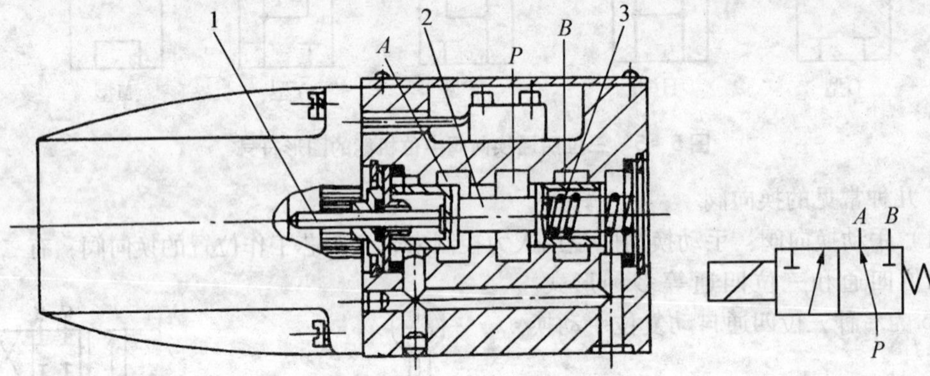

图5－8　二位三通电磁换向阀

1. 推杆　2. 阀芯　3. 弹簧

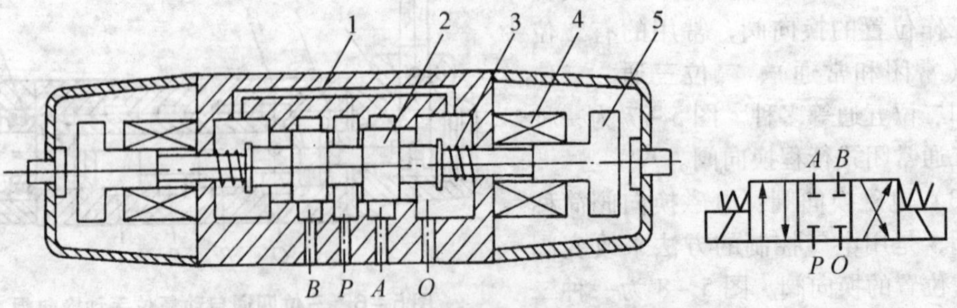

图5－9　三位四通电磁换向阀的结构原理

1. 阀体　2. 阀芯　3. 弹簧　4. 电磁线圈　5. 衔铁

图5－10为三位四通电液换向阀的图形符号。当先导阀右端电磁铁通电时，阀芯左移，控制油路的压力油进入主阀右控制油腔，使主阀阀芯左移（左控制油腔油液经先导阀泄回油箱），使进油口 P 与油口 A 相通，油口 B 与回油口 O 相通；当先导阀左端电磁铁通电时，阀芯右移，控制油路的压力油进入主阀左控制油腔，推动主阀阀芯右移（主阀右控制油腔的油液经先导阀泄回油箱），使进油口 P 与油口 B 相通，油口 A 与回油口 O 相通，实现换向。

（5）液动换向阀：液动换向阀是用直接压力控制的方法来改变阀芯工作位置的换向阀。图5－11为一种三位四通液动换向阀的结构与图形符号。工作时压力油液可以产生很大的推力，所以液动换向阀可用于高压大流量的液压系统中。

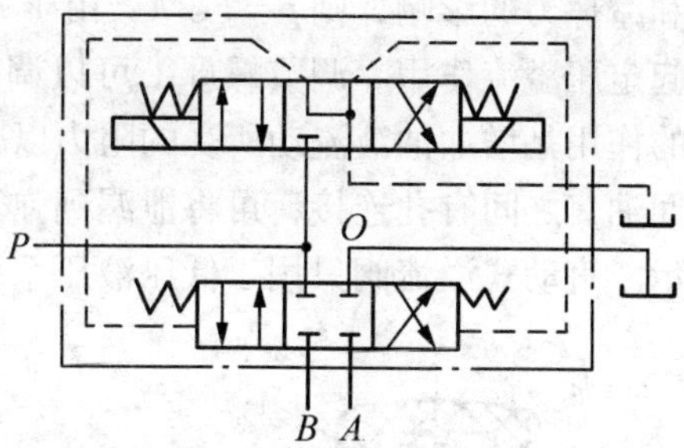

a. 详细符号

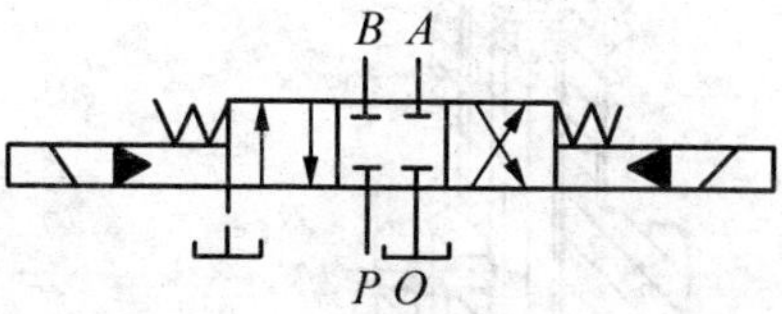

b. 简化符号

图5－10　三位四通电液换向阀的图形符号

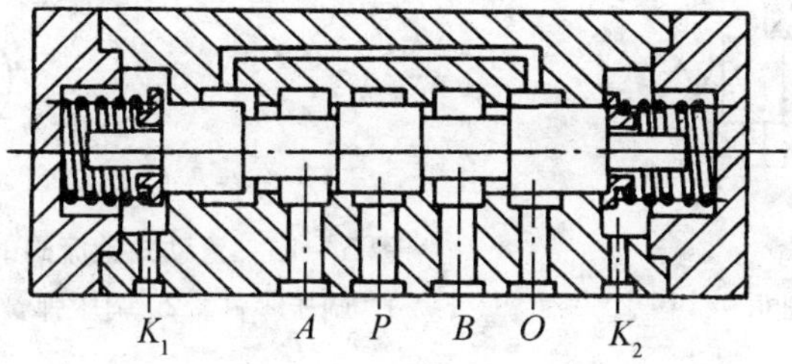

a. 结构

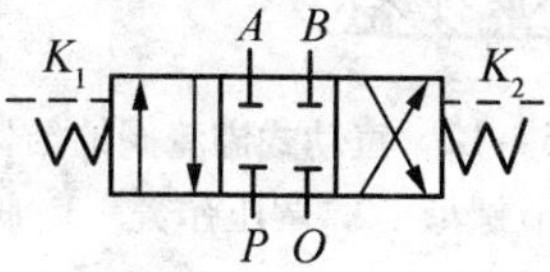

b. 图形符号

图5－11　三位四通液动换向阀的结构与图形符号

5.3　压力控制阀

压力控制阀是用于控制液压系统压力或利用压力作为信号来控制其他元件动作的液压阀，简称压力阀。这类阀的共同特点是利用阀芯上液体压力与弹簧力相平衡的原理来进行工作的。按功用不同，常用的压力控制阀有溢流阀、减压阀和顺序阀等。

5.3.1　溢流阀

1. 溢流阀的结构和工作原理　根据结构和工作原理的不同，可将溢流阀分为直动式和先导式两类。

（1）直动式溢流阀的结构和工作原理：直动式溢流阀的结构如图5－12所示，来自进油口 P 的压力油经过阀芯3的径向孔和阻尼孔 a 进入阀芯的底部，阀芯的下端受到压力为 p 的油液的作用，若作用面积为 A，则压力油作用于该面上的力为 pA。设调压弹簧2作用于阀芯的上端面的预紧力为 F_S。当进油压力小于弹簧弹力时，阀芯处于下端位置，阀芯将进油口 P 和回油口 O 阻断，油液不溢流。当进油压力升高等于弹簧压力时，阀芯即将开启。当进油压力继续增大，大于弹簧预紧力时，阀芯被进入到底端的压力油抬起上移，这时候进油口和回油口相通，溢流阀开始溢流。当溢流阀稳定工作时，忽略阀芯自重、液动力和摩擦力的影响，则 $p = F_S/A$，由于 F_S 变化很小，所以可以认为 p 保持恒定，这时溢流阀起定压溢流作用。调节螺母 1 可以调节 F_S 的大小，从而调节溢流阀的溢流压力。阻尼孔的作用是增加油液流动所受的阻力以减小滑阀的振动。阀芯的上端面和弹簧之间的腔体与回油口之间有孔连接，可将泄漏到弹簧腔的油液引入到回油口。其工作原理如图 5－13 所示。直动式溢流阀只用于低压液压系统中。

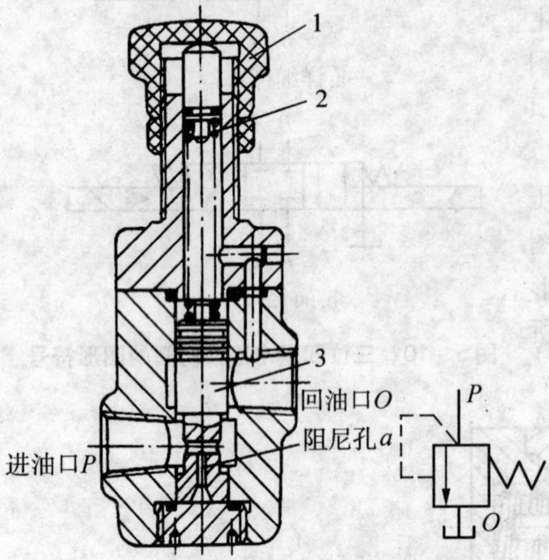

图 5－12　直动式溢流阀的结构

1. 调节螺母　2. 调压弹簧　3. 阀芯

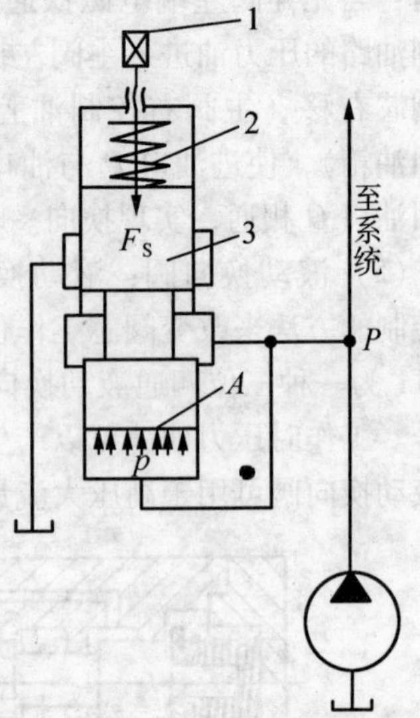

图 5－13　直动式溢流阀的工作原理

1. 调压零件　2. 调压弹簧　3. 阀芯

（2）先导式溢流阀的结构和工作原理：先导式溢流阀的结构如图 5－14 所示，它由先导阀Ⅰ和主阀Ⅱ两部分组成。先导阀实际上是一个小流量的直动式溢流阀，阀芯是锥阀，用来控制压力；主阀阀芯是滑阀，用来控制溢流流量。其工作原理如图 5－15 所示，油液从 P 口进入，经过主阀芯 5 的轴向孔 a 进入到主阀芯的下端，同时经过阻尼孔 b 进入到主阀芯的上端，再经过弹簧腔和孔 c 进入先导阀。油液压力变为 p_1，作用于锥形阀芯 3 上。当油液压力较低时，先导阀关闭，油液不流动，阻尼孔不起到阻尼作用，这时主阀芯的上下两端面受到的压力平衡，主阀芯在平衡弹簧作用下处于最下端，主阀芯的溢流口处于封闭状态。当系统中压力升高时，主阀芯上腔压力也随之升高，直到大于先导阀调压弹簧 2 的调定压力时，先导阀被打开，主阀芯上腔的压力油经锥阀口和孔 e 流回油箱。由于阻尼孔的作用，在主阀芯上下两端面形成压力差，而两端面的截面积相等，所以主阀芯克服弹簧 4 的弹力被抬起上移，主阀芯溢流口开启并开始溢流。调节螺母 1 可以调节调压弹簧 2 的预压缩量，从而调节整个系统中的溢流压力。先导式溢流阀设有远程控制口 K（见图 5－14），可以实现远程调压（与远程调压接通）或卸荷（与油箱接通），不用时封闭。

先导式溢流阀压力稳定、波动小，主要用于中高压液压系统中。

2. 溢流阀的应用

（1）起溢流稳压作用，维持液压系统压力恒定，如图 5－16a 所示。在定量泵进油或回油节流调速系统中，溢流阀和节流阀配合使用，液压缸所需流量由节流阀调节，泵输出

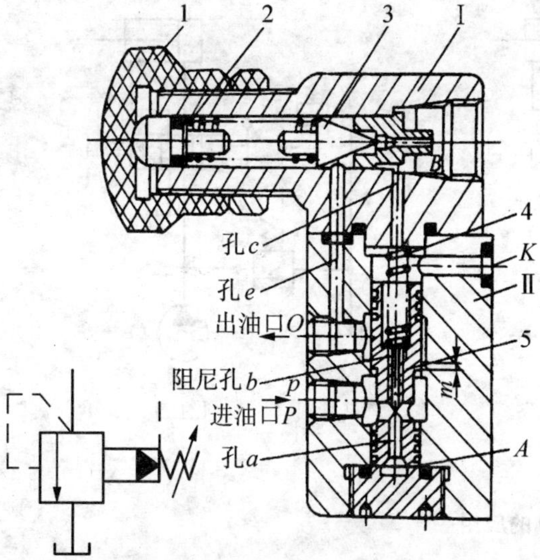

图5－14　先导式溢流阀的结构

1. 调节螺母　2. 调压弹簧　3. 锥阀
4. 主阀弹簧　5. 主阀芯

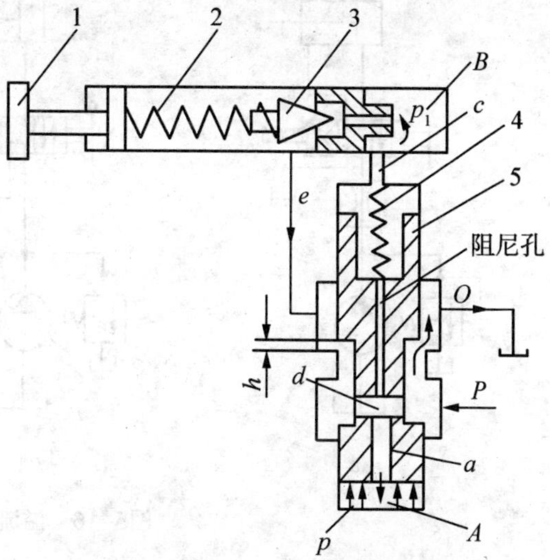

图5－15　先导式溢流阀的工作原理

1. 调节螺母　2. 调压弹簧　3. 锥阀
4. 主阀弹簧　5. 主阀芯

的多余流量由溢流阀溢回油箱。在系统正常工作时，溢流阀阀口始终处于开启状态溢流，维持泵的输出压力恒定不变。

（2）起安全保护作用，防止液压系统过载，如图5－16b所示。在变量泵液压系统中，系统正常工作时，其工作压力低于溢流阀的开启压力，阀口关闭不溢流。当系统工作压力超过溢流阀的开启压力时，溢流阀开启溢流，使系统工作压力不再升高（限压），以保证系统的安全。这种情况下溢流阀的开启压力，通常应比液压系统的最大工作压力高10%～20%。

（3）实现远程调压，如图5－16c所示。装在控制台上的远程调压阀与先导式溢流阀的外控口连接，便能实现远程调压。

（4）作背压阀使用。将溢流阀连接在系统的回油路上，在回油路中可形成一定的回油阻力（背压），以改善液压执行元件运动的平稳性。

5.3.2　减压阀

在液压系统中，常由一个液压泵向几个执行元件供油。当某一执行元件需要比泵的供油压力低的稳定压力时，可往该执行元件所在的油路上串联一个减压阀来实现。使其出口压力降低且恒定的减压阀称为定压（定值）减压阀，简称减压阀。

1. 减压阀的作用和分类

（1）减压阀的作用：减压阀是用来降低液压系统中某一分支油路的压力，使它低于液压泵的供油压力，以满足执行机构（如夹紧、定位油路、制动、离合油路、系统控制油路等）的需要，并保持压力的基本恒定。

（2）减压阀的分类：根据结构和工作原理不同，可将减压阀分为直动式减压阀和先导式减压阀两类。先导式减压阀应用较广。

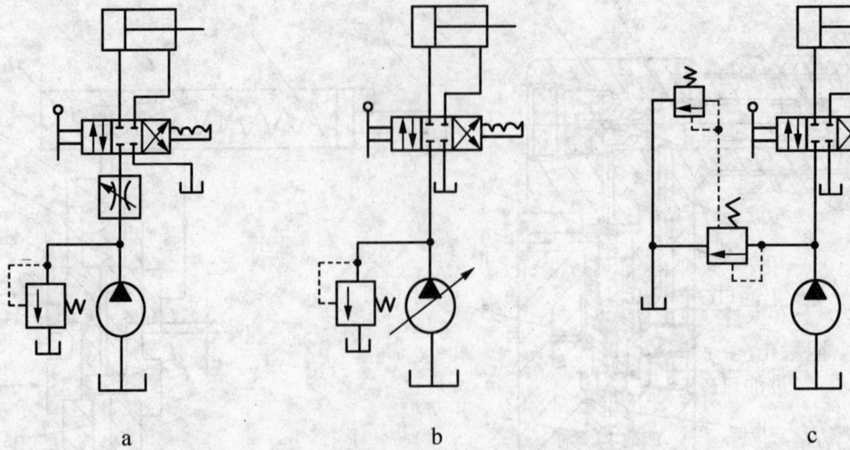

图5-16　溢流阀的应用

2. 先导式减压阀的结构和工作原理

（1）结构：先导式减压阀的结构如图 5－17 所示，其结构与先导式溢流阀的结构相似，也是由先导阀Ⅰ和主阀Ⅱ两部分组成，这两种阀的主要零件可通用。它们的主要区别是减压阀的进、出油口位置与溢流阀相反；减压阀的先导阀控制出口油液的压力，而溢流阀的先导阀控制进口油液压力；由于减压阀的进、出口油液均有压力，所以先导阀的泄油不能像溢流阀一样流入回油口，而必须设有单独的泄油口；减压阀主阀芯结构的中间多一个凸肩，即三节杆；在正常情况下，减压阀阀口开得很大（常开），而溢流阀阀口则关闭

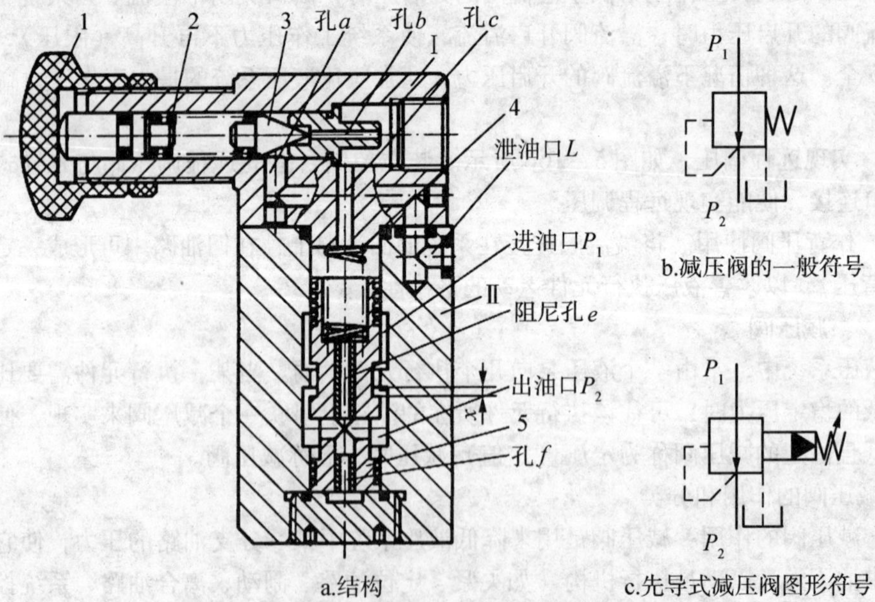

图 5－17　先导式减压阀的结构与图形符号

1. 调节螺母　2. 调压弹簧　3. 锥阀芯　4. 弹簧　5. 主阀芯

（常闭）。

（2）工作原理：如图5－17所示，压力油进入进油腔P_1，经过减压阀口x减压后，再从出油腔P_2和出油口流出。出油腔压力油经小孔f进入主阀芯5的下端，同时油液经阻尼小孔e流入主阀芯的上端再经过孔c、b作用于锥阀芯3上。当出油口压力较低时，先导阀关闭，主阀芯两端压力相等，主阀芯被平衡弹簧4压在最下端，减压阀口x开度最大，压降最小，减压阀不起减压作用。当出油口压力达到先导阀的调定压力时，先导阀开始开启，此时P_2腔的部分压力油经孔e、c、b、先导阀口x、孔a和泄漏口L流回油箱。由于阻尼小孔的作用，主阀芯的上下两端面间产生压力差，主阀芯便在此压力差下克服平衡弹簧的弹力上移，减压阀口减小，使得出油口压力降低至调定压力。调节螺母1可以调节弹簧2的预压缩量，从而调定减压阀出油口压力。

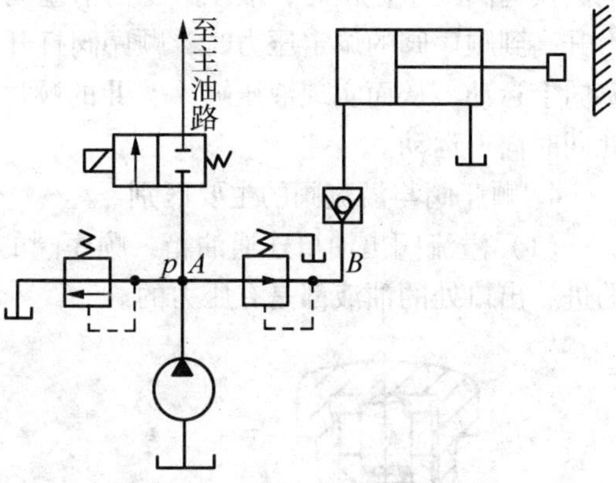

图5－18　减压阀的应用

3. 减压阀的应用　图5－18为减压阀用于夹紧油路的原理示意。液压泵输出的压力油由溢流阀调定压力以满足主油路系统的要求。在电磁换向阀处于图示位置时，液压泵经减压阀、单向阀供给夹紧液压缸压力油。夹紧工件所需夹紧力的大小，由减压阀来调节。当工件夹紧后，换向阀换位，液压泵向主油路系统供油。单向阀的作用是当泵向主油路系统供油时，使夹紧缸的夹紧力不受液压系统中压力波动的影响。

5.3.3　顺序阀

顺序阀是以压力作为控制信号，自动接通或切断某一油路的压力阀。由于它经常被用来控制执行元件动作的先后顺序，故称顺序阀。它实质上是一个由压力油液控制其开启的二通阀。

根据结构和工作原理不同，可将顺序阀分为直动式和先导式两类，目前直动式顺序阀应用较广。

1. 直动式顺序阀　直动式顺序阀的结构如图5－19所示，其结构和工作原理都和直动式溢流阀相似。常态下进油口P_1和出油口P_2不通，当进油口压力p_1达到调节压力时，克服弹簧的弹力抬起主阀芯上移，使得进油口和出油口连通，从而实现油液流通。

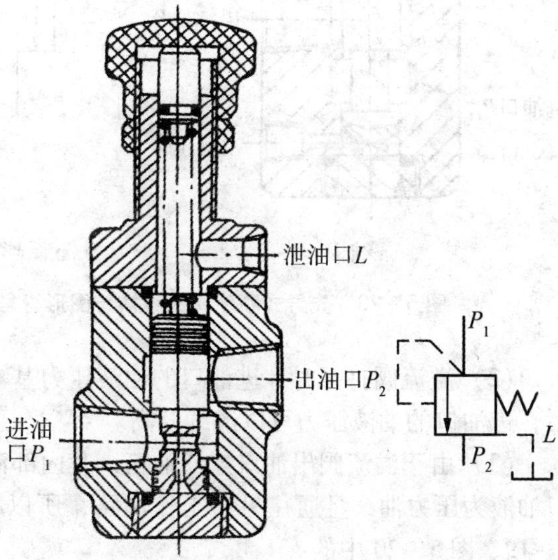

a.结构　　b.图形符号

图5－19　直动式顺序阀的结构与图形符号

1. 液压泵　2. 溢液阀　3. 电磁换向阀
4. 减压阀　5. 单向阀　6. 单杆液压缸

2. 先导式顺序阀　先导式顺序阀的

结构如图 5－20 所示，它与直动式顺序阀的主要差异在于阀芯下部有一个控油口 K。当由控油口 K 进入阀芯下端油腔的控制压力油产生的液压作用力大于阀芯上端调定的弹簧力时，阀芯上移，使进油口 P_1 与出油口 P_2 相通，压力油液自 P_2 口流出，可控制另一执行元件动作。如将出油口 P_2 与油箱接通，先导式顺序阀可用作卸荷阀。

3. 顺序阀的应用　图 5－21 为顺序阀用以实现多个执行元件的顺序动作原理示意。当电磁换向阀处于左位时，液压缸Ⅰ的活塞向上运动，运动到终点位置后停止运动，油路压力升高到顺序阀的调定压力时，顺序阀打开，压力油经顺序阀进入液压缸的Ⅱ下腔，使活塞向上运动，从而实现液压缸Ⅰ、Ⅱ的顺序动作。当电磁换向阀处于右位时，液压缸Ⅰ、Ⅱ同时向下运动。

4. 顺序阀与溢流阀的主要区别

（1）溢流阀出油口连通油箱，顺序阀的出油口通常是连接另一工作油路，因此顺序阀的进、出口处的油液都是有压力的。

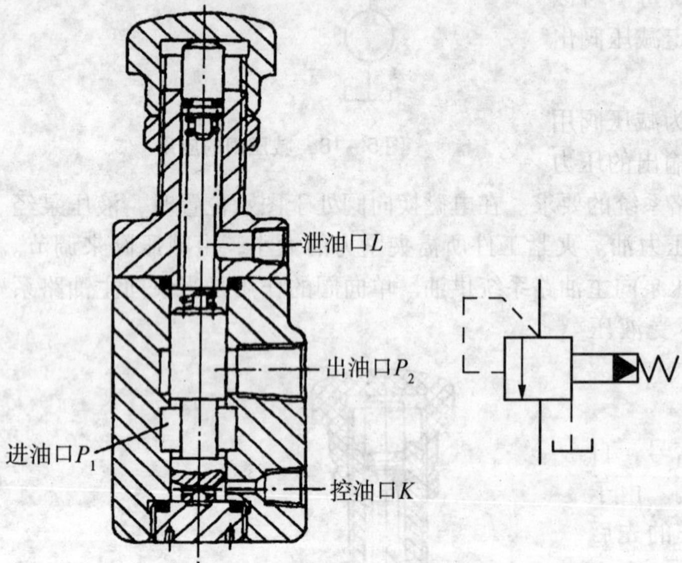

a.结构　　b.图形符号

图 5－20　先导式顺序阀的结构与图形符号

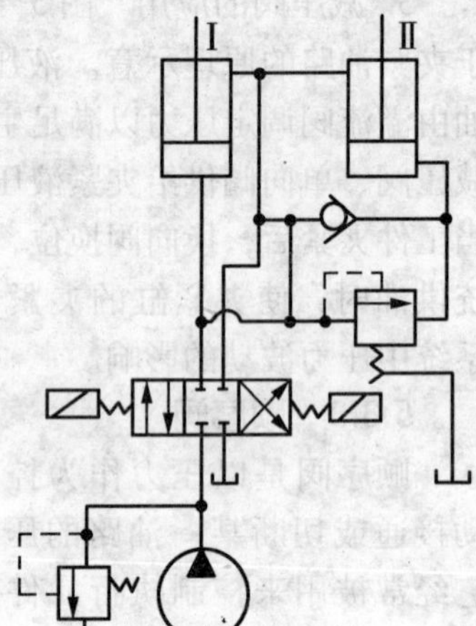

图 5－21　顺序阀的应用

（2）溢流阀打开时，进油口的油液压力基本上是保持在调定压力值附近；顺序阀打开后，进油口的油液压力可以继续升高。

（3）由于溢流阀出油口连通油箱，其内部泄油可通过出油口流回油箱，而顺序阀出油口油液为压力油，且通往另一工作油路，所以顺序阀的内部要有单独设置的泄油口（图 5－19、图 5－20 中的 L）。

5.3.4　压力继电器

压力继电器是利用液体的压力来启、闭电气触点的液压电气转换元件。当系统压力达到压力继电器的调定值时，压力继电器会发出电信号，使电气元件（如电磁铁、电动机、时间继电器、电磁离合器等）动作，油路卸压、换向，执行元件实现顺序动作，电动机关闭进而使系统停止工作。它还能起安全保护作用。

压力继电器有柱塞式、膜片式、弹簧管式和波纹管式四种结构形式。下面对柱塞式压力继电器（图5-22）的工作原理作一介绍。

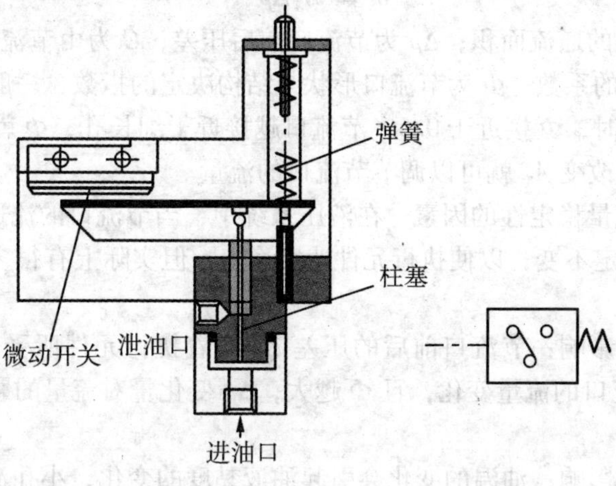

a.结构示意　　b.图形符号

图5-22　柱塞式压力继电器的结构示意与图形符号

当从继电器下端进油口进入的油液压力达到调定压力值时，油液可推动柱塞上移，此位移通过杠杆放大后推动微动开关动作。改变弹簧的压缩量，就可以调节继电器的动作压力。

压力继电器常用于安全保护、控制执行元件的顺序动作、控制泵的开启与闭合及泵的卸荷等场合。

5.4　流量控制阀

在液压系统中，控制油液流量的阀称为流量控制阀，简称流量阀。常用的流量控制阀有节流阀、调速阀、分流阀等。其中节流阀是最典型的流量控制阀。流量控制阀通过改变节流口的开口大小来调节通过阀口的流量，从而改变执行元件的运动速度。此阀通常用于带有定量液压泵液压系统中。流量控制阀的图形符号如表5-4所示。

表5-4　流量控制阀的图形符号

节流阀		调速阀		分流阀
详细符号	简化符号	详细符号	简化符号	
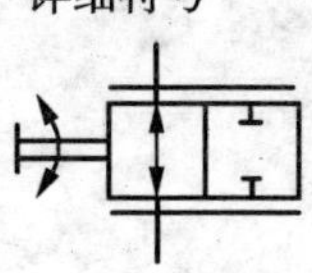		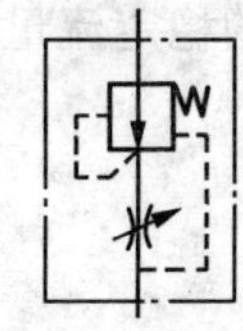 		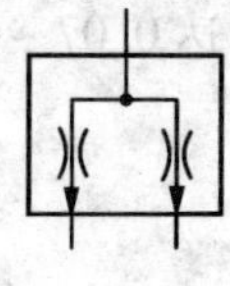

5.4.1 流量控制阀的特性

1. 节流口的流量特性公式　通过节流口的液体流量跟节流口的结构有关，实际应用中的节流口都介于理想薄壁小孔和细长孔之间，故流量公式可用小孔流量通用公式表示为

$$q_v = CA_T\Delta p^{\Phi}$$

式中，A_T 表示节流口的通流面积；Δp 为节流口前后压差；C 为由节流口形状、流体流态、流体性质等因素决定的系数；Φ 为节流口形状与结构决定的指数，一般 $0.5 < \Phi < 1$，当节流口接近于薄壁小孔时，Φ 接近于0.5，节流口越接近于细长孔，Φ 就越接近于1。当 C、Δp、Φ 一定时，只要改变 A_T 就可以调节节流口的流量。

2. 影响节流口流量稳定性的因素　在液压系统中，当节流口的流通截面调定后，要求通过节流口的流量稳定不变，以使执行元件速度稳定，但实际上有很多因素影响着节流口的流量稳定性。

（1）负载变化的影响：节流口前后的压差 Δp 随着执行元件所受负载的变化而变化，Δp 的变化会引起节流口的流量变化，且 Φ 越大，Δp 变化量对流量的影响越大，因此节流口常采用薄壁小孔。

（2）温度变化的影响：油温的变化会引起油液黏度的变化，小孔流量通用公式中总的 C 值就会发生变化，从而使流量发生变化。节流孔越长，油温变化的影响越大。薄壁孔的长度短，其流量对温度变化最不敏感。

（3）节流口的阻塞：油液中的杂质及油液氧化而生成的胶质和沥青等物质会堵塞节流口，或者聚集在节流口上。聚集物有时堵塞节流口有时被冲走，这样节流口的流量不稳定。为了保证流量稳定，流量控制阀有一个保证正常工作的最小流量限制值，称为最小稳定流量。

综上所述，为了保证流量稳定，节流口的形式以薄壁小孔为最佳选择。

3. 节流口的形式　节流口的形式很多，如图5－23所示。图5－23a为针阀式节流口，针阀芯作轴向移动时，可改变环形通流截面积的大小，从而调节了流量。图5－23b为偏心式节流口，在阀芯上开有一个截面为三角形（或矩形）的偏心槽，当转动阀芯时，就可以调节通流截面积大小而调节流量。这两种形式的节流口结构简单、制造容易，但节流口容易堵塞，流量不稳定，适用于性能要求不高的场合。图5－23c为轴向三角槽式节流口，在阀芯端部开有一个或两个斜的三角沟槽，轴向移动阀芯时，就可以改变三角槽通流截面积的大小，从而调节流量。图5－23d为周向缝隙式节流口，阀芯上开有狭缝，油液可以通过狭缝流入阀芯内孔，然后由左侧孔流出，转动阀芯就可以改变缝隙的通流截面积。图5－23e为轴向缝隙式节流口，在套筒上开有轴向缝隙，轴向移动阀芯即可改变缝隙的通流面积大小，以调节流量。这三种节流口性能较好，尤其是轴向缝隙式节流口，其节流通道厚度最薄可达0.07～0.09 mm，可以得到较小的稳定流量。

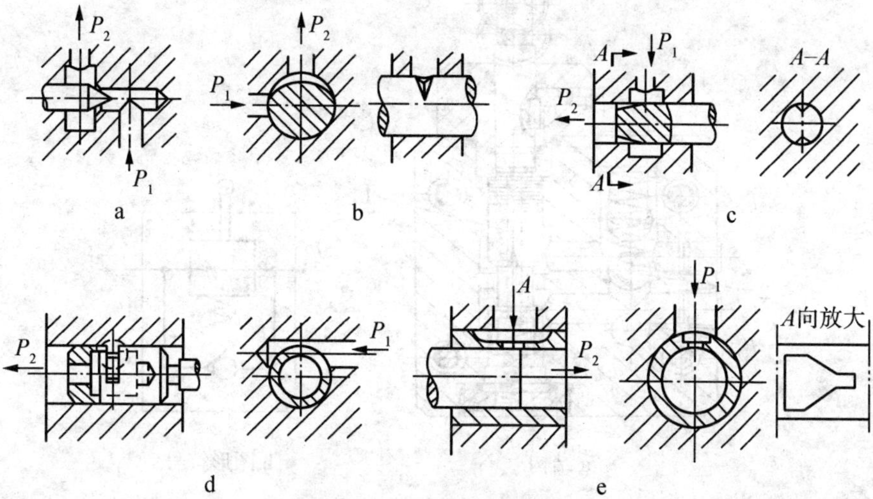

图5－23 节流口的形式

5.4.2 节流阀

常用节流阀的类型有可调节流阀、不可调节流阀、可调单向节流阀和减速阀等。

（1）可调节流阀：图5－24为可调节流阀。这种节流阀结构简单、制造容易、体积小，但负载和温度的变化对流量的稳定性影响较大，适用于负载和温度变化不大或执行机构速度稳定性要求较低的液压系统。

（2）可调单向节流阀：图5－25为可调单向节流阀。这种阀可实现单方向的节流调速。

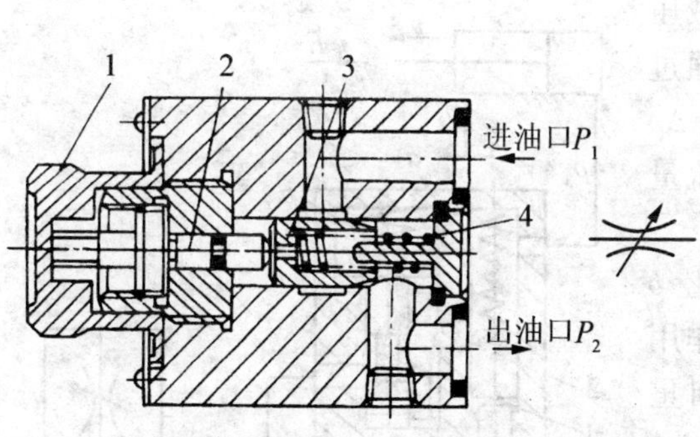

图5－24 可调节流阀的结构与图形符号

1. 手柄 2. 推杆 3. 阀芯 4. 弹簧

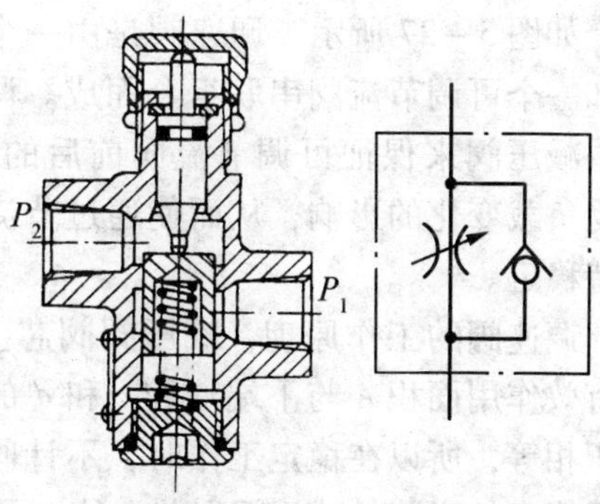

图5－25 可调单向节流阀的结构与图形符号

（3）减速阀：减速阀是滚轮控制可调节流阀，又称行程节流阀。其原理是通过行程挡块压下滚轮，使阀芯下移改变节流口通流面积，减小流量而实现减速。图5－26为一种与单向阀组合的减速阀。单向减速阀又称单向行程节流阀，它可以满足机床液压进给系统的快进、工进、快退工作循环的需要。阀的具体动作过程如下：

快进：快进时，阀芯1未被压下，压力油从油口 P_1 不经节流口而流往油口 P_2，执行

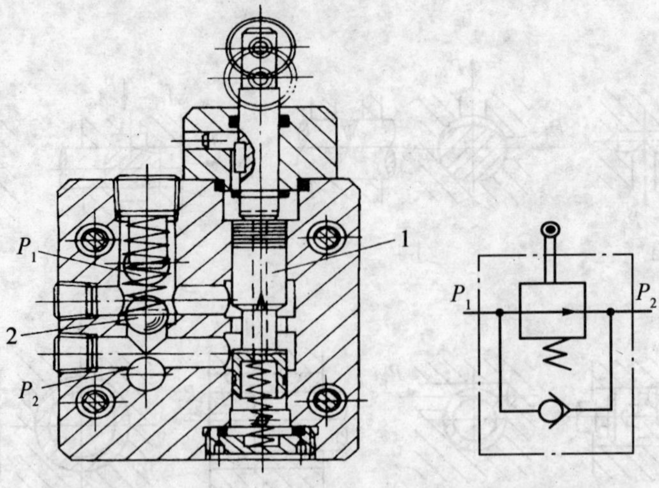

a.结构　　b.图形符号

图 5-26　单向减速阀的结构与图形符号

1. 阀芯　2. 钢球

元件快进。

工进：当行程挡块压在滚轮上，使阀芯下移一定距离，将通道大部分阻断，由阀芯上的三角槽节流口调节流量，实现减速，执行元件慢进（工作进给）。

快退：压力油液从油口 P_2 进入，推开单向阀阀芯 2（钢球），油液直接由 P_1 流出，不经节流口，执行元件快退。

5.4.3　调速阀

1. 调速阀工作原理

如图 5-27 所示，调速阀是由一个定差减压阀和一个可调节流阀串联组合而成。调速阀通过定差减压阀来保证可调节流阀前后的压力差 Δp 不受负载变化的影响，从而使通过节流阀的流量保持稳定。

调速阀的工作原理：减压阀阀芯上端油腔 b 的有效作用面积 A 与下端油腔 c 和 d 的有效作用面积相等，所以在稳定工作时，不计阀芯的自重及摩擦力的影响，减压阀阀芯上的力平衡方程为

$$p_2A = p_3A + F \text{ 或 } p_2 - p_3 = F/A$$

式中，p_2 为节流阀前（即减压阀后）的油液压力；p_3 为节流阀后的油液压力；F 为减压阀弹簧的弹簧作用力；A 为减压阀阀芯大端有效作用面积。

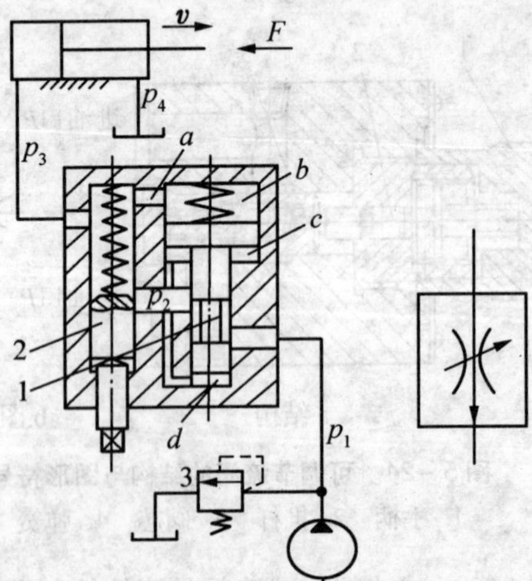

a.工作原理　　b.图形符号

图 5-27　调速阀的工作原理与图形符号

1. 减压阀阀芯　2. 节流阀阀芯　3. 溢流阀

因为减压阀阀芯弹簧很软（刚度很低），当阀芯上下移动时其弹簧作用力 F 变化不大，所以节流阀前后的压力差 $\Delta p = p_2 - p_3$ 基本上不变，为

一常量，也就是说当负载变化时，通过调速阀的油液流量基本不变，液压系统执行元件的运动速度保持稳定。

注意：当压差很小且小于定差减压阀调节压力时，减压阀的阀口全开，减压阀不起作用，这时调速阀的特性与节流阀相同，所以要使调速阀正常工作，应保证最小压差。

2. 调速阀的结构　图5－28是调速阀的结构，调速阀由阀体3、减压阀阀芯7、减压阀弹簧6、节流阀阀芯4、节流阀弹簧5、调节杆2和调速手柄1等组成。转动调速手柄通过调节杆可使节流阀阀芯轴向移动，从而调节流量。

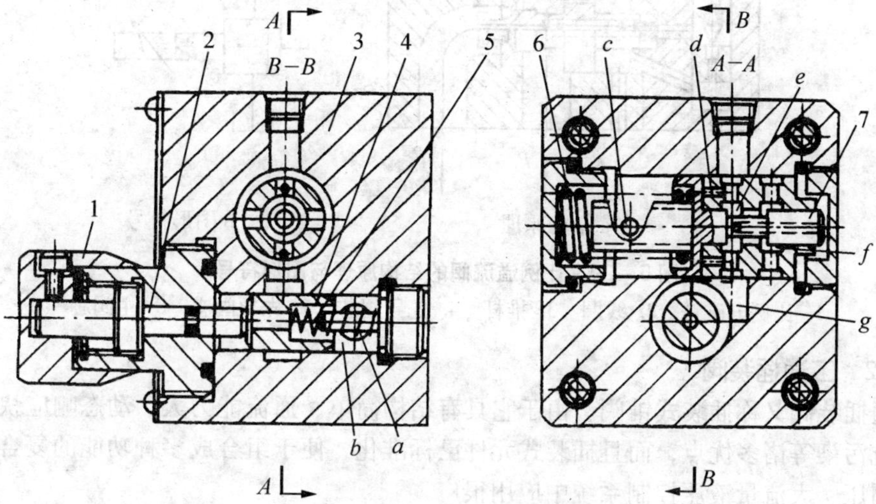

图5－28　调速阀的结构

1. 调速手柄　2. 调节杆　3. 阀体　4. 节流阀阀芯
5. 节流阀弹簧　6. 减压阀弹簧　7. 减压阀阀芯

其他常用的调速阀还有与单向阀组合成的单向调速阀和可减小温度变化对流量稳定性影响的温度补偿调速阀等。

5.5　其他液压控制阀

比例阀、插装阀和叠加阀都是最近几年发展起来的液压控制阀，与前面介绍的普通液压控制阀相比具有许多优点。

5.5.1　比例阀

图5－29为一电液比例阀的结构原理与图形符号，简称比例阀。比例阀是由阀内的比例电磁铁输入电压信号产生相应动作，使工作阀阀芯产生位移，阀口尺寸因此发生改变并输出与输入电压成比例的压力、流量。

比例阀由直流比例电磁铁和液压阀两部分组成。其中液压阀部分和普通的液压阀一样，差别不大。而重点是比例电磁铁，它可以得到与给定电流成正比的位移输出和吸力（电磁铁的输出力）输出。比例阀包括比例流量阀、比例压力阀、比例换向阀三类。

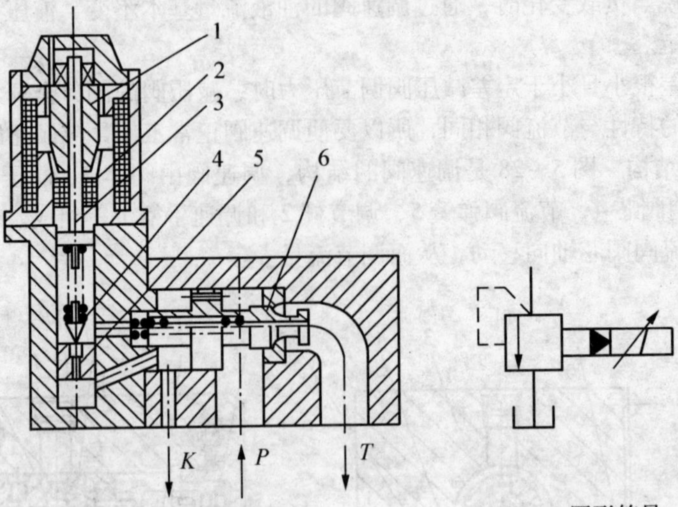

a.结构原理　　b.图形符号

图5-29　比例溢流阀的结构原理与图形符号

1. 比例电磁铁　2. 线圈　3. 推杆　4. 先导阀芯　5. 先导阀座　6. 主阀芯

5.5.2　二通插装阀

二通插装阀又称插装式锥阀。由于它具有结构简单、通流能力大、动态响应快、密封性好、抗污染等诸多优点，而且插装式元件已标准化，便于组合成多种功能的复合阀，因而它在高压、大流量液压控制系统中应用很广。

插装阀由插装块体（阀块）、插装元件［阀芯、阀套（座）、弹簧、密封件］组成插装式部件。由于它采用插装式安装和连接，故有插装阀之称，也称逻辑阀。二通插装阀的结构原理与图形符号如图5-30所示。

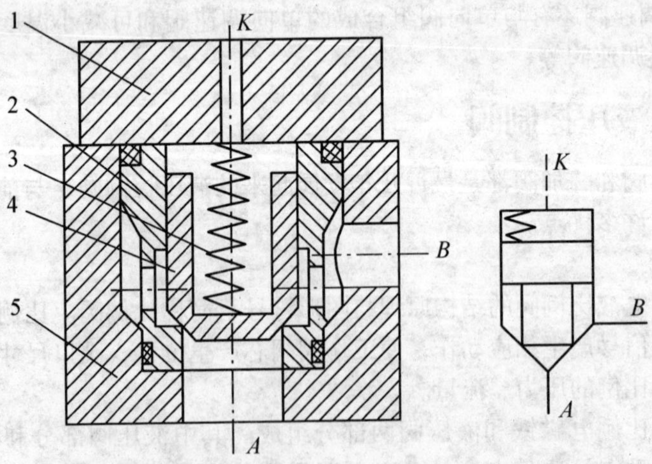

a.结构原理　　b.图形符号

图5-30　二通插装阀的结构原理与图形符号

1. 控制盖板　2. 阀套　3. 弹簧　4. 阀芯　5. 插装块体

各组成部分的功能如下：

1. 阀块　阀块是插装阀的壳体或集成块。阀块上有安装插装元件的标准孔，各插装元件相连接的通道，控制通道，阀块间连接口，阀块与动力源、执行元件的连接口。图5－30中*A*、*B*为主油路通道，*K*为控制通道。

2. 插装元件　插装元件又称为主阀组件或功率控制级。它是由阀芯4、阀套（座）2、弹簧3、密封件等组成的。阀套（座）外圆柱面与阀块内标准孔配合，径向孔与阀块主油路*B*接通。阀芯是液压控制的锥阀或滑阀。阀芯与阀套（座）内孔配合，并沿阀套（座）内孔移动。

3. 控制盖板　控制盖板主要用来固定插装元件，并保证密封。盖板1内可嵌入微型先导控制元件及节流螺塞等其他附件。盖板内部通路用于控制主阀组件的启、闭。控制盖板按其控制功能可分为方向控制盖板、压力控制盖板、流量控制盖板三大类。

5.5.3　叠加阀

叠加阀是在板式阀集成化的基础上发展起来的一种新型液压元件，但它在配置形式上和板式阀、插装阀截然不同。叠加阀是安装在板式换向阀和底板之间，由有关的压力阀、流量阀和单向控制阀组成的集成化控制回路。同一通径（管路的公称直径）的各种叠加阀的油口和螺钉孔的大小、位置、数量都与相匹配的板式换向阀相同。因此，同一通径的叠加阀，只要按一定次序叠加起来，加上电磁控制换向阀，即可组成各种典型的液压系统。通常一组叠加阀的液压回路只控制一个执行器。若将几个安装底板块（也都具有相互连通的通道）横向叠加在一起，即可组成控制几个执行器的液压系统。图5－31为控制两个执行元件（液压缸和液压马达）的叠加阀及其液压回路示例。图5－32为叠加式溢流阀的结

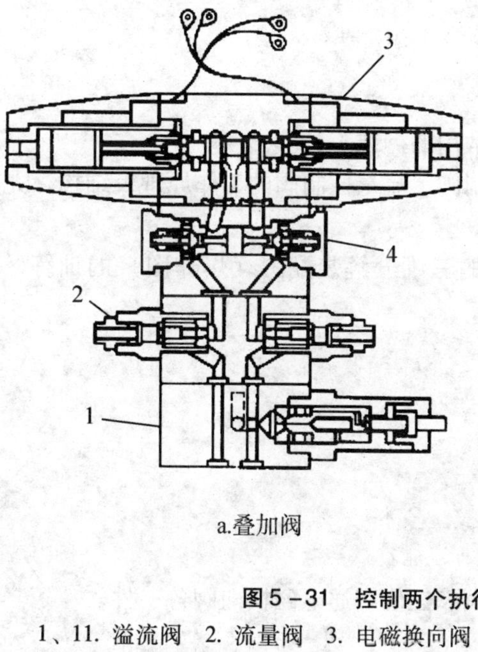

a.叠加阀

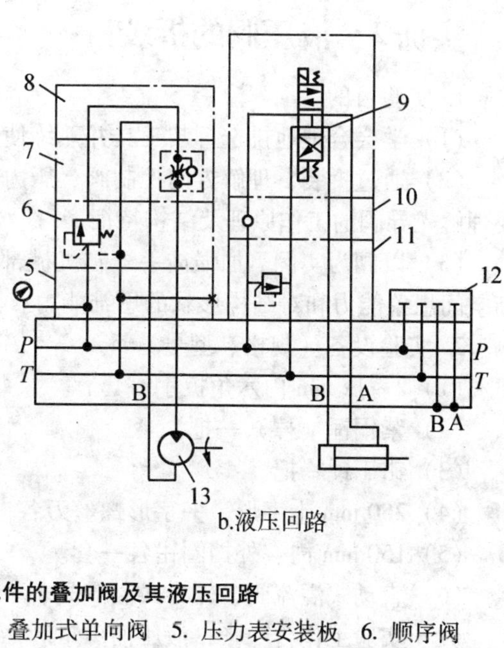

b.液压回路

图5－31　控制两个执行元件的叠加阀及其液压回路

1、11. 溢流阀　2. 流量阀　3. 电磁换向阀　4. 叠加式单向阀　5. 压力表安装板　6. 顺序阀　7. 单向进油节流阀　8. 顶板　9. 换向阀　10. 单向阀　12. 备用回路盲板　13. 液压马达

构与图形符号。

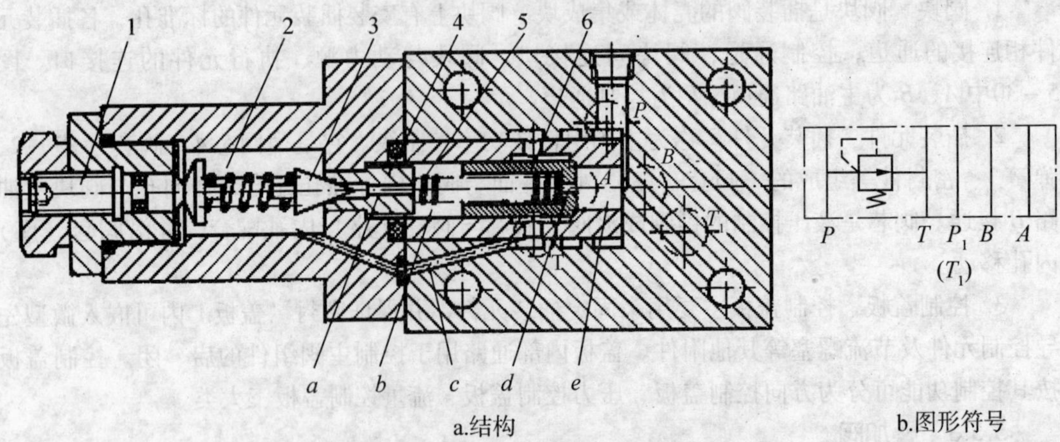

图 5-32　叠加式溢流阀的结构与图形符号

1. 推杆　2. 弹簧　3. 锥阀阀芯　4. 阀座　5. 弹簧　6. 主阀芯

叠加阀的工作原理与板式阀基本相同，但在结构和连接方式上有自己的特点，因而自成体系。如板式溢流阀，只在阀的底面上有 P 和 T 两个进、出主油口；而叠加式溢流阀除了 P 口和 T 口外，还有 A、B 油口，并且这些油门自阀的底面贯通到阀的顶面，且同一通径的各类叠加阀的 P、A、B、T 油口间的相对位置是和相匹配的标准板式换向阀相一致的。对于叠加阀的连接尺寸及高度尺寸，国际标准化组织已制定出相应的标准（ISO 7790 和 ISO 4401），从而使叠加阀具有更广的通用性及互换性。

实训 2　液压阀的拆装

1. 实验目的

（1）学会合理地挑选拆装工具并熟练使用常用的拆装工具。

（2）通过拆装，理解方向控制阀、压力控制阀、流量控制阀的工作原理及结构，尤其要理解先导阀的工作原理及结构特征。

（3）以阀为实例，加强徒手绘制机械部件的三维分解装配图（爆炸图）的训练，提高空间想象能力和对结构形状的思维能力。

2. 实验设备（规格、型号）

（1）2 ~ 12 mm 内六角扳手一套。

（2）紫铜锤（棒）一把。

（3）钳工锤一把。

（4）250 mm 十字形、一字形螺丝刀各一把。

（5）150 mm 内、外挡圈钳各一套。

（6）直动式溢流阀、先导式溢流阀、单向阀、三位四通电磁换向阀各一件。

（7）实验工作台一张，液压油少量。

3. 实验记录及数据处理

（1）用适当的方式记录各零件间的关系（照相、录像）。

（2）徒手绘制先导式溢流阀或三位四通换向滑阀的爆炸图一张。

4. 思考　溢流阀与减压阀的主要区别是什么？

5. 实训报告　填写下面的实训报告。

<table>
<tr><td>实训项目</td><td colspan="5"></td></tr>
<tr><td>实训目的</td><td colspan="5"></td></tr>
<tr><td rowspan="3">所拆元件</td><td>名 称</td><td></td><td></td><td></td><td></td></tr>
<tr><td>型 号</td><td></td><td></td><td></td><td></td></tr>
<tr><td>图形符号</td><td></td><td></td><td></td><td></td></tr>
<tr><td colspan="6">简述所拆阀的结构组成及其特点</td></tr>
</table>

班级：	姓名：	学号：	日期：	成绩：

思考与练习

1. 试说明三位换向阀中位机能的特点。

2. 叙述液控单向阀的工作原理。

3. 总结溢流阀和减压阀分别与调速阀串联或并联的特点。

4. 图 5－33 为一个压力多级调压回路，回路中有关阀的压力值已调好。试问：

（1）该回路能够实现多少压力级？

（2）最大压力与最小压力是多少？如何实现？

5. 为什么调速阀在压力很小的时候会失去调速作用？

6. 有两个调整压力分别为 5 MPa 和 10 MPa 的溢流阀并联在液压泵的出口，泵的出口压力为多少？

7. 影响节流阀流量稳定的因素有哪些？

8. 如图 5－34 所示，顺序阀的调整压力 $p_x=3$ MPa，溢流阀的调整压力 $p_y=5$ MPa，问在下列情况下，*A*、*B* 点的压力等于多少？

（1）液压缸运动时负载压力 $p_L=4$ MPa。

（2）负载压力 p_L 变为 1 MPa。

（3）当活塞运动到右端时。

9. 溢流阀在系统回路中都有哪些应用？

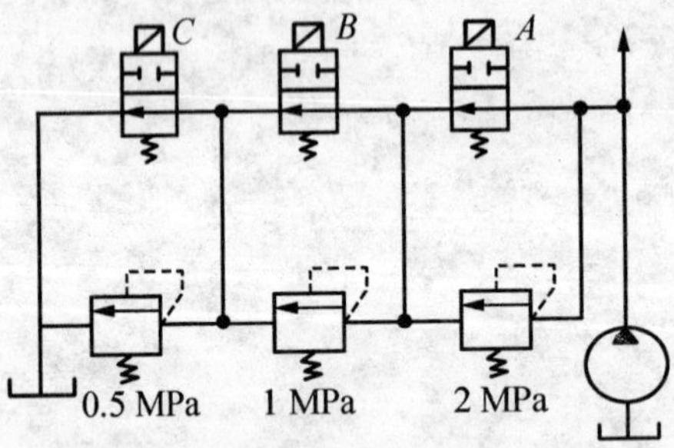

图 5－33　题 4

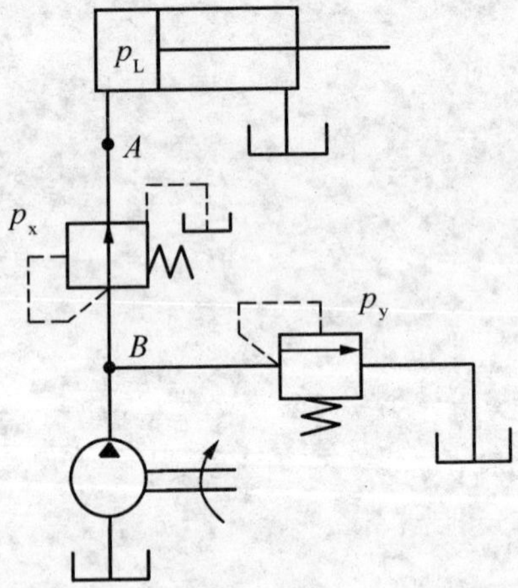

图 5－34　题 8

第6章　液压辅助元件

液压系统中的辅助元件是指除液压泵、液压缸（包括液压马达）、液压阀之外的其他各类组成元件，如蓄能器、过滤器、热交换器、油箱、压力表及压力表开关、管件、密封件等。除油箱须自行设计外，其他均为标准件。这些元件的合理选用、设计及安装直接影响液压系统的效率、稳定性、动态性、寿命、温升和噪声，应给予重视。

6.1　蓄能器

6.1.1　蓄能器的功用和类型

蓄能器是一种把有压力的液压油储存在耐压容器中，在系统需要时将其释放出来的储存装置。

1. 蓄能器的功用　蓄能器在液压系统中的功用主要有以下几方面：

（1）作辅助动力源：液压系统中若执行元件是间歇工作，且停顿时间长、工作时间短，或工作循环中不同阶段速度变化很大时，常采用蓄能器和一个流量较小的泵组成动力源。当执行元件不工作或速度较低时，蓄能器储存泵中全部或部分液压油；当执行元件工作或速度较高时，蓄能器将储存的压力油释放出来与泵一起向执行元件供油。在某些场合，如现场需要防火、防爆，还可用蓄能器作为独立动力源。

蓄能器作为辅助动力源，短时间内能提供大量压力油，可降低泵的功率、减少电动机功率消耗、降低液压系统温升、提高液压系统效率，从而节省能源。

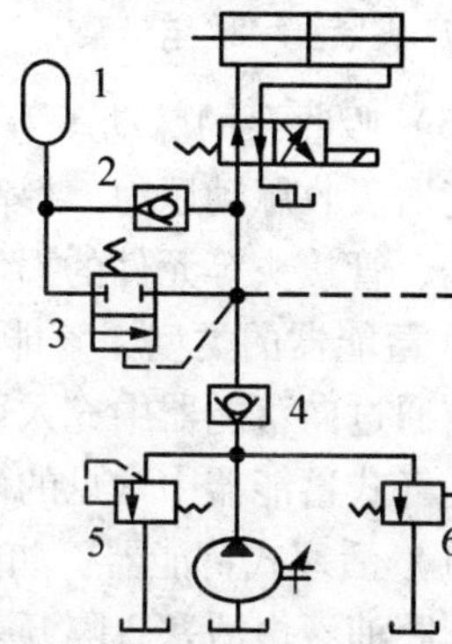

图6-1　用蓄能器作应急动力源的液压系统

1. 蓄能器　2、4. 液控单向阀　3. 液控二位二通换向阀　5. 溢流阀　6. 外控内泄式顺序阀

（2）作应急动力源：某些液压系统要求液压泵发生故障或失去动力时，执行元件应能继续完成必要的动作以紧急避险、保证安全。为此可在液压系统中设置适当容量的蓄能器作应急动力源，以避免事故发生。如图6-1所示。

（3）补漏保压：在一些液压系统中，若要求执行元件长时间保持一种工作状态，如夹紧工件或举顶重物，则要保持系统压力恒定。实际应用中可在执行元件进口处并联蓄能器补偿泄漏保持恒压，如图6-2所示。

（4）吸收冲击压力：由于换向阀的突然换向或关闭、液压缸的突然运动或停止、液压泵的突然启动或停止等原因，造成液压系统内管路压力急增而引起液压冲击。在液压系统中，可在靠近冲击源的地方安装蓄能器吸收或缓冲这种压力，以避免对液压系统的管路、仪表、密封元件等造成破坏。

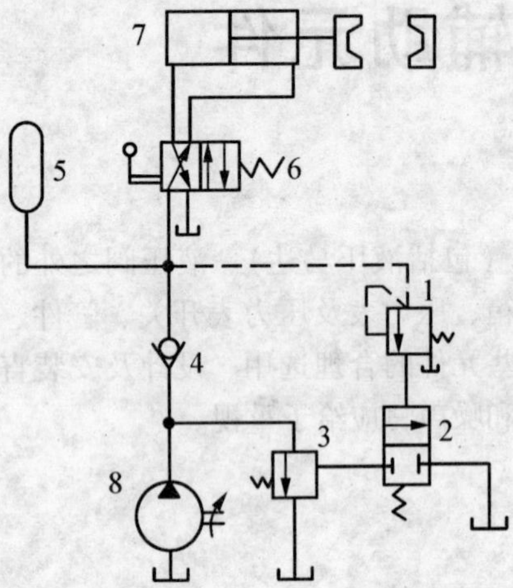

图6-2　补偿泄漏保持恒压的液压系统

1. 顺序阀　2. 液控换向阀　3. 溢流阀
4. 单向阀　5. 蓄能器　6. 手动换向阀
7. 夹紧缸　8. 定量泵

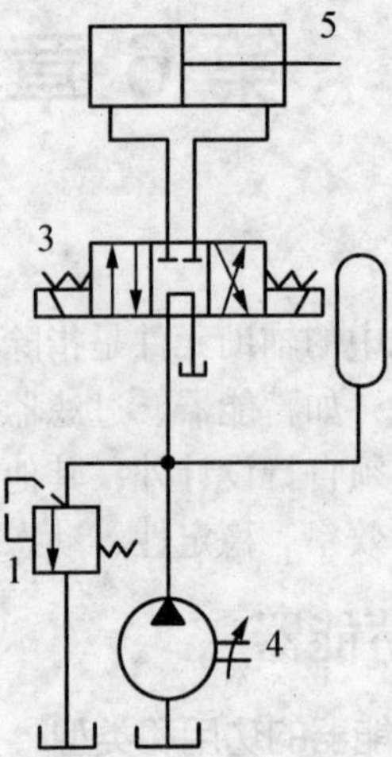

图6-3　用蓄能器吸收液压冲击的液压系统

1. 溢流阀　2. 蓄能器　3. 电磁换向阀
4. 定量泵　5. 液压缸

（5）吸收泵的脉动压力：液压泵输出的压力油大多存在脉动压力，可在泵的出口处安装蓄能器吸收脉动压力，提高系统运行的平稳性，降低噪声，减少因脉动压力引起的振动对仪表、管接头等元件的损坏，如图6-3所示。

2. 蓄能器的类型　蓄能器可分为充气式、弹簧式和重锤式三种。目前常用的是充气式，它通过向蓄能器中充入惰性气体，利用气体的压缩和膨胀来储存和释放压力能。下面介绍充气式蓄能器中常见的两种蓄能器：活塞式蓄能器和气囊式蓄能器。

（1）活塞式蓄能器：如图6-4所示，这是一种隔离型活塞式蓄能器，缸筒2上腔气体与下腔油液由活塞3隔开。为了防止气、液混合，在活塞上装有密封圈。a口与液压系统相连，蓄能器未工作时将充气阀1打开，向蓄能器中充入惰性气体，活塞在蓄能器中浮动。蓄能器工作时，随着液压系统压力的增高，系统将压力油从a口输入蓄能器，活塞压缩气体完成储能；随着液压系统压力的降低，活塞在气压的作用下推动压力油从a口流出进入液压系统，蓄能器完成释能工作。这种蓄能器结构简单、寿命长、工作可靠、安装维修方便。但由于活塞惯性大及缸筒与活塞间的摩擦力的影响，这种蓄能器反应不灵敏，且不宜于吸收液压冲击和脉动。另外，活塞与缸筒的表面加工精度及密封性要求高，密封圈的磨损大，造成上腔气体进入下腔油液再到液压系统中，使系统运行不平稳。这种蓄能器主要用于储能。

（2）气囊式蓄能器：气囊式蓄能器结构如图6-5所示，气囊3固定在耐高压壳体2上部，由耐油橡胶制成，它可将气体与液体隔离开。囊中通过充气阀1充入气体。蓄能器储能时，系统中的压力油通过提升阀4进入壳体内；蓄能器释能时，壳体内的压力油在气囊内气压的作用下流入系统，此时提升阀4还能防止气囊在油液全部排出后被挤出壳体外。这种蓄能器气体和液体完全隔离，密封性好，而且气囊弹性大、惯性小、反应灵敏，适用于吸收液压冲击和脉动。但气囊制造困难，工艺性较差。气囊有折合形和波纹形两种，折合形气囊容量大，适于储能。

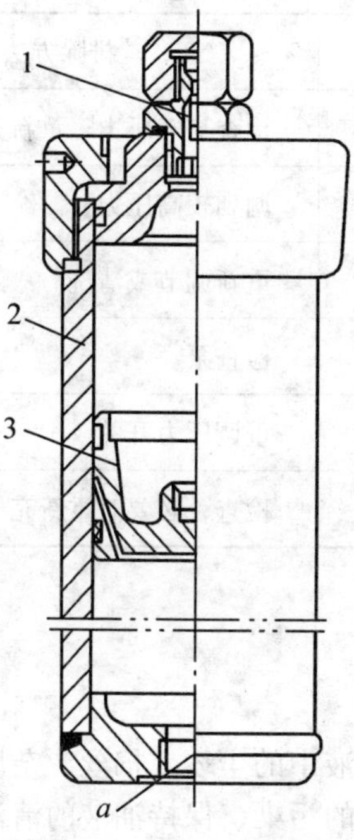

图6-4　活塞式蓄能器

1. 充气阀　2. 缸筒　3. 活塞

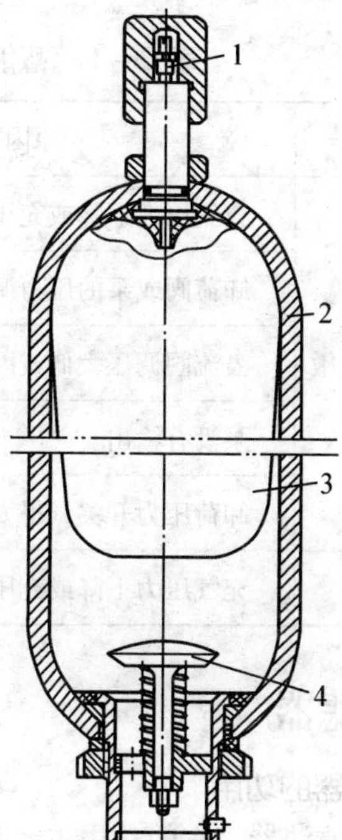

图6-5　气囊式蓄能器

1. 充气阀　2. 壳体　3. 气囊　4. 提升阀

6.1.2　蓄能器的使用和安装

各种蓄能器的功用不同，所以它们的使用范围和安装方法也不相同。在使用和安装蓄能器时应注意以下事项：

（1）吸收液压冲击和脉动的蓄能器，应安装在冲击源附近。

（2）补漏保压的蓄能器应安装在执行元件的进油口。

（3）安装在管路中的蓄能器承受油压须用支架和支撑板固定。

（4）蓄能器一般应垂直安装，油口朝下。气囊式蓄能器原则上应垂直安装，以利于气囊的正常伸展，只有在空间位置受限时才允许倾斜和水平安装。

（5）为便于充气检修，应在蓄能器与管路之间安装截止阀。为了防止泵在停转和卸荷时，由于泵的压力过低导致蓄能器中的压力油倒流回泵中，应在泵的出口安装单向阀。

（6）蓄能器是压力容器，不能在其上进行焊接、铆接或机械加工。搬动和装拆时应将蓄能器中的气体排出。

（7）蓄能器在安装时应装在便于检查、维修及远离热源的位置。

6.1.3 蓄能器的故障诊断

蓄能器靠惰性气体的压缩和膨胀来储能和释能。惰性气体通常采用氮气。蓄能器的实际充气压力不能高于临界值，大多数场合下，充气压力值应为系统最高压力值的1/3～1/2，这样效果最好，回路工作特性很少变化。蓄能器常见的故障及排除方法见表6－1。

表6－1 蓄能器常见故障及排除方法

故障	原因	排除方法
响应慢，反应不灵敏	充气压力下降或充压过高	检查充气压力，重新充气
	卸荷阀或泵的压力调得太低	调到较高压力
	溢流阀调压太低或因卡住而常开	重新调节或清洗
	泵没有输出	检查泵
	卸荷压力开关调得太低	重调压力开关
失去吸震作用	充气压力下降或充压过高	检查，必要时重新充气或重新调节

6.2 过滤器

6.2.1 过滤器的功用

过滤器又称滤油器，它的功用主要是滤掉进入油液中的尘埃、棉丝、杂质、金属颗粒等外部污染物和油液氧化变质的析出物，以降低油液的污染、保持油液的清洁，防止液压系统元件表面磨损、划伤，甚至卡死液压元件，或堵塞控制阀的节流口和管路小口，使系统不能正常工作。因此应定期更换液压油，检查滤油器，以保证液压系统正常工作，延长其使用寿命。通常，在进行油液过滤时应先利用油箱结构沉淀油液，再采用过滤器进行过滤。

6.2.2 过滤器的性能指标

过滤器的主要性能指标有过滤精度、通流能力、压降特性、纳垢容量、工作压力和温度。

1. 过滤精度　过滤精度是指过滤器过滤不同大小杂质颗粒的能力，滤除的杂质颗粒直径越小，则过滤精度越高。过滤器一般按过滤精度分为粗过滤器（过滤颗粒直径 $d>100\ \mu m$）、普通过滤器（$10\ \mu m<d\leqslant100\ \mu m$）、精过滤器（$5\ \mu m<d\leqslant10\ \mu m$）和特精过滤器（$d\leqslant5\ \mu m$）。

在实际使用时一般根据液压系统压力的不同，选择不同过滤精度的滤油器，选择时可参照表6－2。

2. 通流能力　过滤器的通流能力用额定流量表示，它与滤芯的过滤面积成正比。过滤面积越大，流过的油液流量越大。

表6-2　液压传动系统的过滤精度

系统种类		过滤精度/μm
低压工业用液压传动系统		100~150
7 MPa工业用液压传动系统		50
10 MPa工业用液压传动系统		25
14 MPa工业用液压传动系统	往复运动	15
	速度控制装置	10~15
	机床进给液压传动系统	10
14~20 MPa工业用液压传动系统		10
带电液伺服的液压传动系统		2.5~5

3. 压降特性　压降特性是指在额定流量下油液经过滤芯进口与出口的压力损失。滤芯的通流能力越大，压力损失越小；滤芯的精度越高，压力损失越大。

4. 纳垢容量　纳垢容量是指过滤器在压力损失小于规定值时可以滤除容纳的污垢数量。

5. 工作压力和温度　此性能指标主要指在油液的工作压力和温度下，滤芯的强度、寿命、抗蚀性。

6.2.3　过滤器的选择

在选择和使用过滤器时要满足以下几点：

（1）选择过滤器时应主要考虑过滤精度。

（2）通流能力较好，能过滤出一定大小的杂质。

（3）通过性较好，油液能长时间通过，而压力损失较小。

（4）材料要有足够的强度，不致因压力油的作用而损坏。

（5）耐蚀性好，能在规定的温度下长期工作。

（6）更换滤芯方便。

6.2.4　过滤器的安装

根据液压系统的工作环境不同，过滤器的安装位置不同，如图6-6所示。

（1）在液压泵的吸油口上，可安装粗过滤器（图6-6中的过滤器1）防止大颗粒杂质进入泵内。并要求过滤器有较大的通流能力和较小的压力损失（不超过0.02 MPa），以免产生气穴现象影响泵的吸入性能。为此，一般多采用过滤精度较低的网式过滤器。

（2）在液压泵的压油口上，安装精过滤器（图6-6中的过滤器2）可保护除泵和溢流阀以外的其他液压元件。由于泵出口压力较高，要求过滤器有足够的强度，同时过滤器的压降应不超过0.35 MPa。这种过滤器应并联一个开启压力略低于过滤器最大允许压力的安全阀，以防止过滤器堵塞时引起泵过载或滤芯损坏。也可将过滤器安装在与溢流阀并联的分支油路上。

（3）在系统的回油管路上（图6-6中的过滤器3）安装精过滤器，可滤去回油箱中油液中的杂质，间接阻止循环进入液压系统的杂质。由于回油路压力低，这种过滤器不承受系统工作压力，因此可以选择强度低的过滤器。为防止过滤器堵塞引起事故，也需要并联安全阀。

(4) 在系统旁油路上（图6-6中的过滤器4）安装精过滤器时，过滤器应装在溢流阀的回油路，并与安全阀并联。这种滤油器不承受系统工作压力，也不会给主油路造成压力损失，一般只通过泵的部分流量（20%～30%），故可选用强度低、规格小的过滤器。但这种过滤器过滤效果较差，不宜用在要求较高的液压系统中。

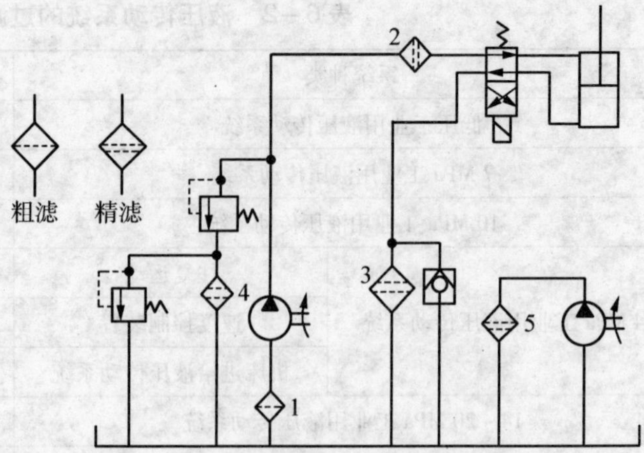

图6-6　滤油器的安装位置

1. 粗过滤器　2、3、4、5. 精过滤器

(5) 在单独过滤系统（用一个专用液压泵和过滤器组成一个独立的过滤回路）中安装精过滤器（图6-6中的过滤器5），可专门清除油箱中的污物，从而清除系统中杂质。这种过滤系统适用于大型机械的液压系统。

6.2.5　过滤器的类型

按过滤机理的不同，可将过滤器分为机械过滤器和磁性过滤器两类；按滤芯材料和结构的不同，可将过滤器分为网式、线隙式、烧结式、纸芯式和磁性过滤器等多种类型。

1. 网式过滤器　图6-7为网式过滤器。其结构是有一个开有若干孔的金属或塑料圆筒，外面包着一层或几层过滤网。过滤精度由网孔的大小和层数来决定。网式过滤器结构简单、通油能力强、压力损耗少、清洗方便，但过滤精度低，通常用在液压泵的吸油管口。

2. 线隙式过滤器　图6-8为线隙式过滤器。它用金属线绕在筒形芯架上组成滤芯，靠金属线间的微小间隙来阻挡油液中的杂质。这种过滤器结构简单、通油能力强、过滤精度较高，但不易清洗，一般用于中、低压系统的吸油管路。

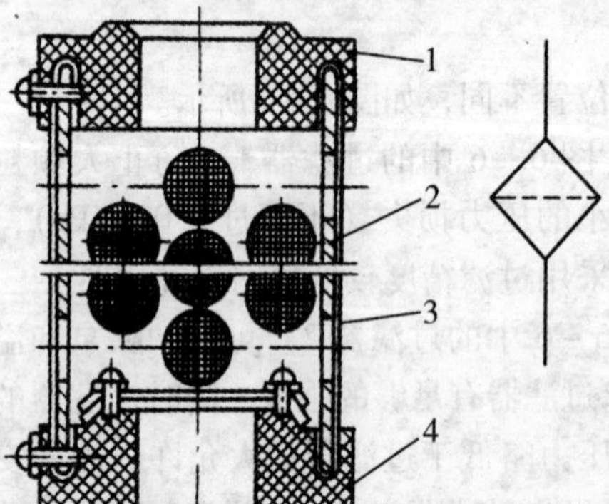

图6-7　网式过滤器

1. 上盖　2. 圆筒　3. 钢网　4. 下盖

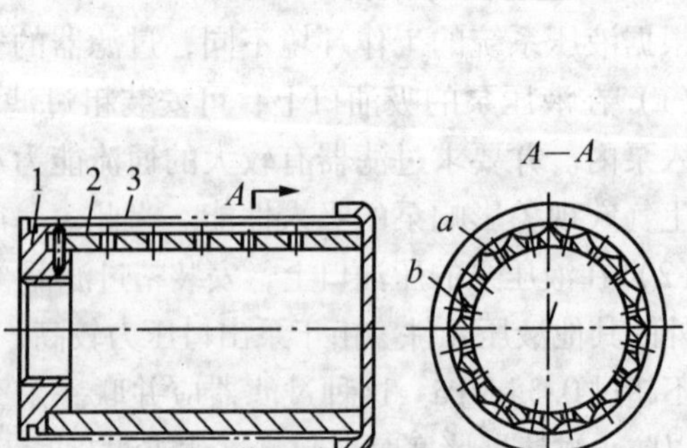

图6-8　线隙式过滤器

1. 端盖　2. 芯架　3. 金属线

图6-9为带有壳体的线隙式过滤器，它可用于压力油路。

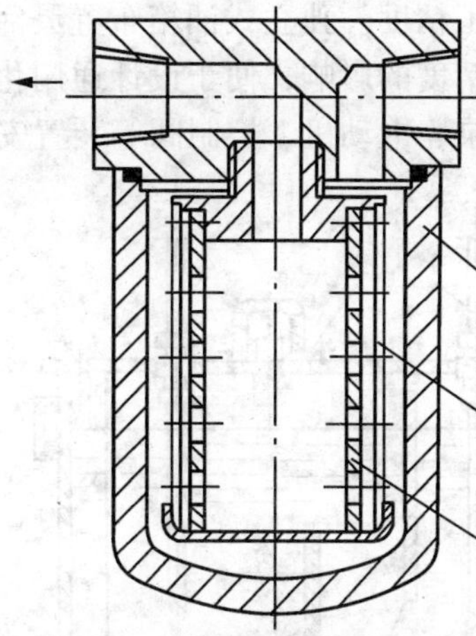

图6-9 带有壳体的线隙式过滤器

1. 壳体 2. 滤芯 3. 芯架

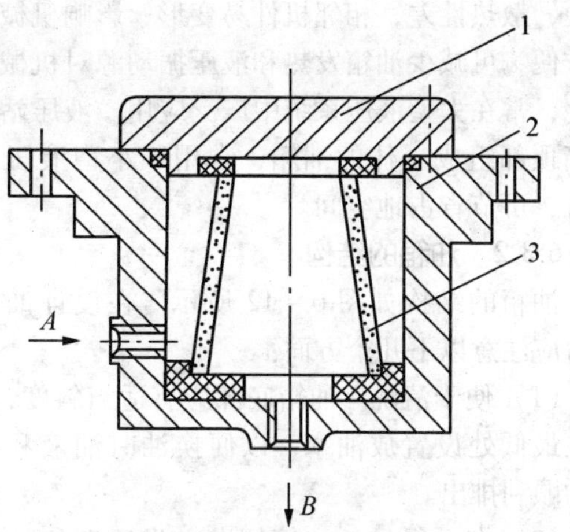

图6-10 管状烧结式过滤器

1. 顶盖 2. 壳体 3. 滤芯

3. 烧结式过滤器 烧结式过滤器的滤芯一般由颗粒状的青铜粉末压制后烧结而成，通过铜粒之间的孔隙过滤油液中的杂质。选择不同颗粒的粉末，制成不同厚度的滤芯，就可以获得不同的过滤精度（一般过滤精度为0.01~0.001 mm）。图6-10为一种管状烧结式过滤器，油液从壳体2左侧A孔进入，经滤芯3过滤后，从底部B孔流出。烧结式滤油器强度大、耐高温、抗腐蚀性强、过滤精度高、制造简单、可在压力较大的条件下工作，是一种使用广泛的精过滤器。其缺点是通油能力低、压力损失较大、清洗比较难、烧结颗粒容易脱落等。

4. 纸芯式过滤器 图6-11为纸芯式过滤器，它的结构与线隙式过滤器基本相同，只是滤芯的材质和结构不同。它是利用微孔过滤纸来滤除油液中的杂质。纸芯式过滤器的过滤精度高，但通油能力低、易堵塞、不能清洗、必须定期更换纸芯、强度低，主要用于低压小流量系统的精过滤。

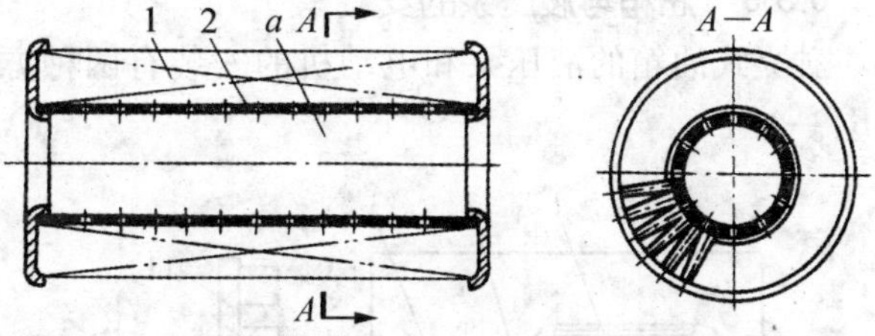

图6-11 纸芯式过滤器

1. 纸芯 2. 芯架

5. 磁性过滤器 磁性过滤器的滤芯采用永磁性材料，用于过滤油液中对磁性敏感的金属颗粒。由于这种过滤器对其他杂质不起作用，所以常和其他过滤器一起做成复合过滤器，多用于金属加工机床的液压系统。

6.3 油箱

6.3.1 油箱的功用和种类

油箱在液压系统中的功用是储存液压系统所需的油液、散发油液中的热量、沉淀油液中的污物并分离油液中的气体和水分。

油箱有总体式、独立式和液压站三种结构形式。总体式是把油箱与机械设备机体做在一起，利用机体的空腔部分作为油箱。这种油箱易于吸收漏油，但设计制造复杂，检修不方便，散热性差，相邻机件易变形，影响机械设备的加工精度。独立式油箱布置灵活，维修方便，可减少油箱发热和液压振动源对机械设备加工精度的影响，便于设计通用化、系列化，常在大型液压系统中广泛应用。液压站是将液压泵、电动机、控制阀等装置安装在油箱顶部组成一体的油箱，常用于小型液压设备，可节省占地空间。

6.3.2 油箱的结构

油箱的结构如图 6－12 所示。在设计油箱时应注意以下几个方面：

（1）便于清洗。油箱底部应有适当斜度，并在最低处设置放油塞，以便换油时油液和污物顺利排出。

（2）在看得见的油箱侧壁上设置液位计（俗称油标），以指示油位高度。

（3）加油口应装滤油网，并在加油口上安装带通气孔的盖。

（4）泵的吸油管与回油管之间的距离要尽量远些，并采用多块隔板隔开，分成吸油区和回油区，隔板高度约为油面高度的3/4。

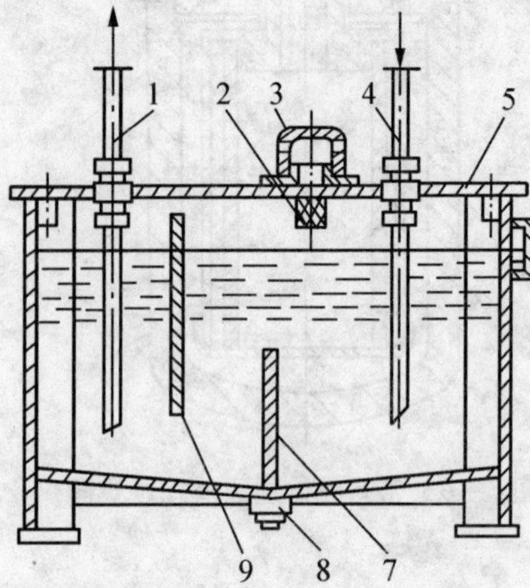

图 6－12 独立式油箱结构

1. 吸油管 2. 滤油网 3. 盖 4. 回油管 5. 盖板 6. 液位计 7、9. 隔板 8. 放油塞

（5）吸油管管口离油箱底面距离应大于 2 倍的油管外径，离油箱壁的距离应大于 3 倍的油管外径。吸油管和回油管的管端应切成45°的斜角，回油管的斜口应朝向箱壁。

6.3.3 油箱与液压泵的安装

独立式油箱的液压泵和电动机的安装有两种方式：卧式（图 6－13a）和立式（图 6－13b）。

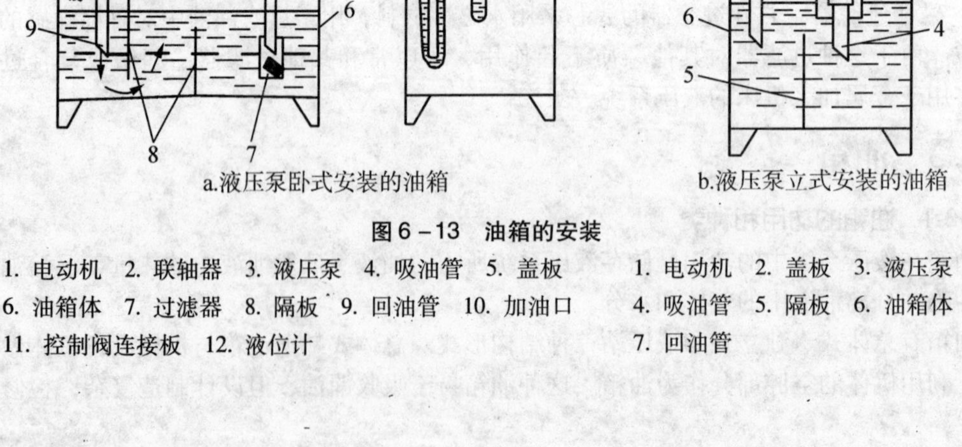

图 6－13 油箱的安装

1. 电动机 2. 联轴器 3. 液压泵 4. 吸油管 5. 盖板 6. 油箱体 7. 过滤器 8. 隔板 9. 回油管 10. 加油口 11. 控制阀连接板 12. 液位计

1. 电动机 2. 盖板 3. 液压泵 4. 吸油管 5. 隔板 6. 油箱体 7. 回油管

卧式安装时，液压泵及油管接头露在油箱外面，安装和维修较方便。立式安装时，液压泵和油管接头均在油箱内部，便于收集漏油，油箱外形整齐，但维修不方便。

6.3.4　油箱的容量

油箱的容量应保证液压设备停止工作时，系统中的全部油液流回油箱时不会溢出，而且还有一定的预备空间，即油箱液面不超过油箱高度的 80%。液压设备管路系统内充满油液工作时，油箱内应有足够的油量，使液面不致太低，以防止液压泵吸油管处的滤油器吸入空气。通常油箱的有效容量为液压泵额定流量的 2 ~ 6 倍。一般随着系统压力的升高，油箱的容量应适当增加。

6.4　油管和管接头

6.4.1　油管

液压系统常用的油管有钢管、紫铜管、尼龙管、塑料管、橡胶软管等。实际使用时应当根据液压装置的工作条件和压力的大小来选择合适的油管。

1. 钢管　钢管能承受高压，管中油液不易氧化。钢管价格低廉，装配后能长久保持原形，但装配时不易弯曲。常用的有 10 号、15 号和 16 号冷拔无缝钢管，主要用于中、高压系统中。有缝钢管的最高工作压力不大于 1 MPa，但因其价格低，有时可用于液压系统的吸油管路或低压回油管路。

2. 紫铜管　紫铜管在装配时易弯曲、安装方便，其内壁光滑、摩擦阻力小，但易使管中油液氧化，且此管耐压较低、抗振能力差，一般适用于压力低于 5 MPa 的管路。另外铜材的价格较贵，因此尽量不用或少用，现仅用于制作仪表和控制装置的小直径管路。

3. 尼龙管　尼龙管是一种新型管材，乳白色，半透明，容易观察管中油液流动情况。它在加热时可任意弯曲成型和扩口，冷却后即定型。尼龙管安装方便、价格低廉，但寿命较短，承压能力因材料而异（2.5 ~ 8 MPa），可在中、低压系统中部分替代紫铜管。尼龙管将在液压行业得到日益广泛的应用。

4. 橡胶软管　橡胶软管由耐油橡胶夹以 1 ~ 3 层钢丝编织网或钢丝绕层做成（层数越多耐压越高）。其特点是装配方便、能减轻液压系统的冲击、振动，但价格较高，常用于相对运动部件间的连接。

5. 塑料管　塑料管耐油、装配方便、价格便宜，但耐压低（不超过 0.5 MPa），适用于某些回油和泄油管路。

6.4.2　管接头

管接头用于油管与油管、油管与液压元件间的连接。管接头的形式和质量，直接影响系统的安装质量、连接强度和油路阻力。选择安装管接头时应保证安装、拆卸方便，抗振动、密封性能好。

管接头的种类很多，按油管与管接头的连接方式可分为扩口式、焊接式、卡套式、扣压式、活动铰接式和快换式，图 6 - 14 为几种常用的管接头结构。

图 6 - 14a 为扩口式管接头，适用于铜管或薄壁钢管的连接，也可用来连接尼龙管和塑料管。此管接头一般在压力不高的机床液压系统中应用较为普遍。

图 6 - 14b 为焊接式管接头，用于钢管连接。这种管接头结构简单、制造方便、连接牢固、耐高压、密封性能好、拆装方便，但对钢管与接管的焊接质量要求高。

图6－14c为卡套式管接头，当旋紧管接头的螺母时，卡套两端的锥面相对移动使卡套产生弹性变形夹紧油管。这种管接头装拆方便，适用于高压系统的钢管连接，但制造工艺要求高，对油管要求严格。

图6－14d为高压软管接头，常用于中、低压系统的橡胶软管的连接。

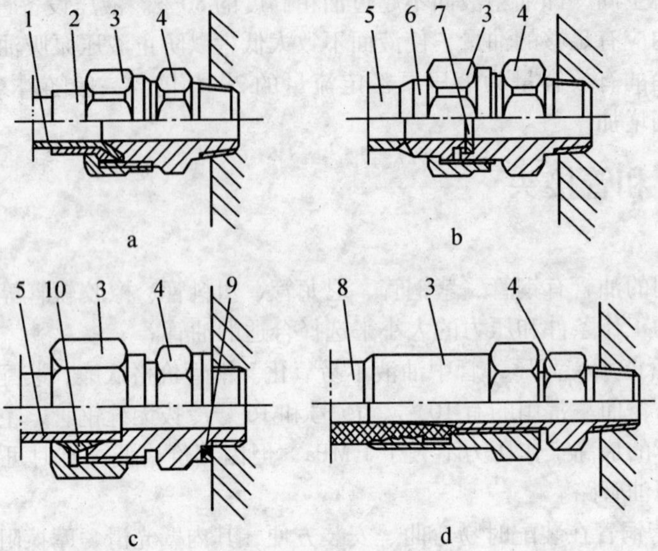

图6－14 管接头结构

1. 扩口薄管 2. 管套 3. 螺母 4. 接头体 5. 钢管 6. 接管 7. 密封垫 8. 橡胶软管 9. 组合密封垫 10. 夹套

6.5 压力计

1. 用途 压力计用于观察液压系统中各工作点（如液压泵出口、减压阀后的管路等）的油液压力，以便操作人员把系统的压力调整到要求的工作压力。

2. 结构 图6－15为常用的一种压力计（俗称压力表），它由测压弹簧管1、齿扇杠杆放大机构2、基座3和指针4等组成。压力油液从下部油口进入弹簧管后，弹簧管在液压力的作用下变形伸张，通过齿扇杠杆放大机构将变形量放大并转换成指针的偏转（角位移）。油液压力越大，指针偏转角度越大。压力数值可由表盘上读出。

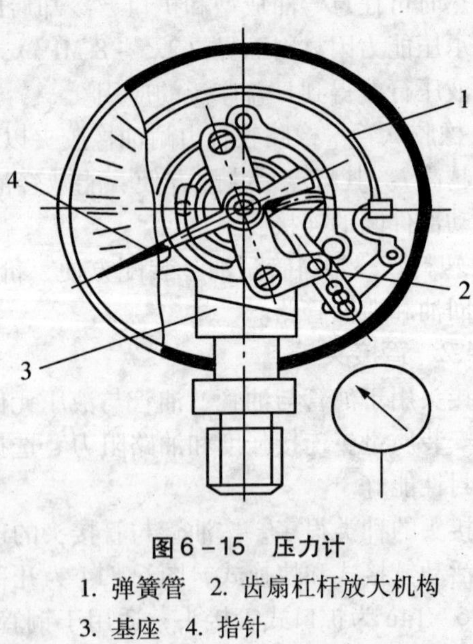

图6－15 压力计

1. 弹簧管 2. 齿扇杠杆放大机构 3. 基座 4. 指针

思考与练习

1. 蓄能器的作用是什么？蓄能器可分为哪几类？
2. 过滤器有哪几种类型？它们的使用效果怎样？一般应安装在什么位置？
3. 油箱的功用有哪些？在其结构设计时应注意哪些问题？
4. 管接头有哪几种类型？说明各自的结构特点和使用场合。

第7章 液压基本回路

任何液压系统都是由一些基本回路组成的。这些基本回路是由一些液压元件按执行元件的工作要求，为实现一定的工作目的组合而成。常用的液压基本回路按其功能可分为方向控制回路、压力控制回路、速度控制回路和多缸工作控制回路等四大类。

7.1 方向控制回路

方向控制回路是在液压系统中控制工作机构的启动、停止以及变换运动方向的回路。它通过一些换向阀和变量泵来控制系统中油液的通、断和流动方向以实现上述功能。常见的方向控制回路有换向回路和锁紧回路。

7.1.1 换向回路

换向回路的功用是控制执行元件的换向、启动、停止。

1. 换向阀组成的换向回路

(1) 电磁换向阀组成的换向回路：图7-1为采用三位四通电磁换向阀组成的换向回路。当电磁铁1YA通电时，阀芯左移，换向阀4右位接通，压力油进入液压缸5右腔，推动活塞杆向左移动；当电磁铁2YA通电时，阀芯右移，换向阀4左位接通，压力油进入液压缸5左腔，推动活塞杆向右移动；电磁铁断电时，弹簧力使阀芯复位，压力油经阀3流回油箱，液压缸运动停止。由电磁换向阀组成的换向回路适用于小流量、平稳性要求不高、自动化程度要求高的液压系统。

(2) 液动换向阀组成的换向回路：由液动换向阀组成的换向回路，由于液动换向阀的通流量大，故一般适用于流量小于63 L/min、对换向精度与平稳性有一定要求的液压系统。但为了提高液压系统的自动化，常将液动换向阀分别与电磁换向阀、机动换向阀组成电液换向阀或机液换向阀来使用。

图7-2为采用电液换向阀组成的换向回路。当电磁铁1YA通电时，阀芯左移，换向阀右位接通，压力油进入液压缸右腔，推动活塞杆向左移动；当电磁铁2YA通电时，阀芯右移，换向阀左位接通，压力油进入液压缸左腔，推动活塞杆向右移动；电磁铁断电时，弹簧力使阀芯复位，压力油经换向阀的中位流回油箱，液压缸运动停止。

2. 双向变量泵组成的换向回路　双向变量泵组成的换向回路是利用双向变量泵直接改变输油方向，来实现大功率执行元件的换向。这种回路换向平稳，多用于大功率的液压系统，如龙门刨床、拉床等的液压系统。

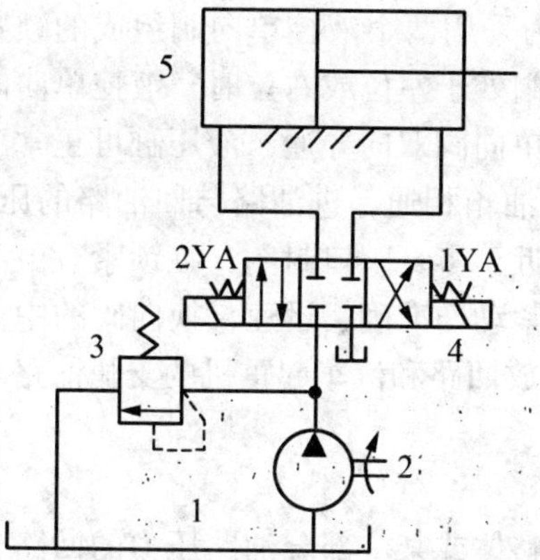

图7－1　三位四通换向阀组成的换向回路

1. 油箱　2. 定量泵　3. 溢流阀
4. 三位四通换向阀　5. 液压缸

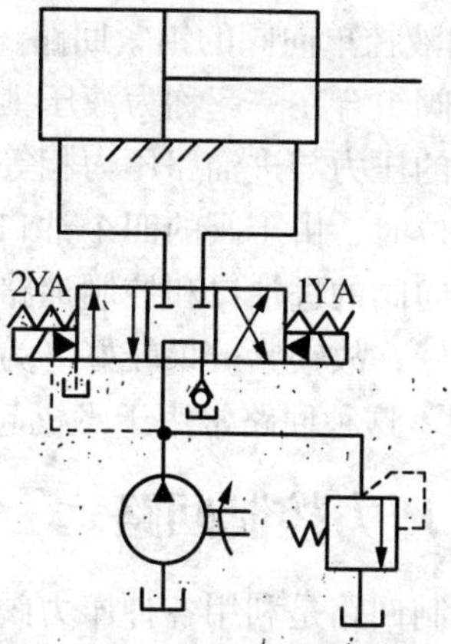

图7－2　电液换向阀组成的换向回路

7.1.2　锁紧回路

锁紧回路是使液压缸在任意位置上停止运动，且停止后在外力作用下不窜动的回路。锁紧回路一般可采用一些滑阀（如M、O型滑阀）的中位机能，或液压锁来锁紧液压缸。常用的锁紧回路如下所示。

1. 采用滑阀中位机能的锁紧回路　这种锁紧回路一般采用阀芯处于中间位置时各油口（A、B、P、O）是封闭的滑阀，或P口与O口连接但A口与B口是封闭的滑阀组成回路。图7－3a为采用三位四通换向阀中位机能的各油口全封闭的锁紧回路，图7－3b为中位机能的P口和O口连接的滑阀，也可将其用于锁紧回路。这两种换向阀都能使缸锁紧，但不同的是前者液压泵不卸荷，并联的其他执行元件运动不受影响，后者液压泵卸荷。这种锁紧回路结构简单，但由于换向阀密封性差，故泄漏较大。当液压缸长时间停止时，阀易出现松动，所以锁紧效果较差。

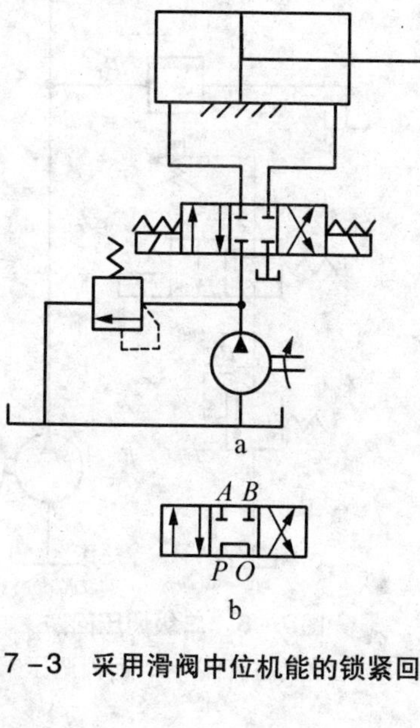

图7－3　采用滑阀中位机能的锁紧回路

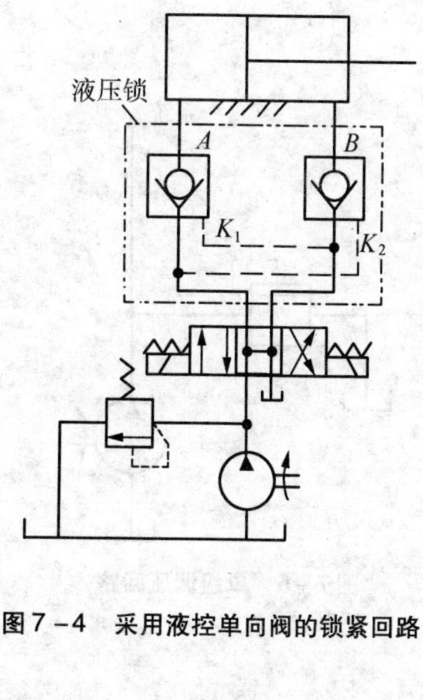

图7－4　采用液控单向阀的锁紧回路

2. 采用液控单向阀的锁紧回路　图 7-4 为采用两个液控单向阀组成的锁紧回路。两个液控单向阀组合在一起称为液压锁。当换向阀处于左位或右位时，液控单向阀的控制油路 K_2 或 K_1 的压力与进油路压力相等，使液控单向阀双向导通，液压缸可正常工作。当换向阀处于中位时，由于阀的四个油口全通并与油箱相通，进油路与回油路的压力都较小，两个液控单向阀的进油口和控制油路压力都接近于零，阀口封闭，缸锁紧。由于液控单向阀的密封性好，故锁紧效果较好。为了保证锁紧动作准确、迅速，换向阀的中位机能采用 H 型或 Y 型。这种回路常用于飞机起落架的收放回路和汽车起重机的支腿油路。

7.2　压力控制回路

压力控制回路是利用各种压力阀控制系统整体或某一部分油路压力的回路，可使执行元件获得需要的力或转矩（调压、增压、减压、保压），提高系统的工作效率（卸荷），改善系统的工作性能（平衡、释压）等。

7.2.1　调压回路

调压回路是根据系统负载的变化来调定或限制系统的最高工作压力，并实现各油路不同工作阶段的多级压力变换。调压回路主要由溢流阀组成。下面介绍几种常见的调压回路。

1. 单级调压回路　图 7-5 为由溢流阀和定量泵组成的单级调压回路。在泵出口处并联设置的溢流阀可调定液压系统的最高工作压力，并保证其值恒定。在整个工作过程中，溢流阀是常开的，其调定压力必须大于系统最高工作压力和各油路压力损失总和，一般为系统工作压力的 1.1 倍。这种回路效率较低，一般用于流量不大的场合。

2. 二级调压回路　图 7-6 为二级调压回路，它可实现两种不同的系统压力控制，由先导式溢流阀 1 和直动式溢流阀 2 各调一级。直动式溢流阀在此称为远程调压阀。当二位二通换向阀关闭时，系统压力由先导式溢流阀调定为 p_1；当二位二通换向阀开启时，系统压力由直动式溢流阀调定为 p_2，但必须注意阀 2 的压力必须小于阀 1。

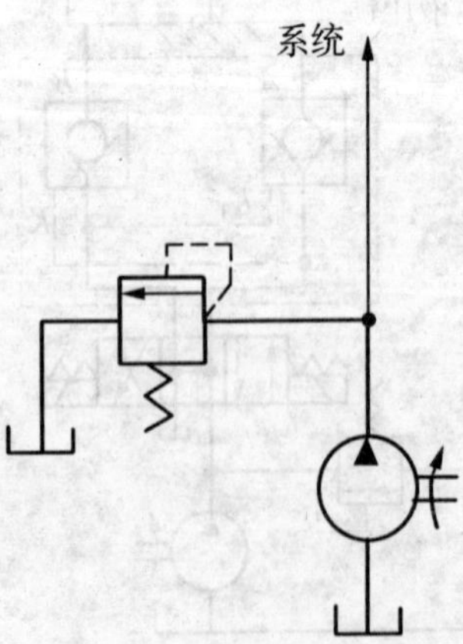

图 7-5　单级调压回路

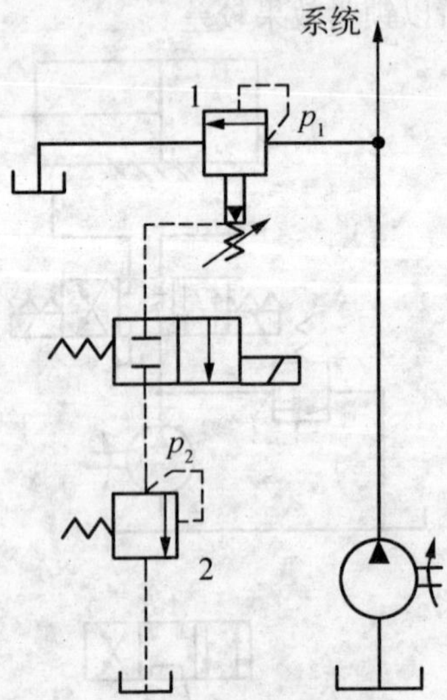

图 7-6　二级调压回路

1. 先导式溢流阀　2. 远程调压阀

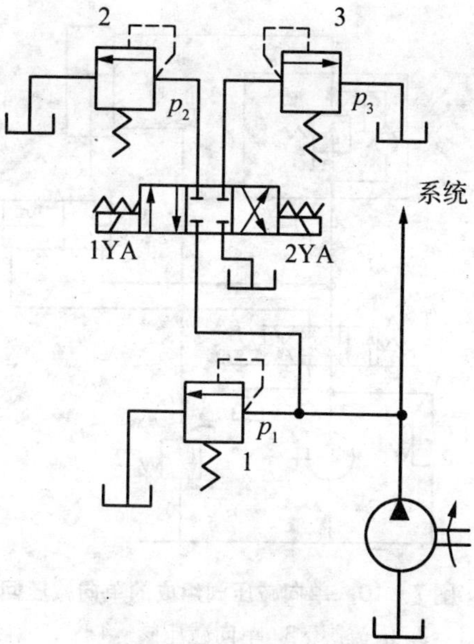

图7-7　多级调压回路

1. 溢流阀　2、3. 远程调压阀

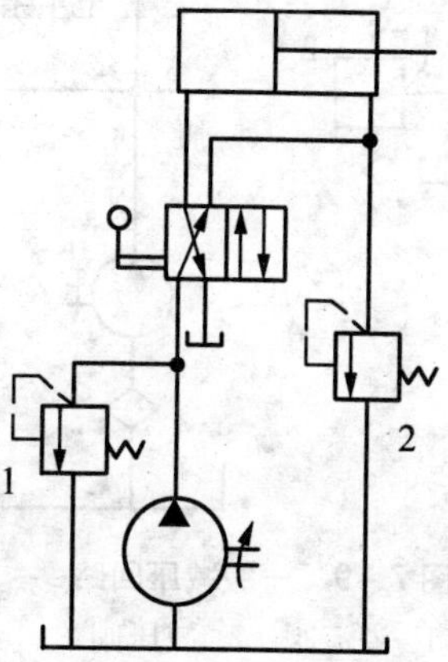

图7-8　双向调压回路

1. 高压溢流阀　2. 低压溢流阀

3. 多级调压回路　图7-7为由溢流阀1、2、3组成的三级调压回路，可实现三种不同的系统压力。当电磁铁不通电时，三位四通换向阀处于中位，系统压力由溢流阀1调定为p_1；当1YA通电时三位四通换向阀处于左位，系统压力由溢流阀2调定为p_2；当2YA通电时三位四通换向阀处于右位，系统压力由溢流阀3调定为p_3。必须注意是溢流阀2、3的调定压力须小于溢流阀1。

4. 双向调压回路　图7-8为双向调压回路，可满足执行元件往返行程所需的不同压力。高压溢流阀1的调定压力大于低压溢流阀2的调定值。当换向阀处于右位时，液压缸为工作行程，系统压力由溢流阀1调定为较高的工作压力，此时由于油箱压力低于溢流阀2的调定压力，缸右腔油液流回油箱，溢流阀2不起作用；当换向阀位置如图7-8所示时，液压缸为空返行程，系统的压力由溢流阀2调定，溢流阀1不起作用。泵在低压下回油，故功率损耗小。

7.2.2　减压回路

在定量泵供油的液压系统中，主系统的工作压力由溢流阀调定，而系统中一些执行元件或支路所需要的工作压力往往低于溢流阀所调定的主系统压力（如控制系统、夹紧系统、润滑系统等），这时就要采用由减压阀组成的减压回路来提供所需的压力。

1. 一级减压回路　在支油路中串联定值减压阀可组成减压回路。图7-9即采用减压阀组成的减压回路。其中主系统的最高工作压力由溢流阀1的压力调定，控制系统的压力比主系统压力低，由减压阀2调定。单向阀的作用是防止当主油路压力低于支路压力时，支路油液流向主路，影响支路压力的稳定性。单向阀能起到短时的保压作用。

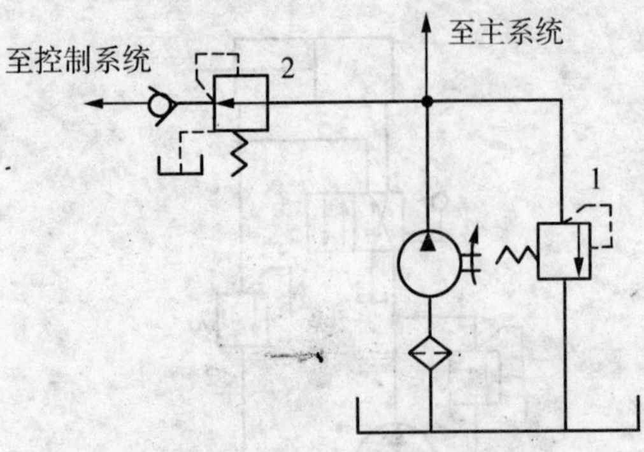

图 7-9　一级减压回路

1. 溢流阀　2. 减压阀

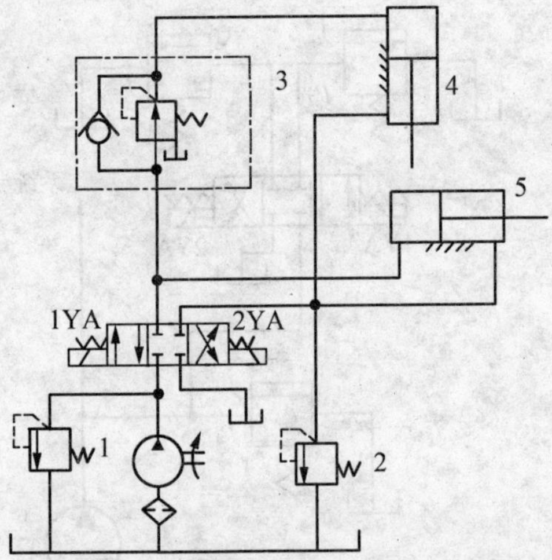

图 7-10　单向减压阀组成的单向减压回路

1、2. 溢流阀　3. 单向减压阀　4、5. 液压缸

2. 单向减压回路　图 7-10 为采用单向减压阀组成的单向减压回路。当 1YA 通电时，三位四通换向阀处于左位，工作泵输出的压力油经溢流阀 1 调定后进入液压缸 5 左腔，经减压阀 3 减压后的压力油进入液压缸 4 上腔。液压缸 5 与液压缸 4 回油腔的油液经换向阀流回油箱。当 2YA 通电时，三位四通换向阀处于右位工作，液压缸 4、5 都为返程，需要的工作压力较低，泵输出的压力油经溢流阀 2（溢流阀 2 的调定压力比溢流阀 1 的调定压力小）调定后进入液压缸 5 的右腔和液压缸 4 的下腔。液压缸 4 的上腔油液经单向阀流回油箱，液压缸 5 左腔油液直接流回油箱。

3. 二级减压回路　图 7-11 是由先导式减压阀和远程调压阀组成的二级减压回路。主系统的压力由溢流阀 1 控制。支路可得到两个不同的低压值，当二位二通阀关闭时，支路压力由先导式减压阀 2 控制；当二位二通阀打开时，支路压力由远程调压阀 3 控制。须注意若减压阀要稳定工作，其最低调定压力应不低于 0.5 MPa，最高调定压力应比系统压力至少低 0.5 MPa。

7.2.3　增压回路

增压回路主要是利用增压液压缸（也称为增压器）使系统局部油路或个别执行元件得到高于主系统油路的工作压力。采用增压回路提高系统局部的工作压力可降低能量消耗。

1. 单作用增压器的增压回路　图 7-12 为采用单作用增压器的增压回路（也称为单向增压回路）。当换向阀 1 处于左位工作时，输入增压缸 a 腔的油液压力为 p_a，增压缸 b 腔输出的油液压力为 p_b。假定 a 腔活塞面积为 A_a，b 腔活塞面积为 A_b，则 $p_b = p_a A_a / A_b$。增压缸 2 上部的油箱 3 用于补偿 b 腔和单作用液压缸 5 的泄漏，保证增压缸 2 输出高压油的压力为稳定值，并且单作用液压缸 5 稳定运行。单向阀 4 可防止高压油倒回油箱中。

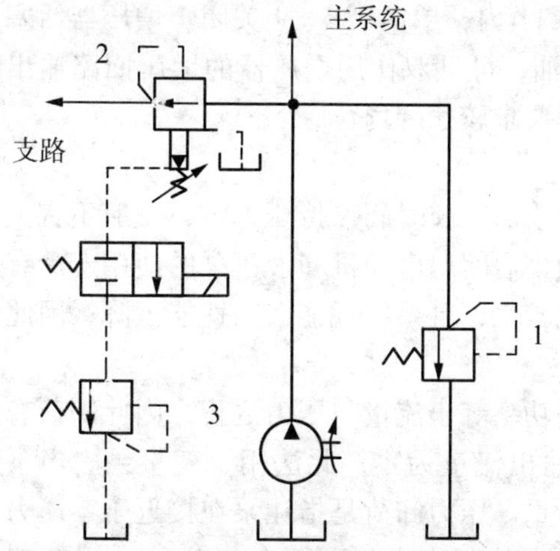

图7-11　二级减压回路

1. 溢流阀　2. 先导式减压阀　3. 远程调压阀

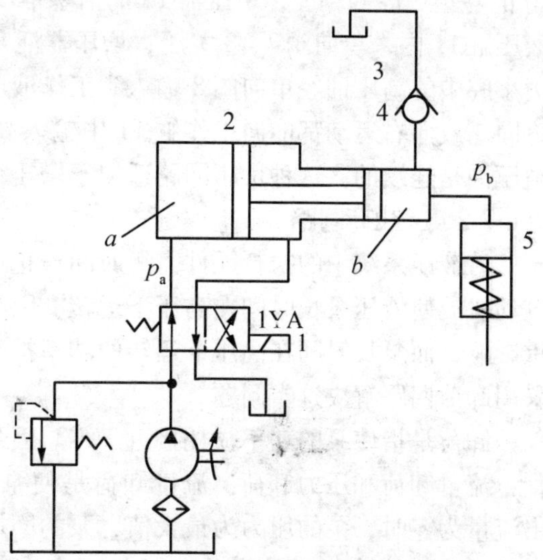

图7-12　采用单作用增压器的增压回路

1. 换向阀　2. 增压缸　3. 补油油箱
4. 单向阀　5. 单作用液压缸

这种增压回路只能供给系统一个行程的高压油，输出的高压油是断续的，适用于行程较短、单向作用力较大、作业时间短的场合，如离合器、制动器等。

2. 双作用增压器的增压回路

图7-13为采用双作用增压器的增压回路。当1YA通电时，三位四通换向阀处于左位工作，液压缸11向右运动。当缸遇到较大负载时，系统压力升高，顺序阀4打开。油液经过二位四通电磁换向阀5进入双作用增压器10，增压器活塞在二位四通电磁换向阀5的不断切换下，向左或向右运动，连续不断地向工作液压缸11输入高压油。单向阀6和7起到隔断增压器高、低压油路的作用。工作液压缸11向左运动时处于回程，工作压力较低，增压回路不起作用。

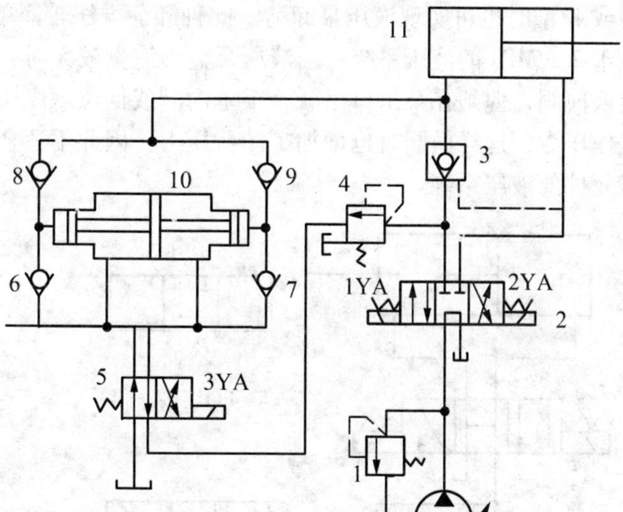

图7-13　采用双作用增压器的增压回路

1. 溢流阀　2. 三位四通电磁换向阀　3. 液控单向阀
4. 顺序阀　5. 二位四通电磁换向阀　6、7、8、9. 单向阀
10. 双作用增压器　11. 工作液压缸

在双作用增压器的增压回路中，增压器10的活塞向右运动时换向阀5处于右位，油液经换向阀5和单向阀6分别进入增压器

10 的左边大腔和小腔，增压器 10 的活塞推动右边小腔中的高压油经单向阀 9 输入到工作液压缸 11 内，单向阀 7、8 关闭；增压器活塞向左运动时换向阀 5 处于左位，增压器 10 左边小腔中的高压油经单向阀 8 输入到工作液压缸 11 内，单向阀 6、9 关闭。增压器活塞无论向左或向右运动都能向工作缸 11 中输入高压油，可见双作用增压器的增压回路输出的高压油是连续的。这种增压回路适用于增压行程要求较长的场合。

7.2.4 卸荷回路

若液压系统中的执行元件需短时间停止运动或需要长时间保持压力时，一般不宜关闭电动机或使液压泵长时间在高压下运转。因为频繁启闭对电动机和液压泵的使用寿命有严重影响，而泵长时间在高压下运转的功率损失也较大，且系统耗能大、性能下降，因此常采用卸荷回路解决这类问题。

卸荷是指使泵的功率损耗接近于零。因泵的功率等于流量与压力之积，因此卸荷有两种：流量卸荷和压力卸荷。流量卸荷是使泵的输出流量为零，此法用于变量泵。当泵输出流量为零时，泵的压力为最大值，泵的磨损严重。压力卸荷是指让泵在接近于零压力下运转，此法可降低系统发热，延长泵和电动机的使用寿命。下面介绍几种常用的卸荷回路。

1. 执行元件不需保压的完全卸荷回路

(1) 利用换向阀的中位机能卸荷：图 7 - 14 为采用三位四通换向阀的中位机能实现卸荷的回路。图中换向阀的中位机能为中间开启型，油口 *A*、*B*、*P*、*O* 全部连通。液压泵输出的油液经换向阀中间通道直接流回油箱，实现液压泵卸荷。此外，滑阀中位机能为 M 型或 K 型时也可实现液压泵卸荷。此种卸荷方法较简单，适用于流量小于 40 L/min、压力小于 2. 5 MPa 的液压系统。当液压泵输出流量较大时，为防止卸荷时产生冲击，可采用电液换向阀，但须在泵出口串联一个单向阀或低压顺序阀以维持电液换向阀控制油路的最低工作压力，这样做同时也增加了卸荷压力，因此不适合一个液压泵驱动两个或两个以上执行元件的液压系统。

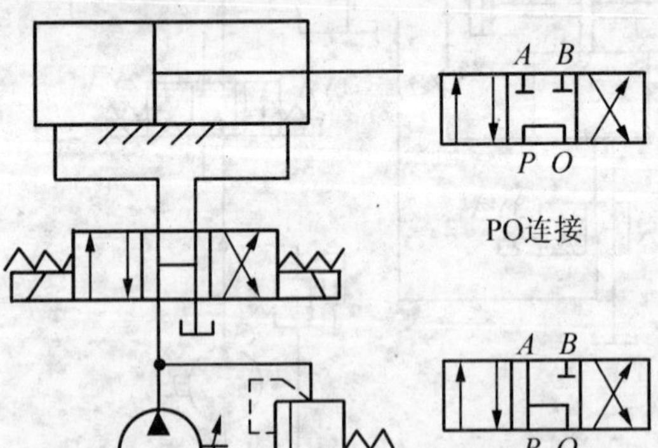

图 7 - 14 采用换向阀中位机能的卸荷回路

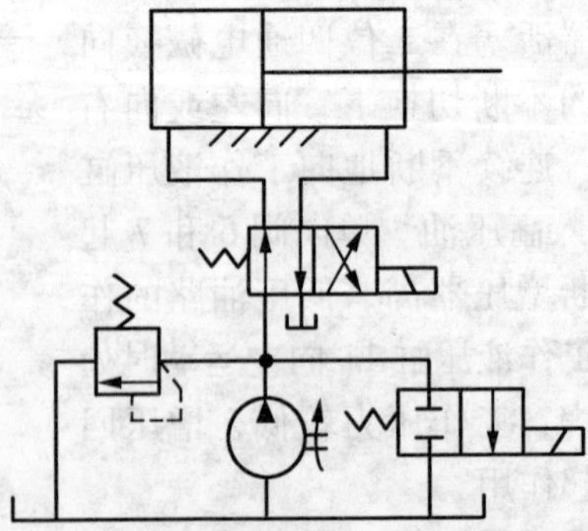

图 7 - 15 采用二位二通换向阀的卸荷回路

(2) 利用二位二通换向阀卸荷：图 7 - 15 为采用二位二通换向阀的卸荷回路。当执行元件停止运动时，使二位二通换向阀的电磁铁通电，其右位接入系统，这时液压泵输出的油液通过该阀流回油箱，使液压泵卸荷。这种卸荷回路中二位二通换向阀应保证能流过液压泵的最大流量，故适用于泵流量小于63 L/min的液压系统。

(3) 利用二通插装阀卸荷：图7-16为采用二通插装阀的卸荷回路。当二位二通换向阀2关闭时，二通插装阀1在弹簧力下关闭，A、B口不通，系统压力由溢流阀3控制；当二位二通换向阀2打开时与油箱直接相连，二通插装阀1上腔压力接近于零，二通插装阀1打开，A、B口完全相通，泵卸荷。由于插装阀的通流能力大，所以此卸荷回路适用于大流量液压系统。

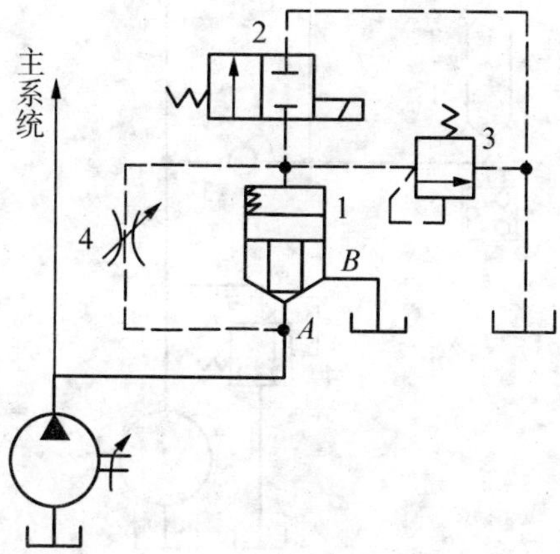

图7-16　采用二通插装阀的卸荷回路

1. 二通插装阀　2. 二位二通换向阀　3. 溢流阀　4. 节流阀

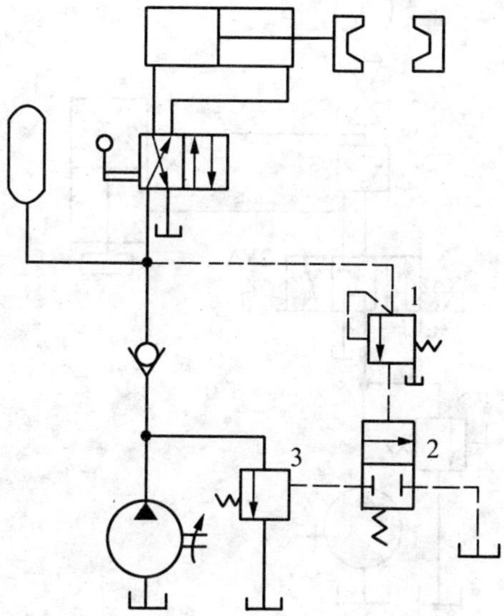

图7-17　泵卸荷的保压回路

1. 顺序阀　2. 二位二通液控换向阀　3. 先导式溢流阀

2. 执行元件需要保压的卸荷回路　图7-17为机床夹具夹紧工件的夹紧控制回路。当工件在夹紧后，需要保持一定的夹紧力，压力信号使顺序阀1打开，高压油液流经顺序阀后，油压使二位二通液控换向阀2与油箱相通。此时先导式溢流阀3的控制油口与油箱相通，先导式溢流阀阀口打开，泵开始卸荷。蓄能器可向液压缸补油维持夹紧压力。

7.2.5　保压回路

保压回路可使液压缸保持一定的稳定压力，从而能让液压缸不运动，或产生极微小的位移。

衡量保压回路性能的主要两个指标是保压时间和压力的稳定性。

保压的方法很多，可采用密封性较好的液控单向阀保压，此法比较简单，但保压的时间短、压力稳定性不高。也可采用蓄能器保压，此法能降低泵的功率损耗、节约能源、提高效率，保压时间一般取决于蓄能器的容量。另外还可采用限压式变量泵或双联泵（高压小流量泵和低压大流量泵组合在一起的双泵供油）中的高压小流量泵保压，这两种保压回路中前者的效率较后者高。采用泵保压易使油温升高，泵功率损耗较大。

下面介绍两种常用的保压回路。

1. 自动补偿保压回路　图 7－18 为采用液控单向阀和电接触式压力表的自动补偿保压回路。当 1YA 得电时，压力油经三位四通电磁换向阀 2 左位进入液压缸上腔，活塞下降加压。当压力达到电接触式压力表 4 上限触点调定压力时，电接触式压力表发出信号，换向阀切换至中位，泵卸荷，液压缸由液控单向阀 3 保压。当液压缸上腔压力下降至下限触点调定压力时，压力表又发出信号，换向阀切换至左位，泵向缸中补油，使压力回升。这种保压回路保压时间长、压力稳定性高，适用于要求保压性能较高的高压系统，如液压机等。

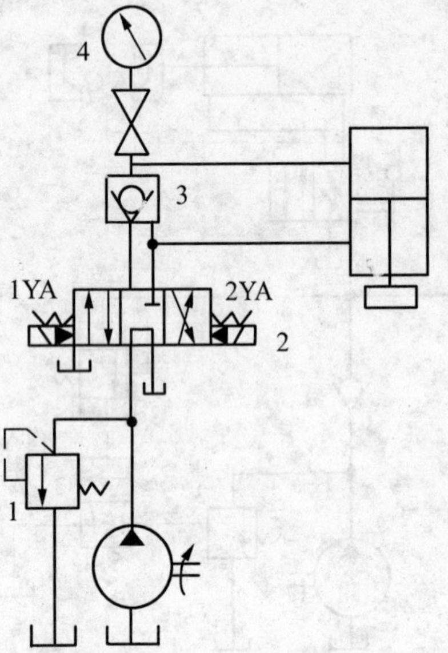

图 7－18　自动补偿保压回路

1. 溢流阀　2. 三位四通电磁换向阀

3. 液控单向阀　4. 电接触式压力表

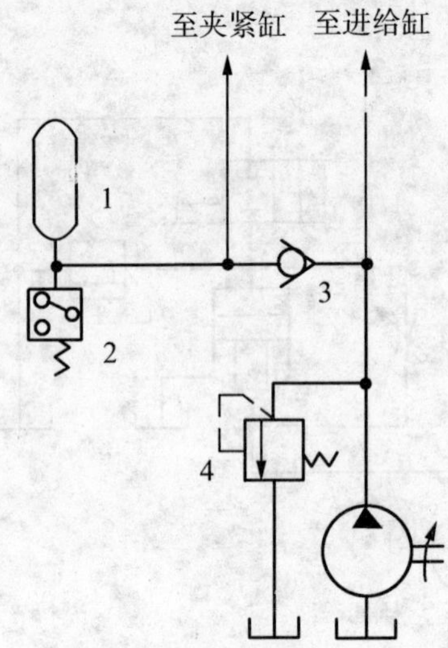

图 7－19　蓄能器保压回路

1. 蓄能器　2. 压力继电器

3. 单向阀　4. 溢流阀

2. 蓄能器保压回路　图 7－19 为采用蓄能器保压的多缸系统一缸保压回路。蓄能器 1 向夹紧缸补油保压。当进给缸快进时，进给油路压力下降，单向阀 3 关闭，将进给油路和夹紧油路隔开，两缸压力互不影响；当夹紧缸压力达到压力继电器 2 预定值时，压力继电器 2 发出信号，使进给缸动作。

7.2.6　平衡回路

当立式液压缸及其工作部件在下行运动时，或悬空停止期间，为了防止因其自重造成下行运动失控、失速或停止期间自行下滑，可在回路中设置平衡阀组成平衡回路来控制。

1. 采用单向顺序阀的平衡回路　图 7－20a 为采用单向顺序阀 3 作为平衡阀的平衡回路，可使液压缸悬空停止。下行时顺序阀可限速，但功率损失较大，可改用外控顺序阀和单向阀一起组成平衡阀，则活塞下行时，油液经节流阀的控制压力打开顺序阀，背压较小，提高了回路效率。这种回路由于顺序阀的泄漏，液压缸在悬停过程中会缓缓下降，故不适于停止较长时间、停位要求准确的液压系统。

2. 采用单向节流阀的平衡回路　图 7－20b 为采用单向节流阀的平衡回路，液压缸下行时节流阀限速，液压缸悬停时，液控单向阀锁紧。

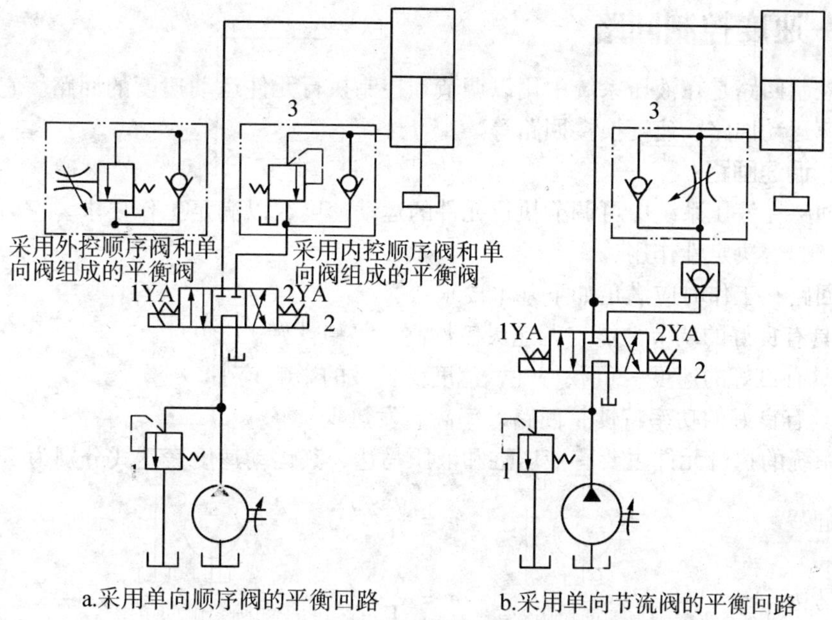

图7-20 平衡回路

1. 溢流阀 2. 三位四通电磁换向阀 3. 平衡阀

7.2.7 背压回路

背压回路是在系统的回油路上安装背压阀，使回油路有一定的压力，以提高执行元件运行的平稳性，减少工作部件运行时的爬行现象。一般液压阀都可作为背压阀，背压压力为0.3~0.8 MPa。图7-21为采用溢流阀作为背压阀的背压回路，图7-21a为单向背压回路，图7-21b为双向背压回路。

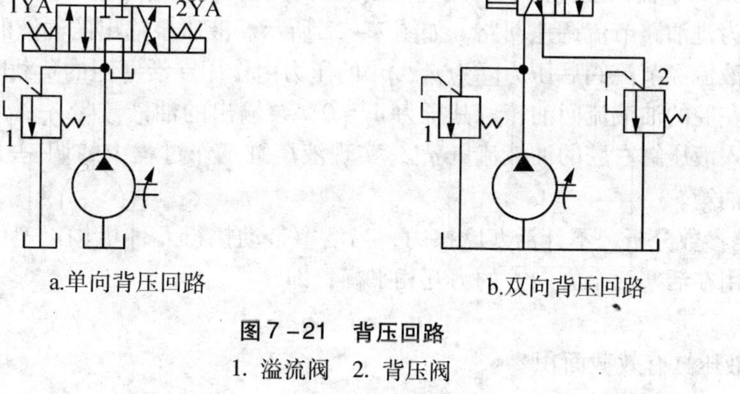

图7-21 背压回路

1. 溢流阀 2. 背压阀

7.3 速度控制回路

速度控制回路是在液压系统中用以调节和控制执行元件运动速度的回路。它包括调速回路、快速运动回路、速度换接回路等。

7.3.1 调速回路

调速回路在液压系统中可调节执行元件的运动速度，以满足工作要求。它对液压系统的性能好坏起着决定性作用。

调速回路在工作时应满足如下基本要求：

（1）具有良好的调节性能，调速灵敏性高、平稳性好。

（2）具有良好的速度—负载特性，速度受负载的影响较小。

（3）具有良好的功率特性，回路效率高、发热少。

液压系统的执行元件主要有液压缸和液压马达，其运动速度表达式分别为

液压缸：
$$v = \frac{q_v}{A}$$

液压马达：
$$n = \frac{q_v}{V}$$

式中，A 为活塞的有效面积，q_v 为进入液压缸或液压马达的流量，V 为液压马达的排量，n 为液压马达的转速。

对于液压缸，活塞的有效面积 A 是一定值，只能通过改变进入缸中的流量 q_v 来调节液压缸的速度。对于定量液压马达，液压马达的排量 V 是一定值，可通过改变液压马达输出的流量 q_v 调节液压马达转速。对于变量液压马达，既可通过改变液压马达的排量，又可通过改变液压马达输出的流量来调节液压马达转速。

因此液压系统的调速方法可分为定量泵的节流调速、变量泵的容积调速和容积节流调速三种。

1. 节流调速回路　节流调速回路是在定量泵供油的液压系统中安装节流阀或调速阀来改变进入或流出液压缸油液的流量，从而调节液压缸的工作行程速度。根据流量控制阀在回路中安装位置的不同，节流调速回路可分为进油路节流调速、回油路节流调速和旁路节流调速三种基本回路，常用的是进油路节流调速和回油路节流调速。

（1）进油路节流调速回路：将流量控制阀安装在液压缸的进油路上调节进入液压缸流量的回路称为进油路节流调速回路，如图 7－22 所示。液压泵输出的油液的压力 p_p 由溢流阀调定，油液流经节流阀后压力降为 p_1，p_1 的压力由作用在活塞上的负载阻力 F 的大小决定。液压缸左腔的油液流回油箱，其压力 $p_2 \approx 0$。泵输出的油液流量 q_v，调节节流阀的阀口可改变进入液压缸右腔的油液流量 q_{v_1}，实现液压缸工作过程中的调速。多余的油液 q_{v_y} 经溢流阀回油箱。

1）回路参数分析：不计活塞摩擦力，当活塞带动执行元件机构以速度 v 向左作匀速运动时，作用在活塞两个方向上的力互相平衡，即

$$p_1 A = F + p_2 A$$

式中，A 为液压缸有效截面积。

不计管路压力损失，$p_2 \approx 0$，整理得

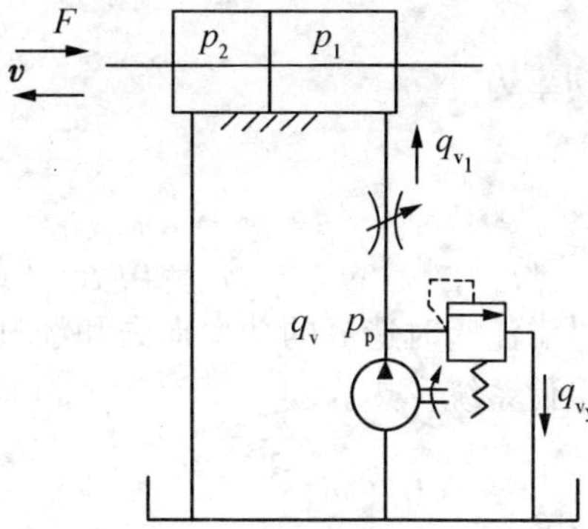

a.回路

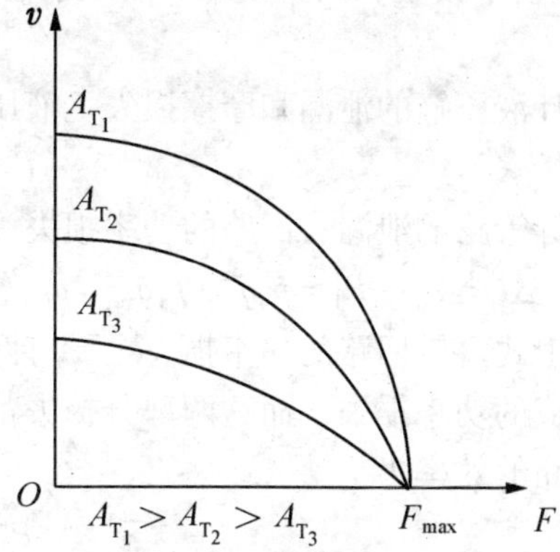

b.速度负载特性曲线

图7-22　进油路节流调速回路

$$p_1 = \frac{F}{A}$$

设节流阀前后的压力差为 Δp，则

$$\Delta p = p_p - p_1 = p_p - \frac{F}{A}$$

根据小孔流量公式（2-31）可将进入液压缸右腔的流量写为

$$q_{v_1} = CA_T \Delta p^{\Phi}$$

式中，A_T 为节流阀节流口通流面积，C 为与节流阀结构有关的系数，Φ 为孔长度与直径之比决定的指数。

不考虑泄漏，活塞的运动速度

$$v = \frac{q_{v_1}}{A} = \frac{CA_T}{A}\Delta p^{\Phi} = \frac{CA_T}{A}\left(p_p - \frac{F}{A}\right)^{\Phi} \quad (7-1)$$

2）速度负载特性：速度负载特性指的是执行元件工作速度与负载之间的关系。由式（7-1）可知，当节流阀结构形式和执行元件的结构确定后，C、A 两参数已确定，v 与 p_p、A_T、F 有关。p_p、A_T 调定后，v 只随 F 而变化。当 Φ 取 0.5 时，由式（7-1）做以 F 为横坐标，以 v 为纵坐标的函数图，得进油路节流调速回路的速度负载特性曲线，如图 7-22b 所示。

回路速度负载特性的好坏可用速度刚度这一指标来衡量。速度刚度即曲线某点处切线斜率的倒数，斜率越小，其值越大，曲线越平缓，表明速度负载特性越好，速度受负载的影响越小，速度的稳定性越高。

进油路节流调速回路的速度负载特性有如下特点：

A. 节流阀进口节流调速回路的速度负载特性曲线较陡，因此其速度负载特性较差。

B. 当负载一定时，相同节流阀中通流面积减小的，其速度刚度越大；

C. 活塞运动速度 v 与节流阀节流口通流面积 A_T 成正比。

D. 当节流口 A_T 调定后，轻载区比重载区的速度负载特性好。

E. 回路的最大承载能力 $F_{max} = p_p A$，属恒推力调速。

F. 增大执行元件有效截面积 A，可提高回路的速度刚度。

3）功率损失和回路效率：液压泵输出的功率为

$$P_p = p_p q_v \tag{7-2}$$

不计液压缸的泄漏和摩擦损失，液压缸的有效功率为

$$P_1 = p_1 q_{v_1} = Fv$$

不计管路的泄漏，回路的功率损失为

$$\Delta P = P_p - P_1 = p_p q_v - p_1 q_{v_1} = p_p\ (q_{v_1} + q_{v_y})\ -\ (p_p - \Delta p)\ q_{v_1} = p_p q_{v_y} + \Delta p q_{v_1} \tag{7-3}$$

由上式可知回路的功率损失主要有两部分：经过溢流阀时造成的功率损失和经过节流阀时造成的功率损失，而这两部分损失都转换成热量使系统发热。

回路的效率为

$$\eta = \frac{P_1}{P_p} = \frac{Fv}{p_p q_v} = \frac{p_1 q_{v_1}}{p_p q_v}$$

4）回路的特点：

A. 回路结构简单、调速方便、调速范围大。调节 A_T 即可方便地调节活塞运动的速度，在整个调速过程中节流口通流面积可由最小调到最大。

B. 液压缸回油腔和回油管路中油液压力很低（接近于零），当采用单活塞杆液压缸工作进给时，无活塞杆腔进油，因活塞有效作用面积较大可以获得较大的推力和较低的速度。

C. 速度受负载影响较大，稳定性差。

D. 由于回油路无背压，当负载突然变小、为零或负值时，运动部件会产生前冲现象，运动平稳性差。为了提高运动部件的平稳性，可在回油路上增设一个 0.2 ~ 0.3 MPa 的背压阀。

E. 系统在低速轻载工作时，回路功率损失较大、有效功率较小、回路效率低。

5）回路的应用：进油路节流调速回路一般应用于低速、轻载、负载变化不大和对速度稳定性要求不高的小功率液压系统中。如车床、镗床、钻床等机床的进给系统。

（2）回油路节流调速回路：将流量控制阀安装在执行元件的回油路上，通过控制流出液压缸的流量来调速的回路称为回油路节流调速回路，如图 7－23 所示。

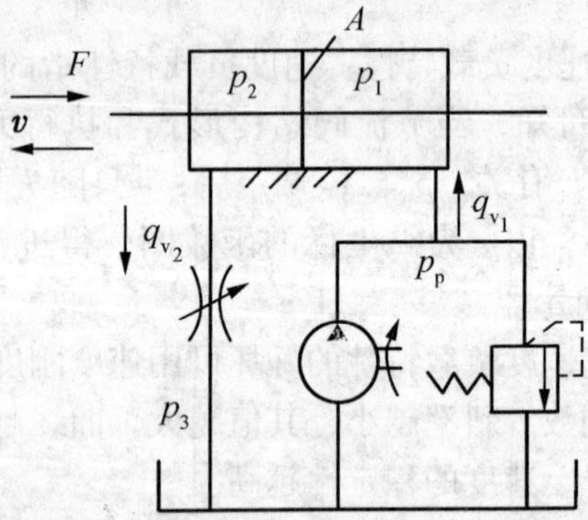

图 7－23　回油路节流调速回路

1）回路参数分析：如前述分析，不计活塞摩擦力，当活塞匀速运动时，活塞上的作用力平衡方程式为

$$p_1 A = F + p_2 A$$

不计管路压力损失，液压缸右腔工作压力 p_1 与由溢流阀调定的泵出口压力 p_p 相等，即 $p_1 = p_p$；

所以

$$p_2 = p_1 - \frac{F}{A} = p_p - \frac{F}{A}$$

节流阀前后的压力差 $\Delta p = p_2 - p_3$。因节流阀出口接油箱，此处压力 $p_3 \approx 0$，所以

$$\Delta p = p_2 = p_p - \frac{F}{A}$$

活塞运动速度

$$v=\frac{q_{v_2}}{A}=\frac{CA_T}{A}\Delta p^{\Phi}=\frac{CA_T}{A}\left(p_P-\frac{F}{A}\right)^{\Phi} \tag{7-4}$$

式（7－4）与进油节流调速回路所得的公式（7－1）完全相同，因此这两种回路具有相似的调速特点。

2）回油路节流调速回路与进油路节流调速的不同点：

A. 由于节流阀装在回油路上，回油路上有背压，因此回油路节流调速回路比进油路节流调速回路的运动平稳性要好。

B. 在回油路节流调速回路中，经节流阀后，因压力损耗而发热，导致温度升高的油液直接流回油箱，容易散热。

C. 若回路使用单杆活塞液压缸，在其他条件相同的情况下，由于进油路节流调速回路的进油腔（无杆腔）活塞面积大于回油路节流调速回路的回油腔（有杆腔）活塞面积，所以进油路节流调速回路较回油路节流调速回路能获得较低的稳定速度。

D. 进油路节流调速回路的节流阀安装在进油路上，启动时冲击小，调速较回油路节流调速回路方便。回油路节流调速回路在负载很小时，背压很大，如负载变为零时，液压缸的背压（有杆腔）将会升高为 $p_2=p_P\frac{A_1}{A_2}$，这样对密封不利，易加大泄漏。故在实际应用中常采用进油路节流调速回路，在回油路上增设背压阀以提高运动的平稳性。

3）回路的应用：回油路节流调速回路广泛应用于功率不大、负载变化较大或运动平稳性要求较高的液压系统中。

（3）旁路节流调速回路：旁路节流调速回路是在定量液压泵至液压缸进油路的分支油路上安装节流阀，通过调节泵溢回油箱的流量 q_{v_2}，间接地控制进入液压缸的流量 q_{v_1}，实现对液压缸速度的调节，如图7－24所示。此调速回路中，泵多余的流量由节流阀流走，

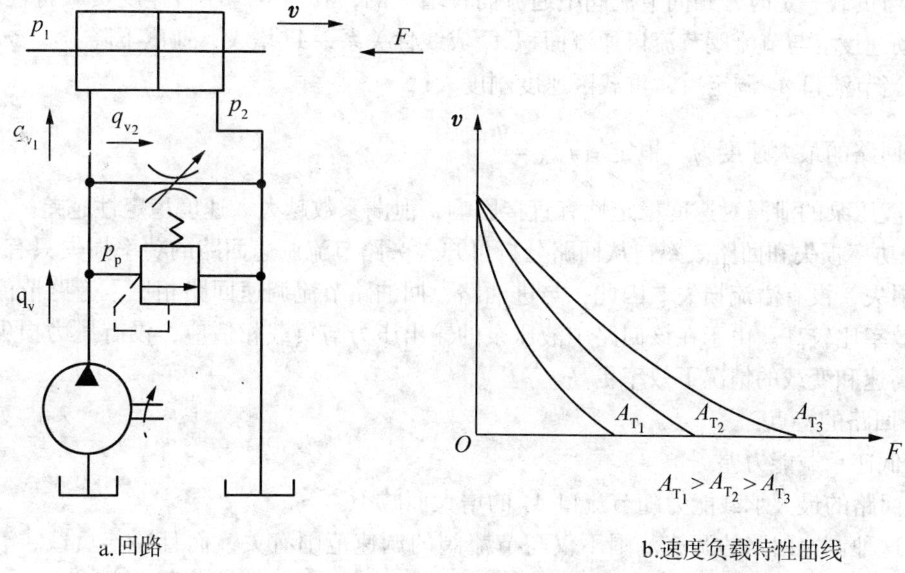

图7－24　旁路节流调速回路

节流阀承担了溢流的作用，溢流阀不起溢流的作用。

1）回路参数分析：液压缸的背压腔直接接油箱，不计管路压力，背压腔压力 p_2 为零，液压泵的输出压力为

$$p_p = p_1 = \frac{F}{A} \tag{7-5}$$

由式（7-5）可看出，在旁路节流调速回路，液压泵的输出压力随负载而变化。因此，这种回路也被称为变压式节流调速回路。由此可知回路里的溢流阀不起溢流作用，而起安全阀的作用。在负载超载时，溢流阀口打开卸压，防止泵和回路因发热而受到破坏。

在不考虑系统管路泄漏情况下，由于液压泵的输出压力随负载而变，因此应计入泵的泄漏，此时进入液压缸的流量为

$$q_{v_1} = q_v - q_{v_2} = (q_{v_t} - \Delta q_{v_p}) - q_{v_2} = (q_{v_t} - k_1 p_p) - CA_T \Delta p^{\Phi} = q_{v_t} - k_1 \frac{F}{A} - CA_T \left(\frac{F}{A}\right)^{\Phi} \tag{7-6}$$

不计活塞摩擦，旁路节流调速回路液压缸的速度为

$$v = \frac{q_{v_1}}{A} = \frac{q_v - CA_T \Delta p^{\Phi}}{A} = \frac{q_{v_t} - k_1 \frac{F}{A} - CA_T \left(\frac{F}{A}\right)^{\Phi}}{A} \tag{7-7}$$

式中，q_{v_t} 为液压泵的理论流量；Δq_{v_p} 为泵的泄漏量；k_1 为液压泵的泄漏系数。

2）速度负载特性：依据式（7-7），按不同的 A_T 值作图，得到一组速度负载特性曲线，如图 7-24b 所示。旁路节流调速回路的速度负载特性的特点如下：

A. 曲线较进油路节流调速回路和回油路节流调速回路更陡，可见速度负载特性更差，速度受负载影响极大，稳定性更差。

B. 当负载一定时，相同节流阀中通流面积增大的，其速度越小，速度负载特性越弱；活塞运动速度 v 与节流阀节流口通流面积 A_T 成线性关系，A_T 增大，速度下降。

C. 当节流口 A_T 调定后，重载区速度刚度大。

D. 回路的最大速度为一恒定值 $v_{max} = \frac{q_{v_t}}{A}$。

E. 液压泵的泄漏对速度稳定性有直接影响，泄漏系数越大，速度稳定性越差。

3）功率损失和回路效率：从回路分析可知，旁路节流调速回路的功率损失只有一项，即节流损失，没有溢流损失。因此，与进油路、回油路节流调速回路相比，旁路节流调速回路的效率比较高。由于在该回路中液压泵的输出压力与负载相适应，没有压力损失，因此，在高速和变载的情况下效率更高。

4）回路的特点：

A. 低速承载能力差。

B. 回路的最大承载能力随节流口 A_T 的增大而减小。

C. 这种调速回路的调速范围不仅与节流阀的调速范围有关，而且还与负载、液压缸的泄漏有关，因此其数值要比进油路、出油路节流调速回路的调速范围要小。

5）回路的应用：旁路节流调速回路的速度（引起单位速度变化时负载力的变化量）

是很低的，特别在低速小负载的情况下，其速度刚性更低。因此，这种回路只能用于重载、高速、对速度稳定性要求不高且调速范围较小的场合，如牛头刨床的主运动传动系统、锯床进给系统。

（4）采用调速阀的节流调速回路：上述的进油路、回油路和旁路节流调速回路速度负载特性都较差，速度受负载的影响较大，速度稳定性不高。原因是当负载变化时，会引起节流阀前后工作压差的变化。对于开口量一定的节流阀来说，根据小孔流量公式，当工作压差变化时，通过阀的流量必然变化，这就导致了液压执行元件运动速度的不稳定。因此可以说，上述三种节流调速回路速度平稳性差的根本原因是采用了不能稳定阀前后两端压力差的节流阀。

如果在上述节流调速回路中，改用调速阀代替节流阀，则回路的速度平稳性将会大大改善。因为调速阀在工作压差超过其最小压差值（一般为0.4～0.5 MPa）时，油液通过调速阀中节流阀前后两端的压差为一定值，不随负载变化，这样通过调速阀的流量便不随压差而变化，回路的速度稳定性将大为提高。但同时由于调速阀是由定差式减压阀和节流阀组成，所以采用调速阀的节流调速回路存在着溢流损失和节流损失，回路的功率损失比采用节流阀的回路的功率损失还要大，故效率较低。这种回路在机床的中、低压小功率进给系统中得到了广泛的应用，例如组合机床液压滑台系统、液压六角车床及液压多刀半自动车床等。

2. 容积调速回路　节流调速回路由于存在节流损失和溢流损失，故回路效率低、发热量大，因此，此回路只用于小功率调速系统。在大功率的调速系统中，多采用回路效率高的容积调速回路。

容积调速回路是通过改变变量泵或变量马达的排量来调节执行元件的运动速度。在容积调速回路中，液压泵输出的液压油全部直接进入液压缸或液压马达，无溢流损失和节流损失，而且液压泵的工作压力随负载的变化而变化，因此，这种调速回路效率高、发热量少。容积调速回路多用于工程机械、矿山机械、农业机械和大型机床等大功率的调速系统中。

液压系统的油液循环有开式和闭式两种方式。上述的节流调速回路均属于开式循环方式。在开式循环回路中，液压泵从油箱中吸入液压油，同时把油液压送到液压执行元件中去，执行元件的回油排至油箱。这种循环回路的主要优点是油液在油箱中能够得到良好的冷却，且能降低油温，同时便于沉淀、过滤杂质和析出气体。其主要缺点是空气和其他污染物容易侵入油液，侵入后影响系统正常工作，降低油液使用寿命；另外，油箱结构尺寸较大，占有一定空间。在闭式循环回路中，液压泵将液压油压送到执行元件的进油腔，同时又从执行元件的回油腔吸入液压油。闭式回路的主要优点是结构尺寸紧凑，改变执行元件运动方向较方便，空气和其他污染物侵入系统的可能性小；主要缺点是散热条件差，对于有补油装置的闭式循环回路来说，结构比较复杂，造价较高。

按液压泵和液压马达的组合形式不同，容积调速回路可分为三种形式：

（1）变量泵—液压缸（或定量马达）式，如图7－25a、b所示。

（2）定量泵—变量马达式，如图7－26所示。

（3）变量泵—变量马达式，如图7－27所示。

图7－25a是由变量泵和液压缸组成的容积调速回路，变量泵根据负载的变化自动调节其排量，以适应液压缸5中活塞的运动速度 v 的要求。溢流阀2起安全阀的作用，溢流

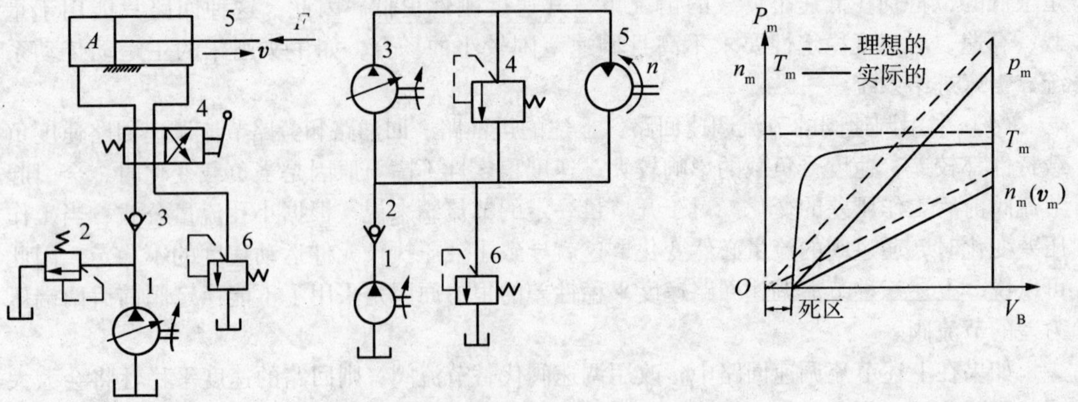

a. 开式回路　　b. 闭式回路　　c. 回路的特性曲线

图 7-25　变量泵—定量执行元件的容积调速回路

1. 变量泵　2. 溢流阀
3. 单向阀　4. 手动换向阀
5. 液压缸　6. 背压阀

1. 定量泵　2. 单向阀
3. 变量泵　4. 安全阀
5. 液压马达

阀 6 作背压阀和换向阀 4 配合使用起到双向背压的作用。

图 7-25b 是由变量泵和定量马达组成的容积调速回路，改变变量泵 3 的排量可调节液压马达 5 的转速，安全阀 4 用以防止过载，低压辅助泵 1 用以补油，其补油压力由低压溢流阀 6 来调定。

图 7-25c 是变量泵—定量马达（液压缸）式回路的转速（线速度）、功率、转矩相对于泵排量的特性曲线。从曲线上可知这种回路的特点：①定量马达转速 n_m［或液压缸线速度（v_m）］随泵的排量 V_B 的增大而加快，调速范围广。②在泵排量 V_B 大于一定值时，定量马达（液压缸）输出的转矩 T_m（推力 F）为定值，属恒转矩（推力）调速。③定量马达输出的功率 P_m 随泵排量 V_B 的改变呈线性变化。④变量泵的泄漏对回路的速度刚度有一定的影响。⑤无节流溢流损失，功率损失小，效率高。

综上所述，变量泵和定量执行元件所组成的容积调速回路为恒转矩输出，可正、反向实现无级调速，调速范围较大。此回路适用于调速范围较大、要求恒转矩输出的场合，如大型机床的主运动或进给系统。

图 7-26 为一个采用定量泵—变量马达的容积调速回路，图 7-26a 为开式回路，由定量泵 1 输出恒定流量，通过调节变量马达 2 的排量，实现变量马达的调速。溢流阀 3 为安全阀；图7-26b 为闭式回路，由定量泵 1 和变量马达 2 组成闭式循环调速回路，3 为安全阀，5 为用于补油的定量泵，4 为溢流阀，可调节补油压力。

从对图 7-26c 的分析可知，这种调速回路有以下特点：①回路在启动时，变量马达的转速随其排量的增大而升高，在回路工作过程中变量马达的转速与其排量成反比，调速范围小。②变量马达输出的转矩随其排量的增大而增大。③变量马达输出的功率不变，属恒功率调速。④功率损失小，系统效率高。⑤元件泄漏对速度刚度有一定的影响。如果用变量马达来换向，在换向的瞬间要经过“高转速—零转速—反向高转速”的突变过程，换向平稳性很差，再加上其调速范围比较小，因而这种回路较少单独应用。

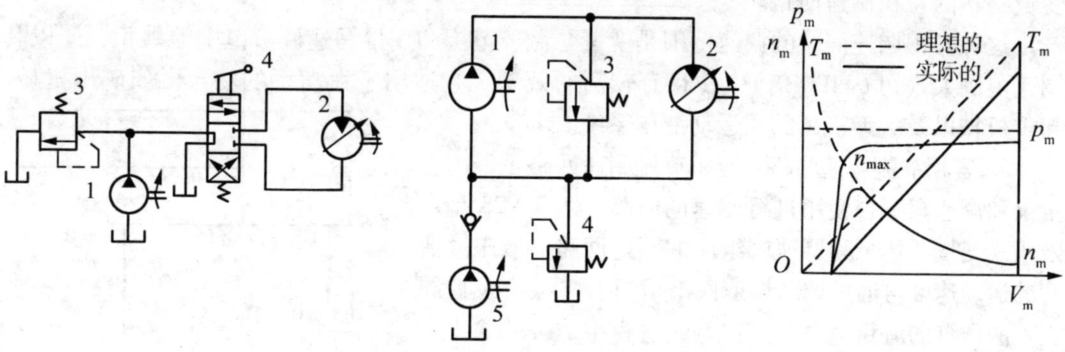

a. 开式回路　　b. 闭式回路　　c. 回路的特性曲线

图7－26　定量泵—变量马达容积调速回路

a. 1. 定量泵　2. 变量马达　3. 溢流阀　4. 手动换向阀

b. 1. 定量泵　2. 变量马达　3. 安全阀　4. 低压溢流阀　5. 定量泵

图7－27为采用变量泵—变量马达的容积调速回路。回路由变量泵1、变量马达2、安全阀3、补油泵4、溢流阀5等组成，其调速过程分两阶段。

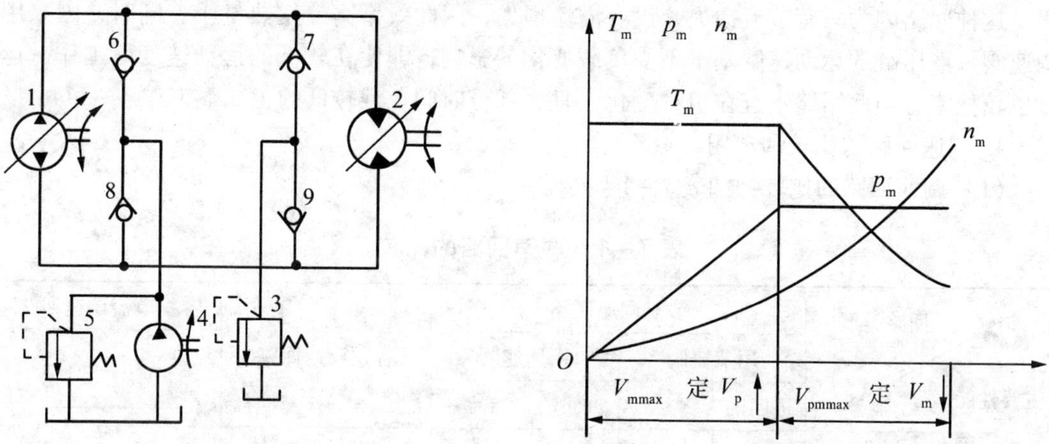

a. 回路　　b. 工作特性曲线

图7－27　变量泵—变量马达调速回路

1. 变量泵　2. 变量马达　3. 安全阀　4. 补油泵　5. 低压溢流阀　6、7、8、9. 单向阀

第一阶段采用恒转矩调速，将变量马达的排量 V_m 调到最大值并保持不变，然后调节变量泵的排量 V_p，使其从最小逐渐加大到最大值，则变量马达的转速 n_m 从最小逐渐升高到相应的最大值，变量马达的输出转矩 T_m 不变，输出功率 P_m 逐渐加大。这一阶段相当于变量泵—定量马达的容积调速回路。

第二阶段将已调到最大值的变量泵的排量 V_p 固定不变，然后调节变量马达的排量 V_m，使其从最大逐渐调到最小，此时变量马达的转速 n_m 便进一步逐渐升高到最大值。在此阶段中，变量马达的输出转矩 T_m 逐渐减小，而输出功率 P_m 不变。这一阶段相当于定量泵—

变量马达的容积调速回路。

这种容积调速回路的调速范围是变量泵调节范围和变量马达调节范围的乘积，所以其调速范围大（可达100倍），并且有较高的效率。它适用于大功率的场合，如矿山机械、起重机械以及大型机床的主运动液压系统。

3. 容积节流调速回路　容积节流调速回路是采用变量泵和调速阀配合使用进行调速的回路。图7-28是由限压式变量叶片泵和调速阀组成的调速回路。液压缸活塞的运动速度可通过调节调速阀节流口开口大小及控制进入液压缸的流量来调节。在调速过程中，泵的输出流量能自动与调速阀调节的流量相适应。其适应过程如下：假定泵输出的流量为 q_{v_p}，进入液压缸的流量为 q_{v_1}。稳态时，不计阀与泵的泄漏，即 $q_{v_p}=q_{v_1}$。当活塞速度需要降低时，使调速阀节流口开口减小，根据小孔流量公式可知，在此瞬间 q_{v_1} 减少，q_{v_p} 不变；而回路中无溢流阀，多余油液使泵与调速阀之间的油路压力升高。根据限压式变量叶片泵的工作原理可知，当泵两端压力升高时，偏心距减小，泵输出的流量减小，直至与节流阀调定的流量相适应。

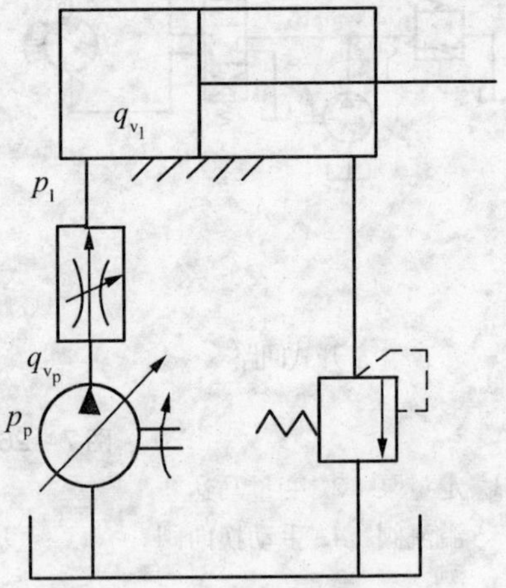

图7-28　容积节流调速回路

这种回路因为只有节流损失，没有溢流损失，因此效率高、发热量小。同时，因采用调速阀，液压缸的运动速度基本不受负载变化的影响，即使在较低的运动速度下工作，运行也较稳定。但此回路不宜在负载变化大且大部分时间负载较低的工况下工作。

4. 调速回路的比较和选用

（1）调速回路的比较：如表7-1所示。

表7-1　调速回路的比较

回路类型 / 主要性能		节流调速回路				容积调速回路	容积节流调速回路
		用节流阀		用调速阀			
		进回油	旁路	进回油	旁路		限压式
机械特性	速度稳定性	较差	差	好		较好	好
	承载能力	较好	较差	好		较好	好
调速范围		较大	小	较大		大	较大
功率特性	效率	低	较高	低	较高	最高	较高
	发热	大	较小	大	较小	最小	较小
适用范围		小功率及轻载的中、低压系统				大功率及重载高速的中、高压系统	中、小功率的中压系统

（2）调速回路的选用：调速回路的选用主要考虑以下问题：

1）执行机构的负载性质、运动速度、速度稳定性等要求：负载小，且工作中负载变化也小的系统可采用节流阀节流调速；在工作中负载变化较大且要求低速、稳定性好的系统，宜采用带调速阀的节流调速回路或容积节流调速回路；负载大、运动速度高、油的温升要求小的系统，宜采用容积调速回路。

一般来说，功率在3 kW以下的液压系统宜采用节流调速回路；功率为3～5 kW的液压系统宜采用容积节流调速回路；功率在5 kW以上的液压系统宜采用容积调速回路。

2）工作环境要求：在温度较高的环境下，且要求整个液压装置体积小、重量轻的液压系统，宜采用闭式回路的容积调速。

3）经济性要求：节流调速回路的成本低，但功率损失大、效率低；容积调速回路因变量泵、变量马达的结构较复杂，所以价格高，但其效率高、功率损失小；容积节流调速回路则介于两者之间。所以应综合分析选用哪种回路。

7.3.2　快速运动回路

工作机构在一个工作循环过程中，往往包括工作行程、空行程等。一般工作行程速度较低、承受负载较大、工作时间较长，而空行程一般不承载或承载较小，做的是无用功。为了提高效率，要求回程运动速度快。液压系统中常根据工作机构在不同工作阶段要求的不同运动速度和承受负载，来决定液压泵的流量和压力。通常根据空行程时运动的特点，即轻载、高速，要求液压系统提供较大的流量和较低的压力。并且为了减少液压系统能量消耗、提高效率，回程快速运动时应尽量减小液压泵输出的流量，或者在加大液压泵的输出流量后在工作运动时又不至于引起过多的能量消耗。

实现快速运动的方法很多，下面主要介绍差动连接回路和双泵供油回路。

1. 差动连接回路　图7－29为利用二位三通电磁换向阀实现液压缸差动连接的回路。液压缸的差动连接也可用P型中位机能的三位换向阀来实现。

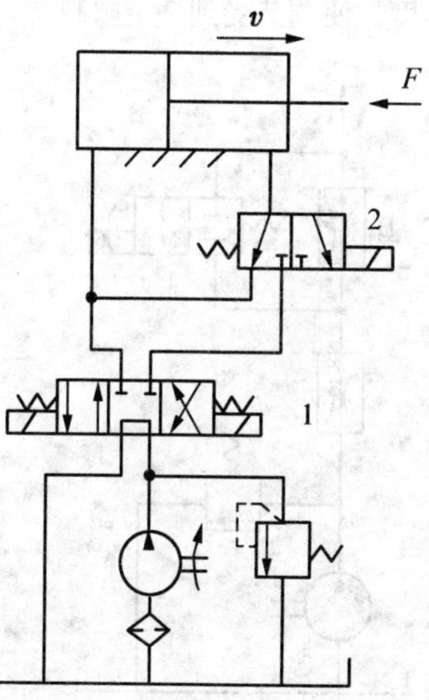

图7－29　液压缸差动连接回路

1. 三位四通电磁换向阀
2. 二位三通电磁换向阀

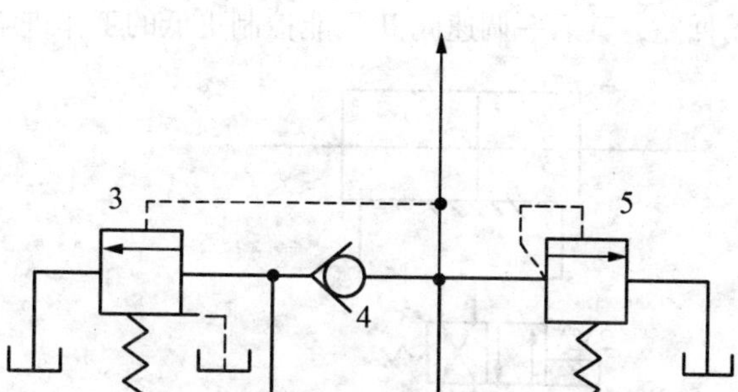

图7－30　双泵供油回路

1. 低压大流量泵　2. 高压小流量泵
3. 外控顺序阀　4. 单向阀　5. 溢流阀

液压缸差动连接时，液压泵输出的油液和液压缸有杆腔返回的油液合流，进入液压缸的无杆腔，实现活塞的快速运动。当活塞两侧有效面积比为2∶1时，快速运动速度将是非差动连接运动速度的2倍。

2. 双泵供油回路　图7－30为双泵供油快速运动回路。1为低压大流量泵，2为高压小流量泵。在快速运动时，由泵1与泵2共同向系统供油。工作行程时，系统压力升高，外控顺序阀3打开，泵1卸荷，由泵2单独向系统供油。系统的最高工作压力由溢流阀5调定。单向阀4在工作行程时，将低压泵与高压泵隔离开，两泵产生的压力互不干扰。这种双泵供油回路的优点是功率损耗少、系统效率高，因而应用较为普遍。

7.3.3　速度换接回路

工作机构在工作循环中，往往存在着速度间的换接，如快速与慢速之间的换接、慢速与慢速之间的换接等。速度换接回路应保证速度换接平稳，即不允许在速度变换的过程中有前冲（速度突然增加）现象。下面介绍几种常用的速度换接回路。

1. 快速与慢速的换接回路　图7－31为采用二位二通换向阀短接调速阀的速度换接回路，当二位二通电磁换向阀2关闭时，调速阀1接入回路构成回油路调速阀节流调速回路，能实现工进速度。当换向阀2打开时，调速阀1短接，油液经换向阀2进入液压缸，实现了慢速与快速间的换接。这种回路比较简单，应用相当普遍。

2. 慢速与慢速的换接回路

（1）采用串联调速阀的二次进给回路：图7－32为两调速阀串联组成的二次进给回路。当一次进给时，二位二通换向阀打开，调速阀B短接，泵出口油液只通过调速阀A调速；当二次进给时，二位二通换向阀关闭，调速阀B接入回路，泵出口油液通过调速阀A、B，由于调速阀B的节流开口比调速阀A的小，因此速度由调速阀B调节。采用串联调速阀的二次进给回路，其后一调速阀B只能控制更低的工作进给速度，使调节受到一定限制。

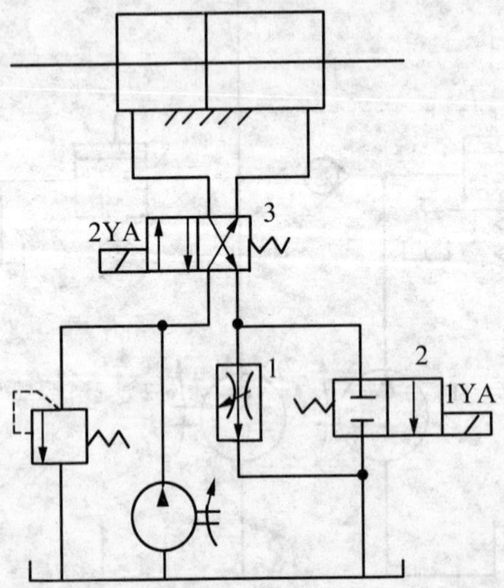

图7－31　采用短接调速阀的速度换接回路

1. 调速阀　2. 二位二通电磁换向阀

3. 三位四通电磁换向阀

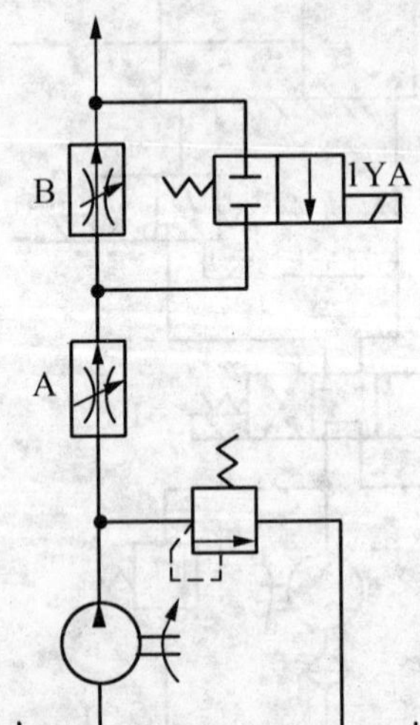

图7－32　采用串联调速阀的二次进给回路

（2）采用并联调速阀的二次进给回路：图7－33为两调速阀并联组成的二次进给回路，两工作进给速度分别由调速阀A和调速阀B调节。速度转换由二位三通电磁阀控制。阀A、B各自独立调节流量，互不影响，一个工作时，另一个没有油液通过。在换接过程中，由于原来没工作的调速阀中的减压阀处于最大开口位置，速度换接时大量油液通过该阀，将使执行元件突然前冲，故此回路不宜用于在工作过程中的速度换接，一般只用于速度预选场合。

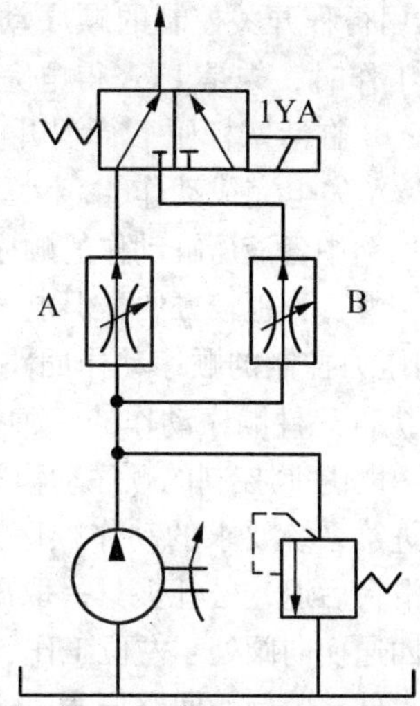

图7－33 采用并联调速阀的二次进给回路

7.4 多缸工作控制回路

在液压系统中往往是一个液压泵驱动多个液压缸，这些缸按系统要求或顺序动作，或同步动作，多缸之间要求压力之间、流量之间互不干扰。

7.4.1 顺序动作回路

顺序动作回路是控制液压系统中执行元件动作的先后次序的回路。在液压传动中，按照控制原理和方法不同，顺序动作的方式可分成压力控制、行程控制和时间控制三种。

1. 用行程控制的顺序动作回路

（1）采用行程阀控制的顺序动作回路：图7－34是采用行程阀控制的顺序动作回路。电磁换向阀1YA得电，换向阀左位工作可实现动作①；当B缸活塞挡块压下行程阀的滑轮可实现动作②；电磁换向阀复位后实现动作③；B缸活塞左移，挡块逐渐离开滑轮，行程阀复位实现动作④。

这种回路工作可靠，其缺点是行程阀只能安装在执行机构（如工作台）的附近。此外，改变动作顺序也较为困难。

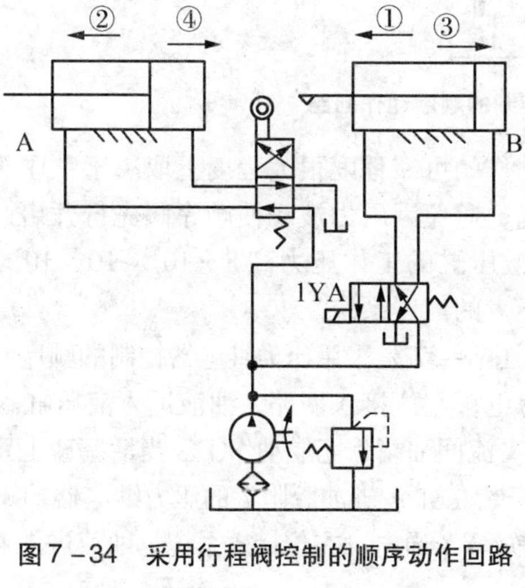

图7－34 采用行程阀控制的顺序动作回路

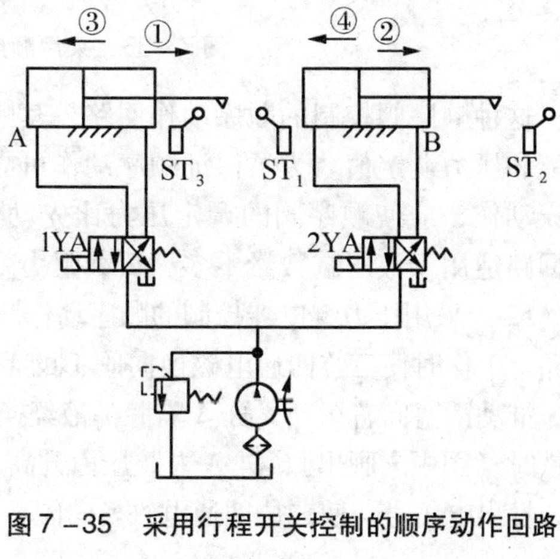

图7－35 采用行程开关控制的顺序动作回路

（2）用行程开关控制的顺序动作回路：图 7－35 是采用行程开关控制的顺序动作回路。回路工作时，先是 1YA 得电完成动作①；A 缸活塞杆压下行程开关 ST_1，2YA 得电完成动作②；B 缸活塞杆压下行程开关 ST_2，1YA 失电完成动作③；A 缸活塞杆压下行程开关 ST_3，2YA 失电完成动作④。

这种回路中各液压缸动作的顺序由电气线路保证，改变控制电气线路就能方便地改变动作顺序，调整行程也较方便，但电气线路比较复杂，回路的可靠性取决于电气元件的质量。

2. 用压力控制的顺序动作回路　压力控制是利用油路本身压力的变化来控制阀口的启闭，实现执行元件顺序动作的一种控制方式。它主要通过顺序阀和压力继电器来实现。

（1）用顺序阀控制的顺序动作回路：图 7－36 为采用顺序阀控制的顺序动作回路。机床的夹紧、进给系统要求的动作顺序是先将工件夹紧，然后动力滑台进行切削加工，加工完后，动力滑台后退，松开夹具，取出工件。相应的液压顺序动作回路的工作过程为 1YA 得电，二位四通换向阀处于左位工作，夹紧缸左腔进油，开始夹紧工件。夹紧缸右腔经单向阀回油。当工件夹紧后，回路压力升高达到单向顺序阀 A 的开启压力，工作缸开始作进给运动。工件切削完后，1YA 失电，换向阀复位。此时回路负载极小，油液进入工作缸右腔，动力滑台退回。到达终点时，回路压力油升高打开顺序阀 B，再使夹紧缸的活塞返回，松开工件。

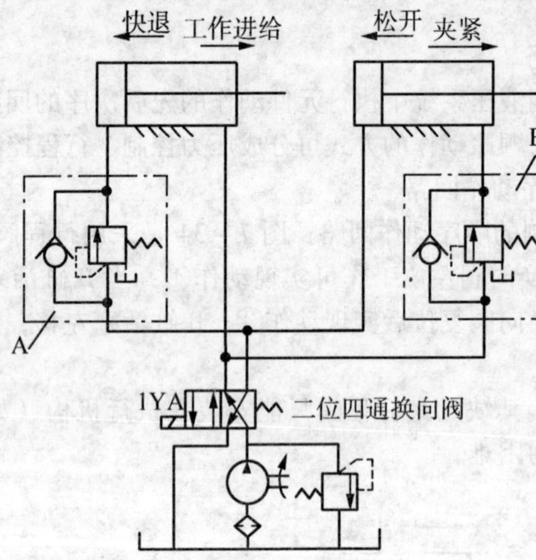

图 7－36　采用顺序阀控制的顺序动作回路

这种顺序阀控制的顺序动作回路，其顺序动作的可靠程度很大程度上取决于顺序阀的性能和压力调定值。为了保证顺序动作可靠准确，避免因压力波动使顺序阀先行开启，造成误动作，应使顺序阀的调定压力比先动作的液压缸的工作压力高 $8\times10^5 \sim 10\times10^5$ Pa。此回路适用于液压缸数量不多、负载阻力变化不大的液压系统。

（2）采用压力继电器控制的顺序动作回路：图 7－37 是采用压力继电器控制的顺序动作回路。工作时使三位四通电磁换向阀 1 的 1YA 得电，左位接入回路，油液进入液压缸 A 左腔，推动活塞向右运动，缸 A 右腔油液经换向阀 1 流回油箱，完成动作①。当活塞碰上定位挡铁时（图中未画出），缸 A 左腔压力升高，使安装在缸 A 进油腔附近的压力继电器 1KP 动作，发出电信号，使二位四通电磁换向阀 2 电磁铁 3YA 通电，左位接入系统，油液进入液压缸B左腔，推动活塞向右运动，完成动作②。这样实现了A、B两液压缸的顺序动作。

采用压力继电器控制的顺序回路简单易行，应用较普遍。为防止压力继电器误发信号，使用时应注意使压力继电器的压力调定值比先动作的液压缸A的最高工作压力高，同时比溢流阀调定压力低 $3\times10^5\sim5\times10^5$ Pa。

7.4.2　同步回路

同步回路是使两个或两个以上的液压缸，在运动中保持相同位移或相同速度的回路。通常在一泵多缸的系统中，尽管各液压缸的有效工作面积相等，但是运动中所受负载的变化不同，摩擦阻力也不相等，同时由于各液压缸的泄漏量不同，以及制造安装误差、油液中含气量等因素的影响，使液压缸不能绝对同步动作。同步回路就是为了消除这些因素的影响，补偿它们在流量上所造成的变化，实现液压缸的相对同步。

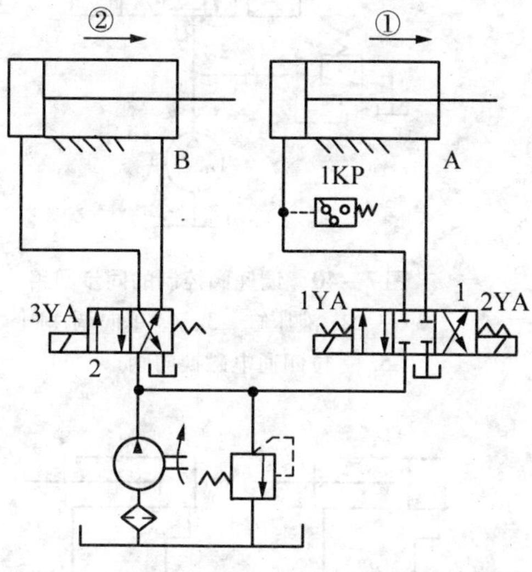

图7-37　采用压力继电器控制的顺序动作回路

1. 三位四通电磁换向阀　2. 二位四通电磁换向阀

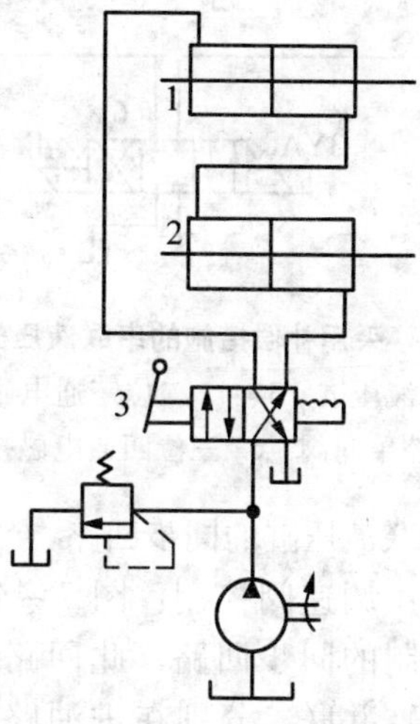

图7-38　串联液压缸的同步回路

1、2. 液压缸　3. 二位四通手动换向阀

1. 串联液压缸的同步回路　图7-38是串联液压缸的同步回路。液压缸1和液压缸2的结构完全相同。当二位四通手动换向阀3处于图示位置时，缸2回油腔排出的油液进入缸1的进油腔。由于串联油腔活塞的有效面积相等，因此可实现同步运动。这种回路的两液压缸能承受不同的负载，但泵的供油压力要大于两液压缸工作压力之和。

由于泄漏和制造误差等因素的影响，串联液压缸的同步精度较低。当活塞往复多次后，会产生严重的失调现象，为此要采取补偿措施。图7-39是两个单杆液压缸串联，并带有补偿装置的同步回路。液压缸1有杆腔A的有效面积与液压缸2无杆腔B的有效面积相等。在活塞下行的过程中，若液压缸1的活塞先运动到底，则触动行程开关1ST发出信号，使电磁铁1YA得电，此时压力油经过三位四通电磁换向阀6的右位、二位三通电磁阀3的右位、液控单向阀5向液压缸2的B腔补油，使液压缸2的活塞继续运动到底。若液压缸2的活塞先运动到底，则触动行程开关2ST，使电磁铁2YA得电，将液控单向阀5的控制油路与泵出口油路相通，同时液控单向阀5反向导通，使液压缸1的A腔油液通过液控单向阀5和二位三通电磁阀3流回油箱，液压缸1的活塞继续运动到底，对失调现象进行补偿。

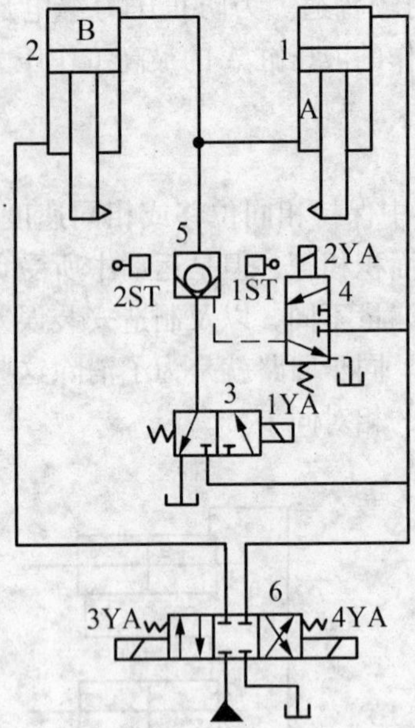

图 7 - 39　采用补偿措施的串联液压缸同步回路

1、2. 液压缸　3、4. 二位三通电磁换向阀

5. 液控单向阀　6. 三位四通电磁换向阀

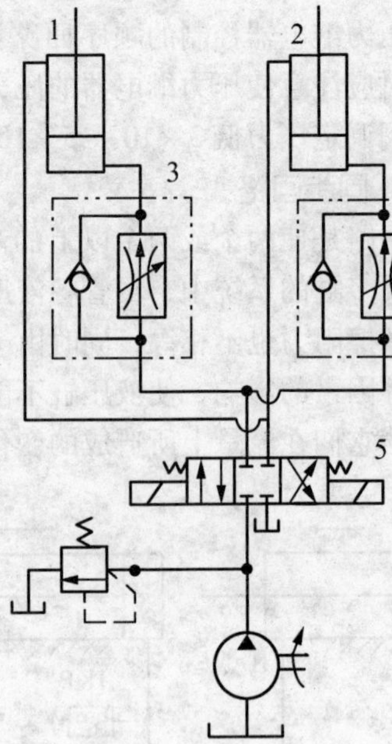

图 7 - 40　调速阀控制的同步回路

1、2. 液压缸　3、4. 单向调速阀

5. 三位四通电磁换向阀

2. 并联液压缸的同步回路

(1) 用调速阀控制：图 7 - 40 是调速阀控制的同步回路。此回路采用两个液压缸并联，分别在进油路或回油路上串联调速阀来调节缸的运动速度。当两液压缸有效面积相等时，则流量也调整为相同；若两缸面积不等时，则改变调速阀的流量，也能达到同步运动。

用调速阀控制的同步回路结构简单，并且可以调速，但是由于受到油温变化以及调速阀性能差异等影响，同步精度较低，一般为 5% ~7%。

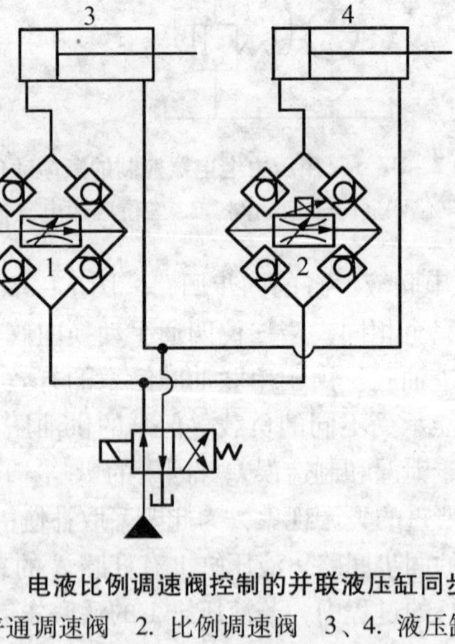

图 7 - 41　电液比例调速阀控制的并联液压缸同步回路

1. 普通调速阀　2. 比例调速阀　3、4. 液压缸

(2) 用电液比例调速阀控制：图 7 - 41 为用电液比例调速阀实现同步运动的回路。回路中使用了一个普通调速阀 1 和一个比例调速阀 2，它们装在由多个单向阀组成的桥式回路中，分别控制着液压缸 3 和液压缸 4 的运动。当两液压缸活塞出现位置误差时，检测装置就会发出电信号，调节比例调速阀的开度，使液压缸 4 的活塞与液压缸 3 活塞的运动同步。

这种回路的同步精度较高，位置精度可达0.5 mm，可满足大多数工作部件所要求的同步精度。若要求两液压缸的位置误差不超过0.05～0.2 mm，则可用电液伺服阀控制的同步回路。但伺服阀成本高，对环境适应性不如比例阀。大多数工作部件的同步控制都采用比例阀，利用比例阀实现同步控制已被认为是一个新的发展方向。

3. 多缸快慢速互不干扰回路　在一泵多缸的液压系统中，往往当其中一个液压缸快速运动时，会造成系统的压力下降，影响其他液压缸工作进给的稳定性。因此，在工作进给要求比较稳定的多缸液压系统中，必须采用快慢速互不干扰回路。

在图7－42所示的多缸快慢速互不干扰回路中，各液压缸分别要完成快进、工进和快退的循环工作。回路采用双泵供油系统，1为高压小流量泵，供给各缸工作进给所需的压力油；2为低压大流量泵，为各缸快进或快退时输送大流量油液，它们的压力分别由溢流阀3和4调定。

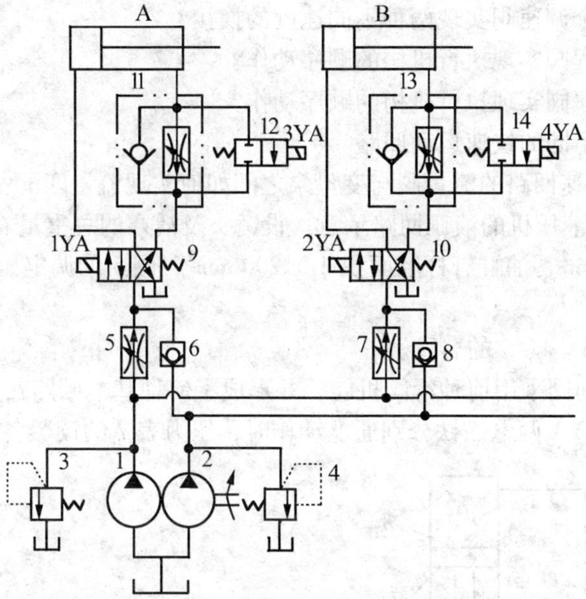

图7－42　多缸快慢速互不干扰回路

1. 高压小流量泵　2. 低压大流量泵　3、4. 溢流阀　5、7. 调速阀
6、8. 液控单向阀　9、10. 二位四通电磁换向阀　11、13. 单向调速阀
12、14. 二位二通电磁换向阀

当开始工作时，电磁阀1YA、2YA和3YA、4YA同时通电，液压泵2输出的压力油经单向阀6、8，换向阀9、10进入液压缸A和液压缸B的左腔，此时两泵供油使两缸活塞快进。当电磁铁3YA、4YA失电后，A、B两缸右腔油液经调速阀回到油箱，两缸活塞速度由快速转换成慢速，单向阀6、8关闭，工进所需压力油由液压泵1供给。假设其中某一液压缸（例如缸A）先转换成快速退回，即换向阀9失电换向，则泵2输出的油液经单向阀6、换向阀9和阀11中的单向阀进入液压缸A的右腔，左腔经换向阀9回油，使活塞快速退回。而其他液压缸仍由泵1供油，继续进行工作进给。这时，调速阀5（或7）使泵1仍然保持溢流阀3的调整压力，不受快退的影响，防止了相互干扰。两缸的工进速度

由单向调速阀 11、13 来调节，因此在回路中阀 11 和阀 13 的调整流量应小于调速阀 5 和调速阀 7 的调整流量。换向阀 12、14 分别控制 A、B 缸快速进给。这种回路可以用在具有多个工作部件且各部件分别运动的机床液压系统中。

思考与练习

1. 减压回路有何功用？
2. 在什么情况下需要应用保压回路？试绘出使用蓄能器的保压回路。
3. 卸荷回路的功用是什么？试绘出两种不同的卸荷回路。
4. 什么是平衡回路？平衡阀的调定压力如何确定？
5. 如何实现快慢速间的转换？
6. 如何利用两个调速阀实现两种不同速度的换接？
7. 如何使用行程阀实现执行机构的顺序动作？
8. 如何使用顺序阀实现执行机构的顺序动作？
9. 试绘出两种不同的快速运动回路。
10. 容积节流调速回路的流量阀与变量泵之间如何实现流量匹配？
11. 图 7-43 为液压机的液压回路示意。设锤头及活塞的总重量 $G=3\times10^3$ N，油缸无杆腔面积 $A_1=300\ \text{mm}^2$，油缸有杆腔面积 $A_2=200\ \text{mm}^2$，阀 5 的调定压力 $p=30$ MPa。试分析并回答以下问题：

（1）写出元件 3、4、5 的名称。

（2）系统中换向阀采用何种滑阀机能，并形成了何种基本回路？

（3）当 1YA、2YA 两电磁铁分别通电动作时，压力表 7 的读数各为多少？

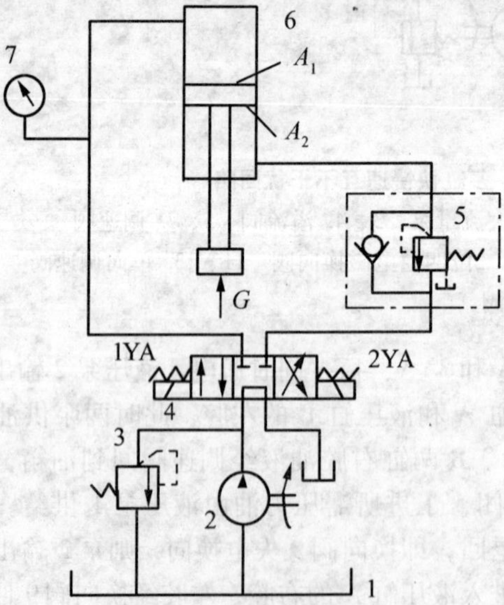

图 7-43 题 11

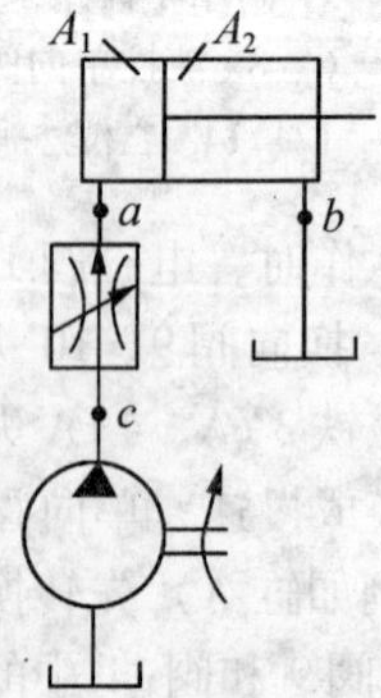

图 7-44 题 12

12. 图 7-44 中定量泵的输出流量 q_{v_p}、压力 p 为一定值，若改变泵出口处节流阀的开口大小，问活塞运动速度会不会发生变化？流过 a、b、c 三点处的流量各是多少？

13. 图7－45为实现“快进→一次工进→二次工进→快退→停止”动作的回路，一次工进速度比二次工进速度快，试列出电磁铁动作的顺序表。注：“＋”表示得电，“－”表示失电。

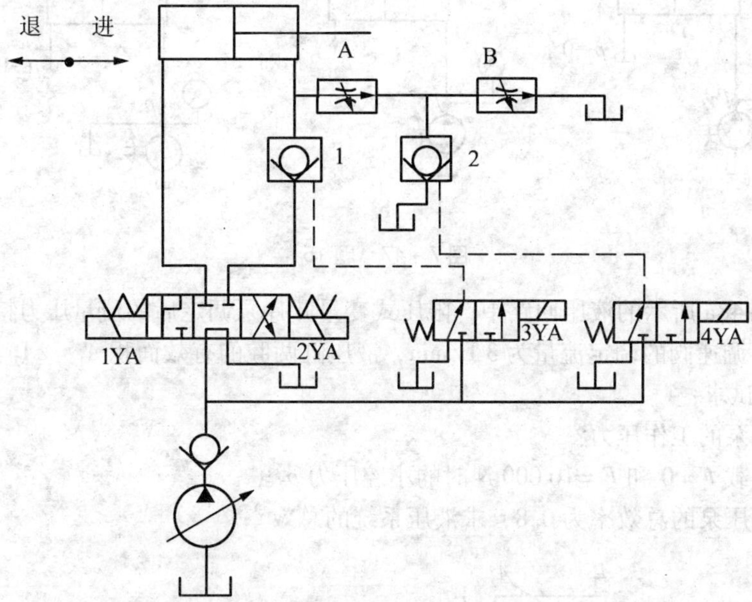

图7－45　题13

14. 图7－46所示的回路最多能实现几级调压？各溢流阀的调定压力 p_{y_1}、p_{y_2}、p_{y_3} 之间的大小关系如何？

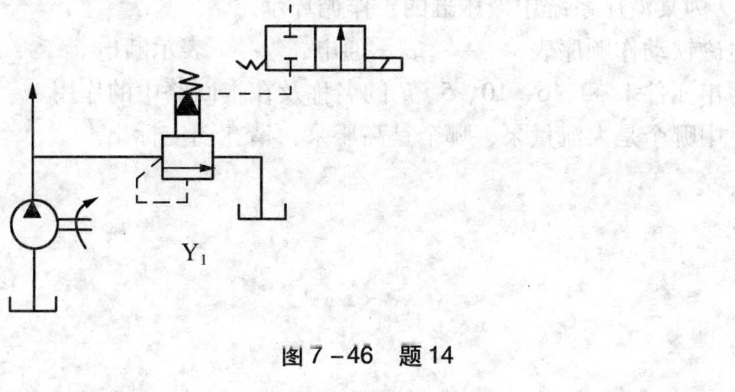

图7－46　题14

15. 图 7－47 所示的液压系统中，液压泵的铭牌参数为 $q=18$ L/min，$p=6.3$ MPa，设活塞直径 $D=90$ mm，活塞杆直径 $d=60$ mm，在不计压力损失且 $F=28\ 000$ N 时，试求各图示情况下压力表的指示压力。

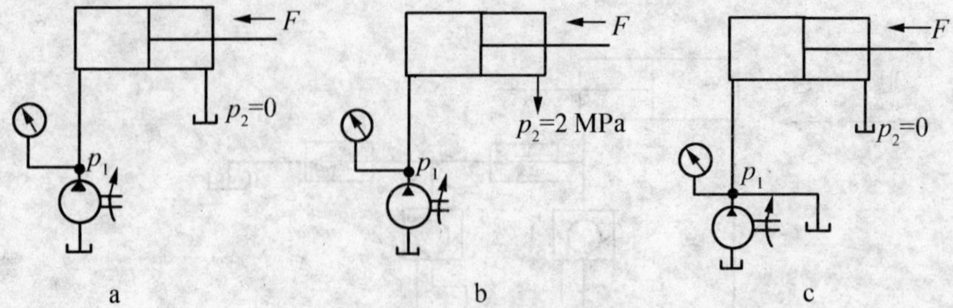

图 7－47 题 15

16. 图 7－48a 所示的液压回路中，限压式变量叶片泵调定后的流量压力特性曲线如图 7－48b 所示，调速阀的调定流量为 3 L/min，液压缸两腔的有效面积 $A_1=2A_2=60\ \text{cm}^2$，不计管路损失。试求：

（1）液压泵的工作压力？

（2）当负载 $F=0$ 和 $F=10\ 000$ N 时的小腔压力 p_2。

（3）设液压泵的总效率为 0.8，求液压系统的总效率。

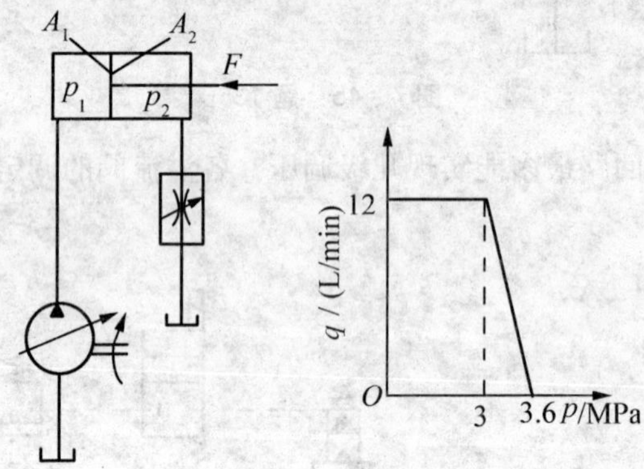

图 7－48 题 16

17. 图 7－49 为某液压系统中液压缸的工作循环示意。

（1）请填电磁铁动作顺序表，“＋”表示通电，“－”表示断电。

（2）分别写出元件 1、2、6、10、5、7 的名称及在本回路中的作用。

（3）元件 1 中哪个是大流量泵，哪个是高压泵？请在图上标出。

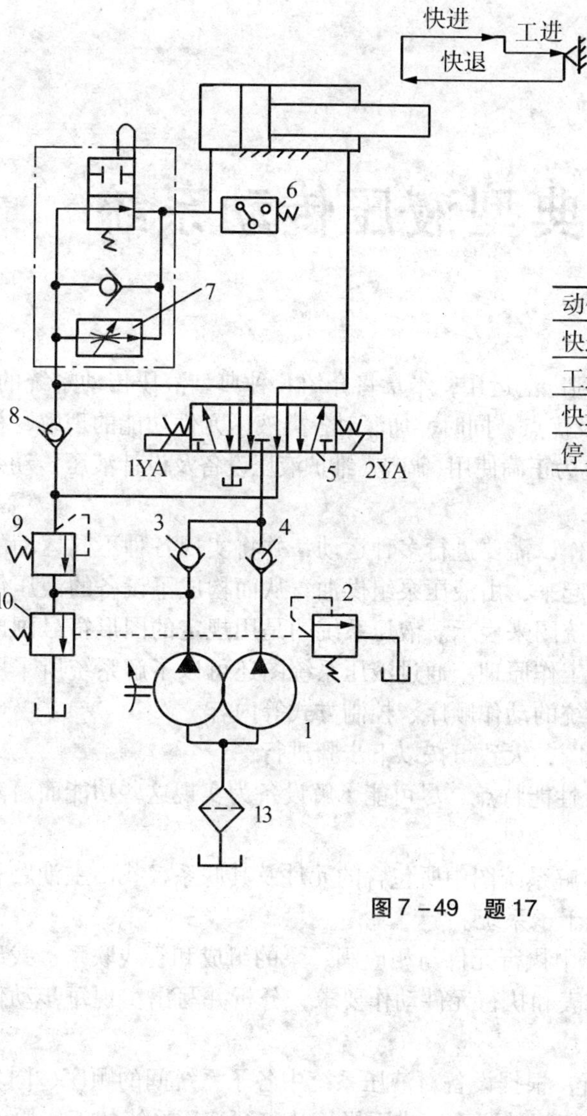

电磁铁和行程阀动作表

动作	1YA	2YA	行程阀
快进			
工进			
快退			
停止			

图 7-49　题 17

第 8 章　典型液压传动系统

液压传动系统在各种机械上得到广泛运用，本章将介绍几种典型液压传动系统的应用，借以说明液压传动系统的工作原理及优点。同时，加深对各类液压元件功能的理解，初步掌握分析较复杂液压传动系统的方法，为正确使用、调整、维护液压设备及设计液压传动系统打下理论基础。

一台液压设备要完成预定的工作，需要进行多种运动，并将实现各种不同运动的执行元件及其液压回路按一定方式连接起来，由液压泵组供油，从而构成了设备的液压传动系统，简称液压系统，一般用液压系统图来表示。液压系统图是用规定的图形符号画出系统的构成，以反映液压系统的连接和工作原理。通过液压系统图还可以了解系统所采用的液压元件类型、电动机规格、液压系统的动作顺序、控制方式等内容。

分析和阅读较复杂的液压系统图，大致可按以下步骤进行：

(1) 先了解液压设备的功用及性能特点，尽可能了解设备为实现这些功能而对液压系统和动作性能的要求。

(2) 初步分析整个系统图，了解系统图中所包含的元件及其联系，找出主油路和控制油路，并按执行元件将其划分为若干子系统。

(3) 分析子系统，理清子系统中执行元件与相应阀、泵的组成和管线联系；找出系统所含的基本回路；参照电磁铁动作表和执行元件动作要求，分析并写出实现每步动作的进油和回油路线。

(4) 将各子系统联系起来分析，根据设备对液压系统中各子系统间的顺序、同步、互锁、防干扰或联动等要求，分析它们间的联系，进而弄清楚整个液压系统的工作原理。

(5) 归纳总结液压系统的特点。把握设备的正常工作要领，从而加深对整个液压系统的理解。

8.1　组合机床动力滑台液压系统

8.1.1　概述

动力滑台是组合机床上实现进给运动的一种通用部件，分为机械动力滑台和液压动力滑台两种，其外形如图 8-1 所示。在滑台的台面上配有动力切削头、主轴箱，并与床身、中间底座等通用部件一起组成各种组合机床，其结构如图 8-2 所示。组合机床可完成钻、扩、铰、镗、铣、车、攻螺纹、刮端面等工序和工作台的转位、定位、输送等辅助动作。

液压动力滑台由液压缸驱动，它在电气和机械装置的配合下可实现各种自动工作循环。液压动力滑台有不同规格，但其液压系统的组成及工作原理基本相同。

图 8－1　液压动力滑台外形

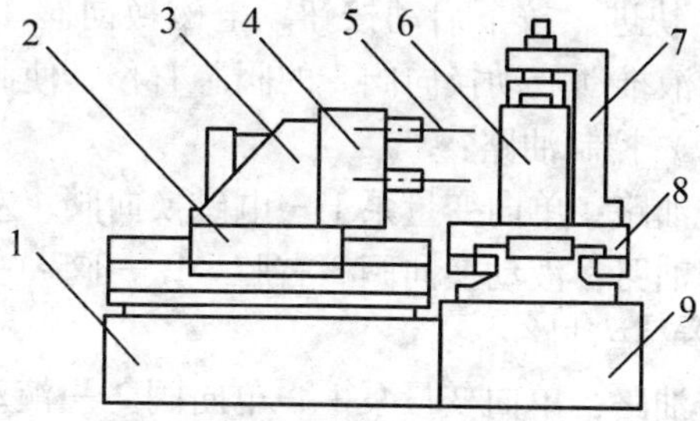

图 8－2　液压动力滑台的构成

1. 床身　2. 动力滑台　3. 动力头　4. 主轴箱
5. 刀具　6. 工件　7. 夹具　8. 工作台　9. 底座

8.1.2　动力滑台液压系统的工作原理

YT4543 型液压动力滑台液压系统是由限压式变量叶片泵、单杆活塞式液压缸及液压元件等组成，包括换向回路、差动快速运动回路、速度换接回路、二次进给回路、容积节流调速回路和卸荷回路等基本回路。此液压系统可实现快进、快退和慢速工进的运动要求，其最大进给力可达 45 kN，进给速度范围为 6.6～600 mm/min。该滑台工作循环是由固定在滑台侧面上的挡块直接压下行程阀换位，或碰触行程开关控制电磁换向阀的通电顺序实现的。所以分析液压滑台的系统图时要参阅电磁铁、压力继电器和行程阀动作顺序表（表 8－1）。

下面以 YT4543 型液压动力滑台的二次工作进给的自动循环为例来说明动力滑台液压系统的工作原理。图 8－3 为 YT4543 液压动力滑台液压控制系统的原理示意。

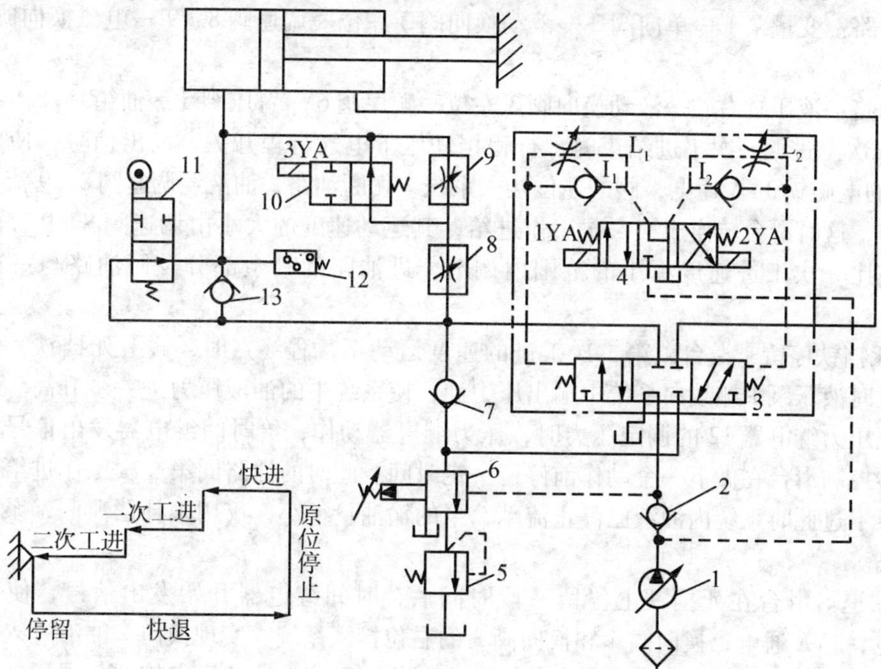

图 8－3　YT4543 动力滑台液压控制系统原理示意

1. 泵　2. 单向阀　3. 液动换向阀　4. 电磁换向阀　5. 背压阀　6. 液控顺序阀
7、13. 单向阀　8、9. 调速阀　10. 电磁换向阀　11. 行程阀　12. 压力继电器

1. 快进　按下启动按钮，电磁换向阀 4 的电磁铁 1YA 通电，使它的左位接入系统，控制油液推动液动换向阀 3 的阀芯右移，使阀 3 的左位接入系统工作。

（1）控制油路：

进油路：单向变量泵 1 →电磁换向阀 4 左位→I_1 →液动换向阀 3 左腔。

回油路：液动换向阀 3 右腔→I_2 →阀 4 左位→油箱。

（2）主油路：

进油路：单向变量泵 1 →单向阀 2 →液动换向阀 3 左位→行程阀 11 下腔→液压缸左腔。

回油路：液压缸右腔→液动换向阀 3 左位→单向阀 7 →行程阀 11 下腔→液压缸左腔。

因为滑台快进时不进行切削，其负载小，系统压力较低，此时液控顺序阀 6 关闭，液压缸形成了差动连接，所以滑台向左快速前进；单向阀 2 除用于阻止系统中的油液倒流、保护变量泵 1 外，还使控制油路中的油液具有一定的压力，以控制液动换向阀 3 的启动；控制油路中的节流阀可用于调节液动换向阀 3 的阀芯移动速度，从而调节该换向阀的换向快慢，减小换向冲击。

2. 一次工进　当滑台快进到预定位置时，行程挡铁压下行程阀 11，使其上位接入系统，切断快进油路，油液只能经调速阀 8、调速阀 9、电磁换向阀 10 进入液压缸左腔。因油液流经调速阀而使系统压力升高，液控顺序阀 6 被打开，液压缸右腔的油液经背压阀 5 流回油箱，滑台实现第一次工作进给，其运动速度的大小由调速阀 8、9 控制。因系统压力升高，限压式变量泵 1 的输出流量自动减小，以适应工作进给的要求。

进油路：变量泵 1 →单向阀 2 →液动换向阀 3 左位→调速阀 8、9 →电磁换向阀 10 →液压缸左腔。

回油路：液压缸右腔→液动换向阀 3 左位→顺序阀 6 →背压阀 5 →油箱。

3. 二次工进　一次工进结束时，行程挡铁压下电气行程开关，发出信号，使电磁换向阀 10 的电磁铁 3YA 通电，阀的左位接入系统，切断油路，油液经调速阀 8、9 流入液压缸的左腔，这时滑台转换成第二次工作进给，其运动速度的大小由调速阀 8、9 控制，但它只能在比一次工进速度更小的范围内调节，进油路的其余部分及回油路与一次工进相同。

4. 死挡铁停留　滑台以第二次工进的速度运动至行程终点时，碰上死挡铁，停止运动。而此时液压泵 1 继续向系统中输出压力油，使系统中的油液压力进一步升高。当油液压力升至压力继电器 12 的调定压力时，压力继电器动作，给时间继电器发出信号，由时间继电器控制滑台在做下一个动作前停留一定时间。此时的油路同第二次工作进给的油路一样，只不过此时系统内油液已停止流动，泵的输油量很小，仅用来补偿泄漏，系统处于保压状态。

5. 快退　滑台在死挡铁上停留一段时间后，时间继电器开始发出信号，使电磁铁 1YA 断电，2YA 通电，换向阀 4 和换向阀 3 的右位接入系统，实现换向，油液进入液压缸的右腔，使滑台快速退回。由于滑台退回时为空载，系统中油液压力较低，限压式单向变量泵 1 的输出流量又自动增至最大，而液压缸无杆腔与有杆腔的有效面积之比为 2∶1，因此，滑台能够以快进时相同的速度快速退回，当滑台快退至行程终点时，行程阀 11 松开，回油路开通。

（1）控制油路：

进油路：单向变量泵1→电磁换向阀4右位→I_2→液动换向阀3右位。

回油路：液动换向阀3左腔→I_1→电磁换向阀4右位→油箱。

（2）主油路：

进油路：单向变量泵1→单向阀2→液动换向阀3右位→液压缸右腔。

回油路：液压缸左腔→单向阀13→液动换向阀3右位→油箱。

6. 原位停止　当滑台快退至原位时，挡铁压下终点行程开关，发出信号，使电磁铁1YA、2YA和3YA断电，电磁换向阀4和液动换向阀3都处于中位，液压缸左右两腔的油路都切断，液压缸处于锁紧状态，滑台停止运动。此时变量泵1输出的油液经单向阀2和换向阀3流回油箱，系统处于卸荷状态。

表8-1　电磁铁的工作状态

<table>
<tr><th rowspan="2">动作名称</th><th rowspan="2">信号来源</th><th colspan="3">电磁铁工作状态</th><th colspan="5">液压元件工作状态</th></tr>
<tr><th>1YA</th><th>2YA</th><th>3YA</th><th>顺序阀6</th><th>换向阀4</th><th>换向阀3</th><th>电磁阀10</th><th>行程阀11</th></tr>
<tr><td>快进</td><td>启动按钮</td><td>+</td><td>−</td><td>−</td><td>关闭</td><td rowspan="4">左位</td><td rowspan="4">左位</td><td rowspan="2">右位</td><td>下位</td></tr>
<tr><td>一次工进</td><td>挡铁压下行程阀</td><td>+</td><td>−</td><td>−</td><td rowspan="3">打开</td><td rowspan="3">下位</td></tr>
<tr><td>二次工进</td><td>挡铁压下行程开关</td><td>+</td><td>−</td><td>+</td><td rowspan="3">左位</td></tr>
<tr><td>停留</td><td>滑台靠压在死挡铁处</td><td>+</td><td>−</td><td>+</td></tr>
<tr><td>快退</td><td>时间继电器发出信号</td><td>−</td><td>+</td><td>+</td><td rowspan="2">关闭</td><td>右位</td><td>右位</td><td rowspan="2">上位</td></tr>
<tr><td>原位停止</td><td>挡铁压下终点行程开关</td><td>−</td><td>−</td><td>−</td><td>中位</td><td>中位</td><td>右位</td></tr>
</table>

注：表中“+”表示电磁铁通电，“−”表示电磁铁断电。

8.1.3　液压系统的特点

（1）采用限压式变量叶片泵，其输油量能随系统压力的变化而自动调节，工进时没有溢流造成的功率损失，系统效率高。

（2）采用液动换向阀换向，提高了滑台的换向平稳性；换向阀的中位机能为M型，能在滑台原位停止时使系统卸荷，这种卸荷方式功率消耗最低。

（3）采用行程阀和顺序阀进行快进转工进的速度换接，动作平稳可靠，转换的位置精度比电气控制方式的高。

（4）采用了限压式变量泵与调速阀组成的容积节流调整回路，调速范围大，低速稳定性好，系统的效率高，减小了系统的发热；两调速阀串联的进油节流调速方式使启动和速度换接时的前冲量小；由于利用压力继电器自动控制，使液压缸不致出现过大压力；回油路上设置了背压阀，提高了运动平稳性，并使滑台能承受一定的负载。

（5）采用了限压式变量泵和差动连接实现快进，提高了快进速度和系统效率。

8.2　数控车床液压系统

8.2.1　概述

数控车床是靠数字化程序来实现各种加工动作的。在数控车床上进行车削加工时，其自动化程度高，能获得较高的加工质量。

目前，在数控车床上，大多都应用了液压传动技术。下面介绍 MJ—50 型数控车床的液压系统，图 8 -4 为该系统的原理示意。MJ—50 型数控车床卡盘的夹紧与松开、卡盘夹紧力的高低压转换、回转刀架的松开与固紧、刀架刀盘的正反转及尾座套筒的伸出与退回等都是由液压系统驱动的。液压系统中各电磁阀及电磁铁的动作都是由数控系统的 PC 控制实现的，各电磁铁动作见表 8 -2。

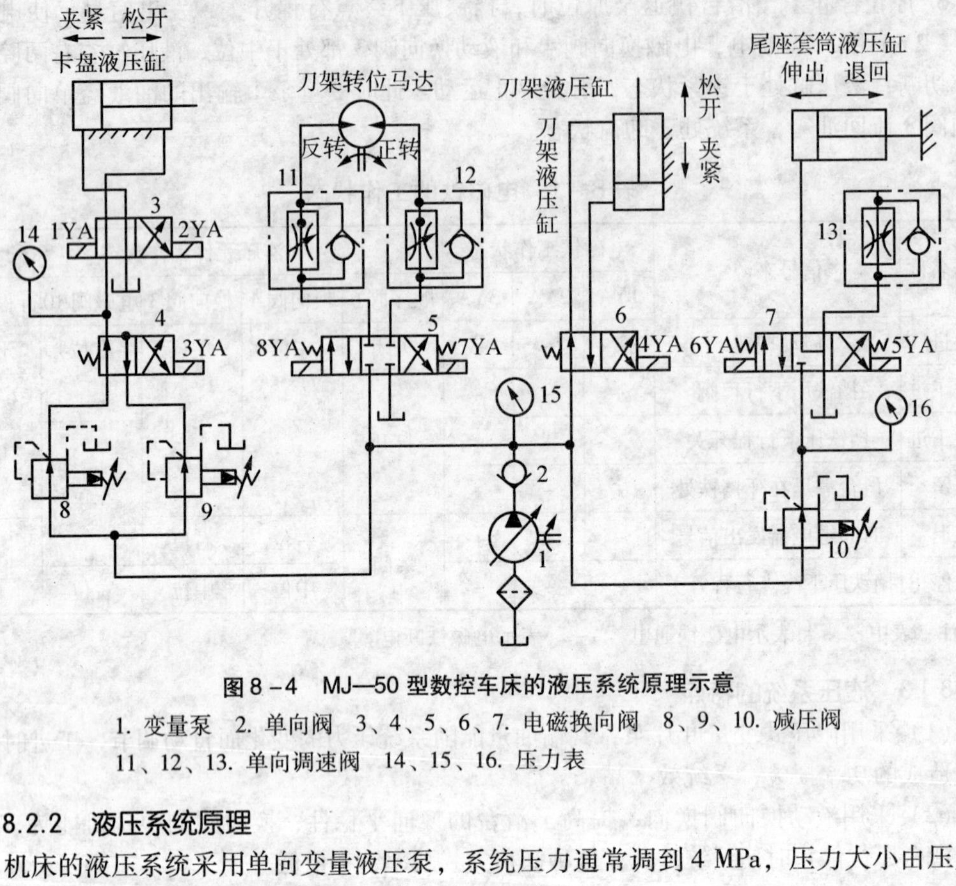

图 8 -4　MJ—50 型数控车床的液压系统原理示意

1. 变量泵　2. 单向阀　3、4、5、6、7. 电磁换向阀　8、9、10. 减压阀
11、12、13. 单向调速阀　14、15、16. 压力表

8.2.2　液压系统原理

机床的液压系统采用单向变量液压泵，系统压力通常调到 4 MPa，压力大小由压力表 15 显示。泵出口的压力油经过单向阀进入控制油路。

1. 卡盘动作的控制　主轴卡盘的夹紧与松开是由一个二位四通电磁换向阀 3 控制。卡盘的高压夹紧与低压夹紧的转换是由电磁换向阀 4 控制。当卡盘处于正卡（也称外卡）且在高压夹紧状态下，夹紧力的大小由减压阀 8 来调整，由压力表 14 来显示卡盘压力。系统压力油依次流经减压阀 8、电磁换向阀 4（左位）、电磁换向阀 3（左位），至液压缸右腔，使活塞杆左移，卡盘夹紧。这时液压缸左腔的油液经电磁换向阀 3（左位）直接回油箱。反之，系统压力油依次流经减压阀 8、电磁换向阀 4（右位）、电磁换向阀 3（右位），至液压缸左腔，使活塞杆右移，卡盘松开，这时液压缸右腔的油液经电磁换向阀 3（右位）直接回油箱。当卡盘处于正卡且在低压夹紧状态下，夹紧力的大小由减压阀 9 来调整。系统压力油流经减压阀 9、电磁换向阀 4（左位）、电磁换向阀 3（左位），至液压缸右腔，卡盘夹紧。反之，系统压力油流经减压阀 9、电磁换向阀 4（右位）、电磁换向阀 3

（右位），至液压缸左腔，卡盘松开。

2. 回转刀架动作的控制　回转刀架换刀时，首先是刀盘松开，接着刀盘就近转位到达指定的刀位，最后刀盘复位固紧。刀盘的固紧与松开由一个二位四通电磁换向阀6控制。刀盘的旋转有正转和反转两个方向，它由三位四通电磁换向阀5控制，其旋转速度分别由调速阀11和调速阀12控制。电磁换向阀6在右位时，刀盘松开，系统压力油经电磁换向阀5（左位）、调速阀11到液压马达，刀架正转。若系统压力油流经电磁换向阀5（右位）、调速阀12到液压马达，则刀架反转。电磁换向阀6在左位时，刀盘固紧。

3. 尾座套筒动作的控制　尾座套筒的伸出与退回由电磁换向阀7控制，套筒伸出时的预紧力大小通过减压阀10来调整，并由压力表16显示。系统压力油经减压阀10和电磁换向阀7（左位）到液压缸左腔，套筒伸出，这时液压缸右腔压力油经单向阀13和电磁换向阀7（左位）回到油箱。反之，系统压力油经减压阀10、电磁换向阀7（右位）、单向阀13到液压缸右腔，套筒退回，这时液压缸左腔的压力油经电磁换向阀7（右位）直接回油箱。

表8－2　电磁铁动作顺序

各种项目			电磁铁							
			1YA	2YA	3YA	4YA	5YA	6YA	7YA	8YA
卡盘正卡	高压	夹紧	+	−	−	−	−	−	−	−
		松开	−	+	−	−	−	−	−	−
	低压	夹紧	+	−	+	−	−	−	−	−
		松开	−	+	+	−	−	−	−	−
卡盘反卡	高压	夹紧	−	+	−	−	−	−	−	−
		松开	+	−	−	−	−	−	−	−
	低压	夹紧	−	+	+	−	−	−	−	−
		松开	+	−	+	−	−	−	−	−
刀架	正转		−	−	−	−	−	−	−	+
	反转		−	−	−	−	−	−	+	−
	松开		−	−	−	+	−	−	−	−
	夹紧		−	−	−	−	−	−	−	−
尾座	套筒伸出		−	−	−	−	−	+	−	−
	套筒退回		−	−	−	−	+	−	−	−

注：表中“＋”表示通电，“－”表示断电。

8.2.3　液压系统的特点

（1）采用单向变量液压泵向系统供油，能量损失小。

（2）用换向阀控制卡盘，实现高压和低压夹紧的转换，并且分别调节高压夹紧或低压夹紧压力的大小。这样可根据工件情况调节夹紧力，操作方便简单。

（3）用液压马达实现刀架的转位，可实现无级调速，并能控制刀架正、反转。

（4）用换向阀控制尾座套筒液压缸的换向，以实现套筒的伸出或缩回，并能调节尾座套筒伸出工作时预紧力的大小，以适应不同工作的需要。

（5）压力计14、15、16可分别显示系统相应部分的压力，便于故障诊断和调试。

8.3 汽车起重机液压系统

8.3.1 概述

汽车起重机作为一种工程机械，其起重负荷大，工作时能输出较大的力或力矩来适合工作要求，它的液压系统一般采用中高压系统。由于它是一种机动设备，并经常变换工作场所，为了能在有冲击、振动和温度变化较大的环境下正常工作，还要求液压系统有很高的安全可靠性。汽车起重机的执行机构完成的动作较简单，对位置精度要求不高，一般采用手动控制。

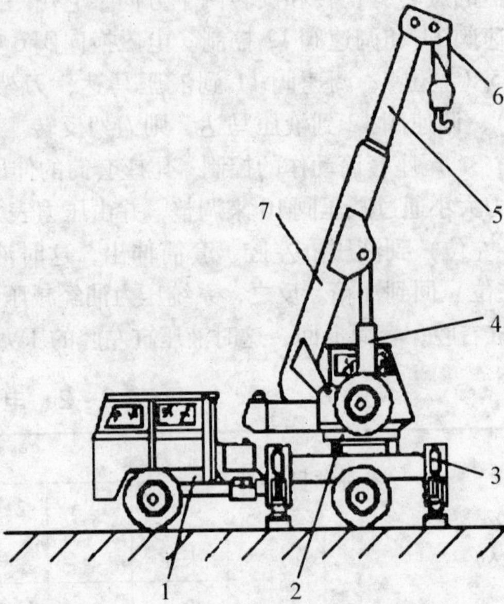

图8－5　Q2—8型汽车起重机的工作机构示意

1. 载重汽车　2. 回转机构　3. 支腿　4. 变幅机构　5. 吊臂伸缩机构　6. 起升机构　7. 基本臂

图8－5为Q2—8型汽车起重机的工作机构示意。其中支腿3使起重作业时汽车轮胎离开地面，架起整车，不使载荷压在轮胎上，并可调节整车的水平位置；回转机构2用于使吊臂回转；伸缩机构5用以改变吊臂的长度；变幅机构4用以改变吊臂的倾角；起升机构6可完成重物的升降。

整个工作机构均由液压系统控制，此液压系统包括换向回路、卸荷回路、调压回路、锁紧回路、平衡回路等基本回路。液压泵由汽车发动机通过装在汽车底盘变速箱上的取力器驱动，其工作压力为21 MPa，转速为1 500 r/min，排量为40 mL/min。主分配阀组是一个串联油路的多路换向阀，在不满载的情况下，可使一个执行元件单独动作，也可使几个串联执行元件同时动作。可回转的上车部分与下车盘的油路通过中心旋转接头连通。

8.3.2 液压系统运动分析

现分析Q2—8型汽车起重机的液压系统的工作原理，如图8－6所示。

该液压系统所要完成的动作顺序为放下支腿→调整吊臂长度→调整吊臂起落角度→起吊→回转→放下→收起支腿。表8－3为Q2—8型汽车起重机液压系统的工作情况。

1. 支腿收放　由于汽车轮胎的支撑能力有限，在起重作业时必须放下支腿承重，使汽车轮胎架空，作业完毕后必须收回支腿。

（1）放下后支腿：扳动换向阀5和8的手柄，使阀的左位接入系统，油液进入稳定器15下腔，在后支腿放下前先锁住后桥板簧；油液进入后支腿液压缸17的下腔，使后支腿放下。其油路如下：

进油路：液压泵1→换向阀5左位→换向阀4中位→换向阀8左位→液压锁16→后支腿液压缸17下腔。

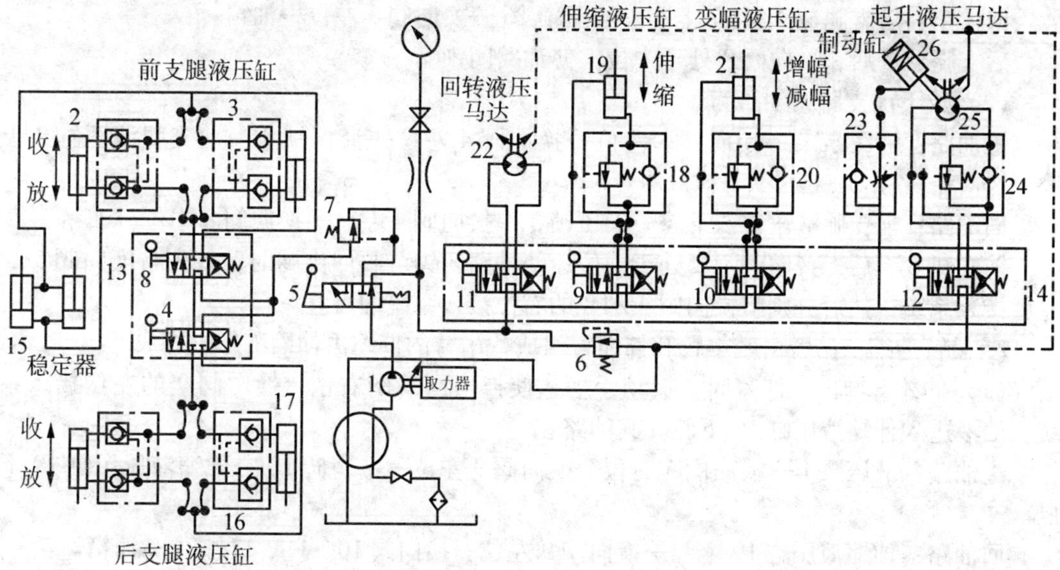

图 8-6　Q2—8 汽车起重机液压系统

1. 定量液压泵　2. 前支腿液压缸　3、16. 液压锁　4、5、8、9、10、11、12. 换向阀　6、7. 顺序阀　13. 支腿换向机构　14. 起吊换向机构　15. 稳定器　17. 后支腿液压缸　18、20、24. 平衡阀　19. 伸缩液压缸　21. 变幅液压缸　22. 回转液压缸　23. 单向节流阀　25. 升降马达　26. 制动器液压缸

表 8-3　Q2—8 型汽车起重机液压系统的工作情况

手动换向阀位置						系统工作情况						
8阀	4阀	11阀	9阀	10阀	12阀	前支腿液压缸	后支腿液压缸	回转液压马达	伸缩液压缸	变幅液压缸	起升液压马达	制动减压缸
左位	中位	中位	中位	中位	中位	伸出	不动	不动	不动	不动	不动	制动
右位						缩回						
中位	左位					不动	伸出					
	右位						缩回					
	中位	左位					不动	正转				
		右位						反转				
		中位	左位					不动	伸出			
			右位						缩回			
			中位	左位					不动	减幅		
				右位						增幅		
				中位	左位					不动	正转	松开
					右位						反转	

回油路：后支腿液压缸 17 上腔→液压锁 16 →换向阀 8 左位→油箱。

后支腿放下后，换向阀 8 处于中位，使油路闭锁。

（2）放下前支腿：油路为

进油路：液压泵 1 →换向阀 5 左位→换向阀 4 左位→液压锁 3 →前支腿液压缸 2 上腔。

回油路：前支腿液压缸 2 下腔→液压锁 3 →换向阀 4 左位→换向阀 8 中位→油箱。

前支腿放下后，换向阀 4 要处于中位，使油路闭锁。收回支腿时，首先将换向阀 5 的左腔接入系统，然后分别将换向阀 4 和 8 的右位接入系统即可。

2. 吊臂伸缩　吊臂由基本臂和伸缩臂组成，吊臂的伸缩由伸缩液压缸完成。

（1）伸缩臂伸出：伸臂时，扳动手柄，使换向阀 5 的右位、换向阀 9 的左位接入系统，油液进入伸缩液压缸 19 下腔。其油路：

进油路：液压泵 1 →换向阀 5 右位→换向阀 9 左位→平衡阀 18 →伸缩液压压缸 19 下腔。

回油路：伸缩液压缸 19 上腔→换向阀 9 左位→换向阀 10、11、12 中位→油箱。

（2）伸缩臂缩回：缩臂时，扳动手柄，使换向阀 5 和换向阀 9 的右位接入系统，平衡阀 18 的液控顺序阀打开，其油路：

进油路：液压泵 1 →换向阀 5 右位→换向阀 9 右位→伸缩液压缸 19 上腔。

回油路：伸缩液压缸 19 下腔→平衡阀 18 →换向阀 9 右位→换向阀 10、11、12 中位→油箱。

吊臂伸、缩到位后，换向阀 9 均应处于中位。

3. 吊臂变幅（调整吊臂的起落角度）　首先将换向阀 5 的右位接入系统，然后扳动换向阀 10 的手柄，分别使它的左位和右位接入系统，即可实现吊臂的增幅与减幅。

变幅进、出油路与伸缩时相似，这里不再叙述。增幅、减幅到位后，换向阀 10 都要回到中位。

4. 升降重物　重物的升降是由一个大转矩液压马达带动卷扬机实现的。液压马达的转速（起吊速度）通过改变汽车发动机的转速调节。由于液压马达的泄漏比液压缸大得多，当重物吊在空中时，尽管油路中设有平衡阀，仍有可能产生“溜车”现象。为此，在升降液压马达上设有制动缸，以便在液压马达停转时采用制动器将其锁住。

（1）起吊时，扳动手柄，使换向阀 5 的右位、12 的左位接入系统，油液经单向节流阀 23 进入制动器液压缸 26 下腔，制动器松开，同时，油液进入升降液压马达 25 左油口，液压马达正转，重物升起。油路如下：

进油路：液压泵 1 →换向阀 5 右位→换向阀 9、10、11 中位→换向阀 12 左位→平衡阀 24 →升降液压马达 25 左油口。

回油路：升降液压马达 25 右油口→换向阀 12 左位→油箱。

（2）放下重物时，扳动手柄，将换向阀 5 和 12 的右位接入系统，制动器松开，油液同时进入升降液压马达 25 的右油口，液压马达反转，重物放下。油路为：

进油路：液压泵 1 →换向阀 5 右位→换向阀 9、10、11 中位→换向阀 12 右位→升降液压马达 25 右油口。

回油路：升降液压马达 25 左油口→平衡阀 24 →换向阀 12 右位→油箱。

5. 回转 上车部分的回转是利用大转矩液压马达，通过齿轮、蜗轮减速箱和开式小齿轮（与轮盘上的内齿轮相啮合）来驱动转盘旋转而实现的。改变换向阀 11 阀芯的位置就可获得左转、右转和停止三种工况。由于转盘回转速度较低（一般为 1 ~ 3 r/min），故不设置液压马达制动回路。

8.3.3 液压系统的特点

（1）系统采用串联油路，结构简单；执行元件在不满载的情况下可任意组合，并同时动作。

（2）支腿的油路上设置了液压锁，可保证在起重作业或油管突然爆裂时，支腿不会自行缩回，同时可避免支腿收拢后自行下落。

（3）前、后支腿单独操作，互不影响，增强了对工作场地的适应性。

（4）在吊臂伸缩、变幅和起升机构的油路上设置了平衡阀，提高工作的平稳性和安全可靠性。

（5）升降机构的制动油路上设置单向顺序阀，可使制动时快，松开制动时慢，这样既保证了升降液压马达迅速制动，又避免了重物在半空中再次起吊时将液压马达拖动为反转而产生滑降现象。

（6）系统没有用于调速的节流阀，而各执行元件的速度是依靠换向阀的通、断及汽车发动机的变速来进行控制。

8.4 机械手液压传动系统

8.4.1 概述

机械手是模仿人的手部动作，按给定程序、轨迹和要求实现自动抓取、搬运和操作的自动装置。机械手在高温、高压、多粉尘、易燃、易爆、放射性等恶劣环境中，以及笨重、单调、频繁的操作中能代替人作业，因此获得日益广泛的应用。

机械手一般由执行机构、驱动系统、控制系统及检测装置三大部分组成，智能机械手还具有感觉系统等智能系统。驱动系统多数采用电、液（气）、机联合传动。

这里介绍的 JS01 工业机械手属于圆柱坐标式全液压驱动机械手，它具有手臂升降、伸缩、回转和手腕回转四个自由度。执行机构则由手部、手腕、手臂伸缩机构、手臂升降机构、手臂回转机构和回转定位装置等组成，每一部分均由液压缸驱动和控制。它完成的动作循环为：插定位销→手臂前伸→手指张开→手指夹紧抓料→手臂上升→手臂缩回→手腕回转 180°→拔定位销→手臂回转 95°→插定位销→手臂前伸→手臂中停（此时主机的夹头下降夹料）→手指松开（此时主机夹头夹着料上升）→手指闭合→手臂缩回→手臂下降→手腕回转复位→拔定位销→手臂回转复位→待料（泵卸载）。

8.4.2 JS01 工业机械手液压系统原理

JS01 工业机械手液压系统如图 8 - 7 所示。各执行机构的动作均由电控系统发出信号，控制相应的电磁换向阀按程序依次步进动作。表 8 - 4 为电磁铁动作顺序。

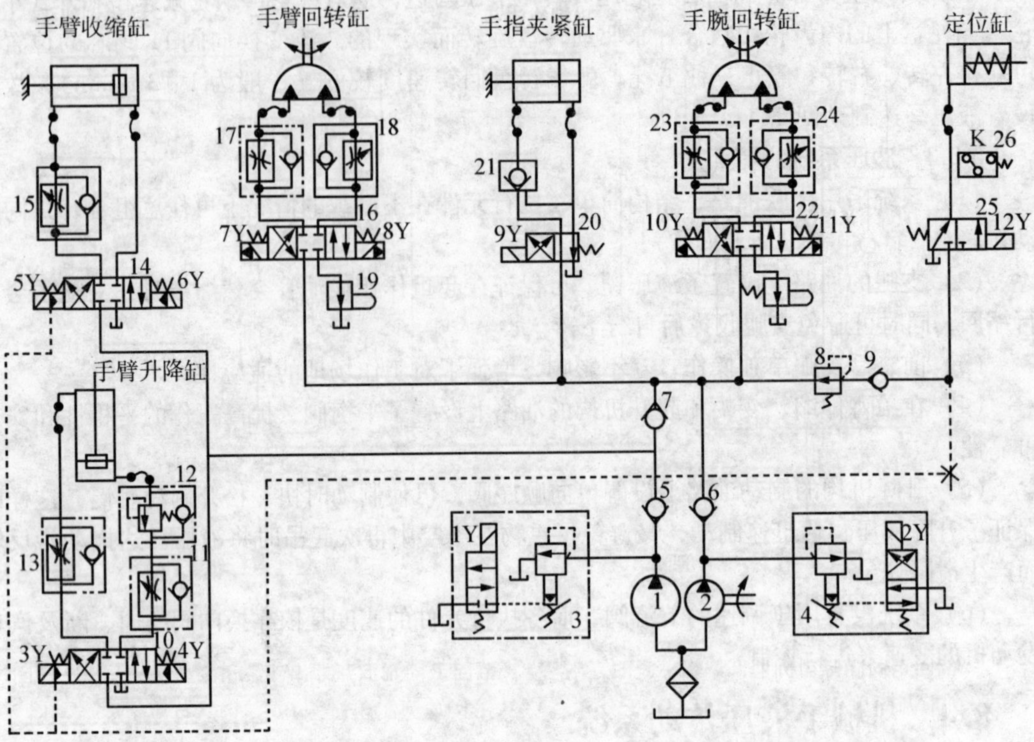

图 8－7　JS01 工业机械手液压系统

1. 大流量叶片泵　2. 小流量叶片泵　3、4. 溢流阀　5、6、7、9. 单向阀　8. 减压阀　10、14、16、22. 电液换向阀　11、13、15、17、18、23、24. 单向调速阀　12. 单向顺序阀　19. 行程节流阀　20、25. 电磁换向阀　21. 液控单向阀　26. 压力继电器

表 8－4　电磁铁动作顺序

动作顺序	1Y	2Y	3Y	4Y	5Y	6Y	7Y	8Y	9Y	10Y	11Y	12Y	K
插销定位	+	−	−	−	−	−	−	−	−	−	−	+	+ −
手臂前伸	−	−	−	−	+	−	−	−	−	−	−	+	+
手指张开	+	−	−	−	−	−	−	−	+	−	−	+	+
手指抓料	+	−	−	−	−	−	−	−	−	−	−	+	+
手臂上升	−	−	+	−	−	−	−	−	−	−	−	+	+
手臂缩回	−	−	−	−	−	+	−	−	−	−	−	+	+
手腕回转	+	−	−	−	−	−	−	−	−	+	−	+	+
拔定位销	+	−	−	−	−	−	−	−	−	−	−	−	−
手臂回转	+	−	−	−	−	−	+	−	−	−	−	−	−
插定位销	+	−	−	−	−	−	−	−	−	−	−	+	+ −
手臂前伸	−	−	−	−	+	−	−	−	−	−	−	+	+
手臂中停	−	−	−	−	−	−	−	−	−	−	−	+	+
手指张开	+	−	−	−	−	−	−	−	+	−	−	+	+

续表

动作顺序	1Y	2Y	3Y	4Y	5Y	6Y	7Y	8Y	9Y	10Y	11Y	12Y	K
手指闭合	+	−	−	−	−	−	−	−	−	−	−	+	+
手臂缩回	−	−	−	−	−	+	−	−	−	−	−	+	+
手臂下降	−	−	−	+	−	−	−	−	−	−	−	+	+
手腕反转	+	−	−	−	−	−	−	−	−	−	+	+	+
拔定位销	+	−	−	−	−	−	−	−	−	−	−	−	−
手臂反转	+	−	−	−	−	−	−	+	−	−	−	−	−
待料卸载	+	+	−	−	−	−	−	−	−	−	−	−	−

注：表中“＋”表示电磁阀通电，“－”表示电磁阀断电。

机械手的动作顺序如下：

1. 插销定位（4Y、12Y）　按下油泵启动按钮后，电磁铁1Y、2Y通电，双联叶片泵1、2同时供油，油液经溢流阀3和溢流阀4流回油箱，机械手处于待料卸荷状态。当棒料到达上料位置，启动程序动作。1Y通电，2Y断电，使泵1继续卸荷，而泵2不卸荷，同时12Y通电。

其油路如下：

进油路：泵2→单向阀6→减压阀8→单向阀9→电磁换向阀25（右）→定位缸左腔。

定位缸是单作用弹簧复位液压缸，没有回油路。此时，插销定位用以保证准确的初始位置。

2. 手臂前伸（5Y、12Y）　插销定位后，此支路系统压力升高，使压力继电器26发出信号，接通5Y，泵1和泵2中油液经相应的单向阀汇流到电液换向阀14左位，进入手臂伸缩缸右腔。其油路如下：

进油路：泵1→单向阀5→电液换向阀14（左）→手臂伸缩缸右腔。

泵2→单向阀6→单向阀7→电液换向阀14（左）→手臂伸缩缸右腔。

回油路：手臂伸缩缸左腔→单向调速阀15→电液换向阀14（左）→油箱。

3. 手指张开（1Y、9Y、12Y）　手臂前伸至适当位置，行程开关发出信号，电磁铁1Y、9Y通电，泵1卸载，泵2供油。其油路如下：

进油路：泵2→单向阀6→电磁换向阀20（左）→手指夹紧缸右腔。

回油路：手指夹紧缸左腔→液控单向阀21→电磁换向阀20（左）→油箱。

4. 手指抓料（1Y、12Y）　手指张开后，时间继电器延时，待棒料由送料机送到手指区域时，继电器发出信号使9Y断电，泵2的压力油通过电磁换向阀20的右位进入液压缸的左腔，使手指夹紧棒料。其油路如下：

进油路：泵2→单向阀6→电磁换向阀20（右）→液控单向阀21→手指夹紧缸左腔。

回油路：手指夹紧缸右腔→电磁换向阀20（右）→油箱。

5. 手臂上升（3Y、12Y）　当手指抓料后，手臂上升。此时，泵1和泵2同时供油到升降缸。其油路如下：

进油路：泵1→单向阀5→电液换向阀10（左）→单向调速阀11→单向顺序阀12→手臂升降缸下腔。

泵 2 →单向阀 6 →单向阀 7 →电液换向阀 10（右）→单向调速阀 13 →手臂升降缸下腔。

回油路：手臂升降缸上腔→单向调速阀 13 →电液换向阀 10（左）→油箱。

6. 手臂缩回（6Y、12Y） 手臂上升至预定位置，行程挡铁碰到行程开关，使 3Y 断电，电液换向阀 10 复位，6Y 通电。泵 1、2 一起供油至电液换向阀 14 右端，压力油通过单向调速阀 15 进入伸缩缸左腔，而右腔油液经电液换向阀 14 右端回油箱。

7. 手腕回转（1Y、10Y、12Y） 当手臂上的行程挡铁碰到行程开关时，使电磁铁 6Y 断电，电液换向阀 14 复位，1Y、10Y 通电。此时，泵 2 单独供油至电液换向阀 22 左端，通过单向调速阀 24 进入手腕回转油缸，使手腕回转 180°。

8. 手臂缩回(1Y) 当手腕上的行程挡铁碰到行程开关时，10Y、12Y 断电，电液换向阀 22、电磁换向阀 25 复位，定位缸油液经电磁换向阀 25 左端回油箱，由弹簧力拔出定位销。

9. 手臂回转（1Y、7Y） 定位缸支路无油压后，压力继电器 26 发出信号，接通 7Y。泵 2 的压力油经单向阀 6 至电液换向阀 16 左端，再经单向调速阀 18 至手臂回转缸，使手臂回转 95°。

10. 插定位销（1Y、12Y） 当手臂回转碰到行程开关时，7Y 断电，12Y 通电，插定位销时油路顺序同顺序 1。

11. 手臂前伸（5Y、12Y） 动作顺序同顺序 7。

12. 手臂回转（12Y） 当手臂前伸碰到行程开关后，5Y 断电，伸缩缸停止动作，确保手臂将棒料送到准确位置，“手臂中停”等待主机夹头夹紧棒料，夹头夹紧棒料后，时间继电器发出信号。

13. 手指张开（1Y、9Y、12Y） 接到时间继电器信号后，1Y、9Y 得电，手指张开动作同顺序 3，并启动时间继电器延时，主机夹头移走棒料后，时间继电器发出信号。

14. 手指闭合（1Y、12Y） 接到时间继电器信号后，9Y 断电，手指闭合油路顺序同顺序 4。

15. 手臂缩回（6Y、12Y） 当手指闭合后，1Y 断电，使泵 1 和泵 2 一起供油，同时 6Y 通电，其动作顺序同顺序 6。

16. 手臂下降（4Y、12Y） 手臂缩回碰到行程开关，6Y 断电，4Y 通电，此时，电液换向阀 10 处于右位，压力油经阀 10 和单向调速阀 13 进入升降缸上腔。主油路如下：

进油路：泵 1 →单向阀 5 →电液换向阀 10（右）→单向调速阀 13 →手臂升降缸上腔。

泵 2 →单向阀 6 →单向阀 7 →电液换向阀 10（右）→单向调速阀 13 →手臂升降缸上腔。

回油路：手臂升降缸下腔→单向顺序阀 12 →单向调速阀 11 →电液换向阀 10(右)→油箱。

17. 手臂反转（1Y，11Y，12Y） 当升降导套上的行程挡铁碰到行程开关时，4Y 断电，1Y、11Y 通电。泵 2 供油至电液换向阀 22 右端，压力油通过单向调速阀 23 进入手腕回转缸的另一腔，并使手腕反转 180°。

18. 拔定位销（1Y） 手腕反转碰到行程开关后，11Y、12Y 断电，动作顺序同顺序 8。

19. 手臂反转（1Y、8Y） 拔定位销，压力继电器发出信号，使 8Y 通电，电液换向阀 16 处于右位，压力油进入手臂回转缸的另一腔，手臂反转 95°，机械手复位。

20. 待料卸载（1Y、2Y） 手臂反转到位后，启动行程开关，8Y 断电，2Y 通电，此时，两油泵同时卸荷，机械手的动作循环结束，等待下一个循环。

机械手的运作也可由微机程序控制，与相关主机联为一体，其动作顺序基本相同。

8.4.3　JS01液压系统的特点

（1）系统采用了双联泵供油，额定压力为6.3 MPa，手臂升降及伸缩时由两个泵同时供油，流量为（35+18）L/min；手臂及手腕回转，手指松紧及定位缸工作时，只由小流量泵2供油，大流量泵1自动卸载。由于定位缸和控制油路所需压力较低，在定位缸支路上串联有减压阀8，使之获得1.5～1.8 MPa的稳定压力。

（2）手臂的伸缩和升降采用单杆双作用液压缸驱动，手臂的伸出和升降速度分别由单向调速阀15、13、11实现回油节流调速；手臂及手腕的回转由摆动液压缸驱动，其正、反向运动亦采用单向调速阀17和18、单向调速阀23和24回油节流调速。

（3）执行机构的定位和缓冲是机械手工作平稳可靠的关键。从提高生产率来说，希望机械手正常工作速度越快越好，但工作速度越高，启动和停止时的惯性力就越大，振动和冲击就越大，这不仅会影响到机械手的定位精度，严重时还会损伤机件。因此，为达到机械手定位精度和运动平稳性的要求，一般在定位前要采取缓冲措施。该机械手手臂伸出、手腕回转过程中由死挡铁定位保证精度，到达终点前发出信号切断油路，滑行缓冲。手臂缩回和手臂上升由行程开关适时发出信号，提前切断油路滑行缓冲并定位。此外，手臂伸缩缸和升降缸采用了电液换向阀换向以调节换向时间，亦增加缓冲效果。由于手臂的回转部分质量较大、转速较高、运动惯性矩较大，系统的手臂回转缸除采用单向调速阀回油节流调速外，还在回油路上安装行程节流阀19来进行减速缓冲，最后由定位缸插销定位，以满足定位精度的要求。

（4）为使手指夹紧缸夹紧工件后不受系统压力波动的影响，保证它能牢固地夹紧工件，采用了液控单向阀21的锁紧回路。

（5）手臂升降缸为立式液压缸，为支撑平衡手臂运动部件的自重，采用了单向顺序阀12的平衡回路。

思考与练习

1. 怎样阅读液压系统图？

2. 试用一个先导式溢流阀、一个调压阀和一个换向阀组成一个二级调压且能卸载的回路，绘出回路图并简述工作原理。

3. 如图8-8所示，此液压系统中泵的额定压力 $p_N = 2.5\times10^5$ Pa，流量 $q = 10$ L/min，溢流阀调定压力 $p_T = 1.8\times10^5$ Pa，两油缸活塞面积相等，有 $A_1 = A_2 = 30\ cm^2$，负载 $R_1 = 3\ 000$ N，$R_2 = 4\ 200$ N，其他忽略不计。试分析：

（1）液压泵启动后两个缸的速度 v_1，v_2 分别是多少？

（2）各缸的输出功率和泵的最大输出功率可达多少？

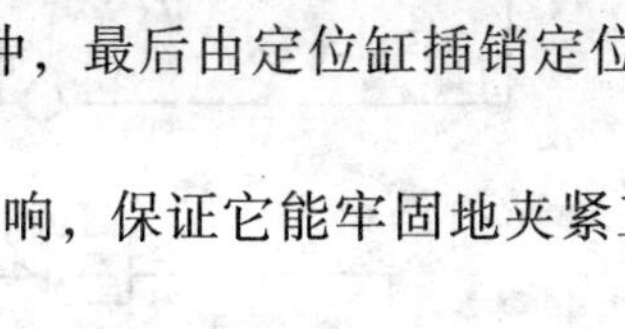

图8-8　题3

4. 汽车起重机液压系统由哪些基本回路组成？重点分析各种基本回路的特点。为什么在工程机械中主要采用手动换向阀？

5. 用所学的液压元件组成一个能完成“快进→一次工进→二次工进→快退”动作循环的液压系统，并画出电磁铁动作表，指出该系统的特点。

6. YT4543 型动力滑台液压系统是由哪些基本液压回路组成的？如何实现差动连接？采用死挡铁停留有何作用？

7. 根据图 8－9 及表 8－5，试分析该液压系统如何工作，并按其动作循环表中的提示进行分析，完成表格内容。

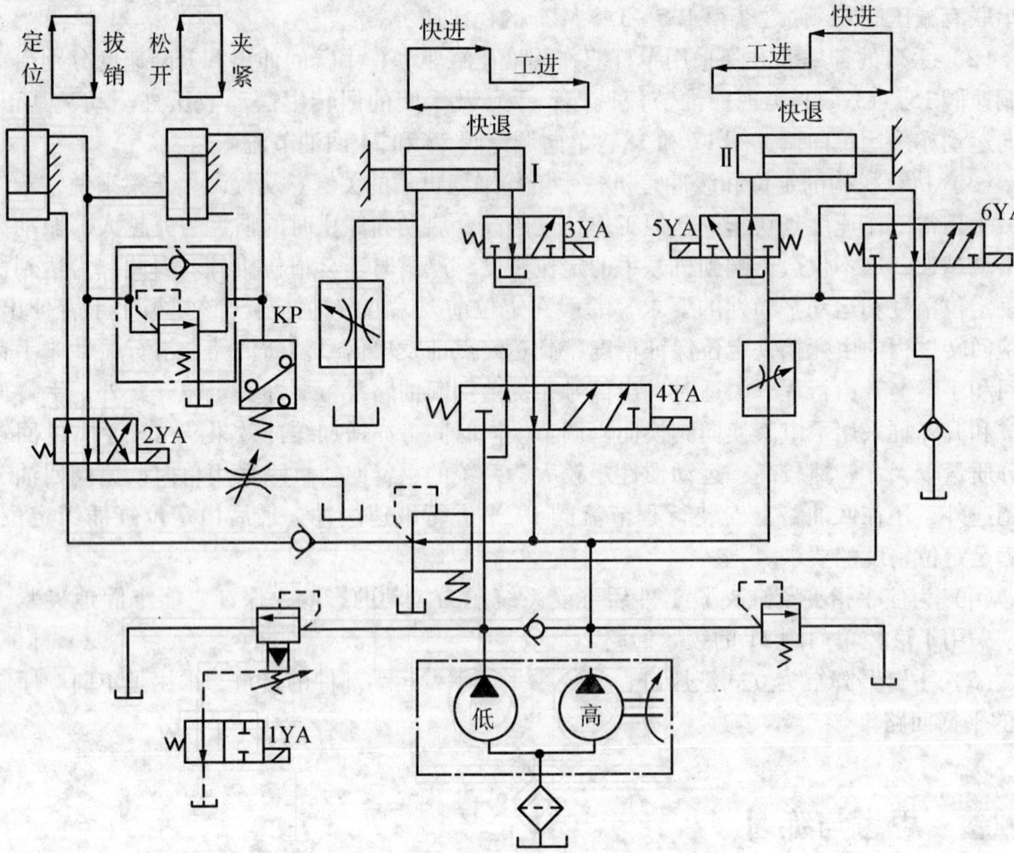

图 8－9 题 7

表 8－5 电气元件动作循环

动作名称	电气元件							附注
	1YA	2YA	3YA	4YA	5YA	6YA	KP	
定位夹紧								
快进								1. Ⅰ、Ⅱ两回路各自进行独立循环动作，互不制约
工进卸荷（低）								
快退								2. 4YA、6YA 中任何一个通电时，1YA 便通电；4YA、6YA 均断电时，1YA 才断电快进
松开按钮								
原位卸荷								

第9章　液压伺服系统

液压伺服系统是在液压传动原理的基础上，以液压力为驱动力，使系统的机械输出量，如位移、速度等，自动地、快速而准确地随输入量的变化而变化的自动控制系统。在这种系统中，执行元件的运动随控制机构信号的变化而变化，所以此系统又可称为随动系统或跟踪系统。此系统同时还对信号进行功率放大，属功率放大装置。

液压伺服系统是从液压技术中分出的一门新学科，该系统具有体积小、重量轻、驱动力大、响应快、伺服精度高及系统刚性好等特点。随着伺服液压元件及其系统等方面的理论日渐完善，液压伺服系统在机械、冶金、化工、航天等领域已得到广泛应用。

9.1　概述

9.1.1　液压伺服系统的工作原理

现以图9－1为例来探讨液压伺服系统的工作原理。

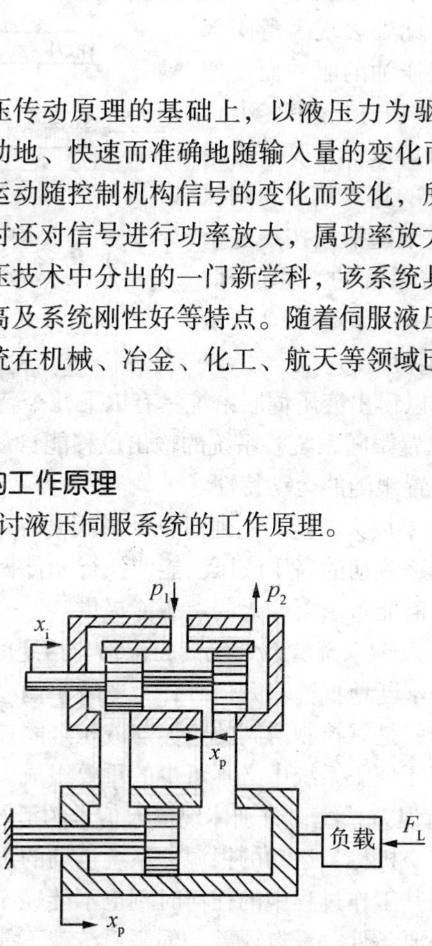

图9－1　液压伺服系统的形成

图9－1为某机液伺服系统的原理示意，此系统可看作是将一个滑阀和液压缸组合成一个整体，内部构成反馈通路，从而成为一个简单的液压伺服系统。

当用于控制的滑阀部分处于中位时，相当于没有信号输入，即 $x_i=0$，此时阀芯环肩堵住进入液压缸的两个油口，没有流量输入，缸体不动，相当于系统输出量 $x_p=0$（这里的输出量表现为整体能发生的位移），系统静止平衡。当给滑阀阀芯一个输入量 x_i（此处为滑阀阀芯向右的位移 x_i），此时滑阀环肩与进油口形成节流口（位移 x_y），高压油进入液压缸右腔，液压缸左腔通过另一个节流口回油，液压缸在不平衡的油液压力作用下带着整体产生向右位移，相当于系统产生输出量 x_p。因滑阀部分受输入端限制，所以其形成的进油节流口随着整体的位移而逐渐减小，表现在整体移动的速度和位移也在减小，直至 $x_i = x_p$ 时，滑阀的环肩重又堵住进入液压缸的油口，液压缸停止移动，系统在新的平衡下静止，相当于系统最终输出量为 $x_p = x_i$。当给滑阀一个相反的输入量（即反向位移 x_i）时，系统进入平衡的过程同前面所述。

分析表明：在该系统中，由于阀体与缸体是一个整体，构成闭环控制系统，所以输出位移 x_p 能精确复现输入位移 x_i 的变化；控制过程中，输出位移能通过内部反馈连接与输入相比较，得出位置偏差，此处表现为滑阀部分的节流口大小，并通过液压油的驱动而使偏差逐渐减小（即此处的节流口开口逐渐变小），直到输入与输出一致为止。所以，只要给出用于控制的滑阀部分某一规律的输入信号，则执行元件就会自动地、准确地跟随滑阀按照这个规律运动，这就是液压伺服系统的工作原理。其工作原理还可用方框图表示，如图 9－2 所示。

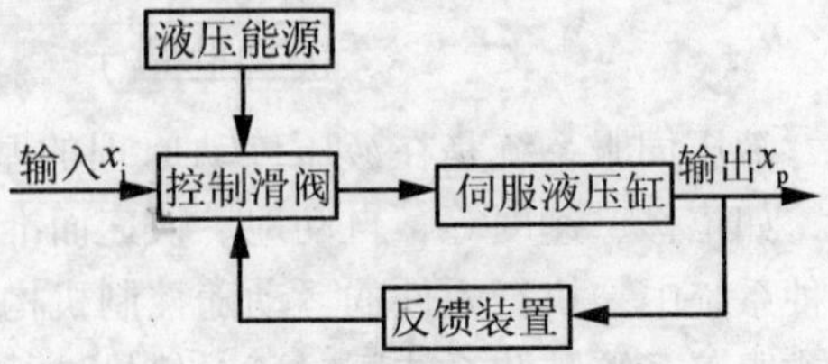

图 9－2 液压伺服系统工作原理

9.1.2 液压伺服系统的特点

经过上述分析，我们可以得出液压伺服系统具有以下几个特点：

（1）液压伺服系统是位置跟随系统。系统的输出位移能自动、准确地跟随并复现输入位移的变化规律，体现出位置跟随的运动特性。

（2）液压伺服系统是功率放大系统。它通过推动滑阀阀芯来给予的输入信号的功率较小，而系统经过内部反馈通路流动的高压液压油能使执行元件做出较大的功，从而带动较大的负载运动。功率放大所需能量由泵输入的液压能提供。

（3）液压伺服系统是负反馈系统。系统反馈的位移与给定的位移方向是相反的，即呈负号，控制过程中反馈信号不断地抵消输入信号，力图减小两者偏差，直到相同为止，这就是负反馈。液压伺服系统就是靠控制滑阀的阀体与液压缸固连为一整体来构成一个负反馈通路，其负反馈环节是液压伺服系统中必不可少的重要组成。

（4）液压伺服系统是有误差系统，分别体现输入信号的滑阀阀芯位移与输出量的执行元件的位移偏差是系统以某一机械量运动的根源，系统运动的过程就是内部经负反馈通路不断减小偏差的过程，但在其工作过程中的任何时刻也不能完全消除这个误差。所以，误差是液压伺服系统工作的必要条件，没有误差，伺服系统就不能工作。

9.1.3 液压伺服系统的组成及类型

1. 组成　液压伺服系统无论有多复杂，都可看成是由一些基本元件组成的。图 9－3 是一个典型的伺服系统组成框图，表明了系统中各元件位置和相互关系。从各部分的功能看，液压伺服系统主要由以下几部分组成：

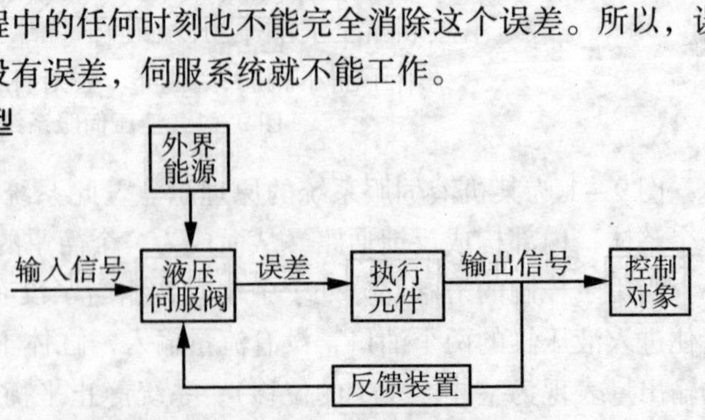

图 9－3 伺服系统的组成

(1) 外部能源：为了实现功率放大作用，需要外部提供能源。外部能源可以由机械、电气、液压或它们的组合形式来实现。

(2) 液压伺服阀：主要用于接收输入信号，控制执行元件动作等，它在系统中具有放大、比较等功能。常用的液压伺服阀有滑阀、射流管阀、喷嘴挡板阀等。

(3) 执行元件：用于接收伺服阀传来的信号，且产生与输入信号相适应的输出信号，并作用在控制对象上，如液压缸等。

(4) 反馈装置：用于将执行元件的输出信号反馈给伺服阀，以便消除原来的误差信号。它构成闭环控制系统。

(5) 控制对象：指操作对象的输出量，即系统的被调量或被控制量。如机床的工作台、刀架等的被调量。

2. 类型　液压伺服系统按不同的原则有多种分类方法，最常见的有以下三种类型：

(1) 按被控物理量的不同分类：分为位置控制系统、速度控制系统、力控制系统，及其他被控输出量控制系统。

(2) 按传递信号（指输入和偏差信号）的元件不同分类：①电液伺服系统：其传递信号的元件为电气元件；②机液伺服系统：其传递信号的元件是机械装置；③气液伺服系统：其传递信号的元件是气动元件。

(3) 按液压控制元件的不同分类：①阀控系统：它是利用节流原理（所以又称节流式），用液压伺服阀控制进入执行元件流量的系统，包括滑阀式、转阀式、喷嘴挡板式；②泵控系统：它是利用伺服变量泵改变泵排量的方法控制进入执行元件流量的系统，如变量泵控式（或容积式）。

以上三种分类方法是从液压伺服系统的不同角度考虑的，它们实际上可能指的是同一个系统，所以应将它们有机地联系起来评定。例如，某个液压伺服系统，它控制的物理量是被控对象的位置，传递信号的元件是电气元件，执行元件的速度和力由液压伺服阀来控制，则该系统可称为阀控式电液伺服位置控制系统。

9.2　液压伺服阀

液压伺服阀是液压伺服系统中机（或电）、液两部分之间的转换元件，它按照输出和输入信号之间的误差方向（符号）及大小，自动地改变输往执行元件的压力油的方向、流量和压力，从而对液压系统起着信号转换、功率放大及反馈控制等作用，对系统的工作性能影响很大，是液压伺服系统中最重要、最基本的组成部分。

从结构形式上分，液压伺服阀主要有滑阀、转阀、喷嘴挡板阀和射流管阀四种类型。其中，滑阀控制机能好，在液压伺服系统中应用最广泛。

9.2.1　滑阀

根据滑阀上控制边数（起控制作用的阀口数）的不同，可将其分为单边滑阀、双边滑阀和四边滑阀三种类型。如图9-4所示。

(1) 图9-4a为单边滑阀，它有一个控制边。控制边的开口量 x 控制了液压缸中的油液压力和流量，从而改变了液压缸运动的速度和方向。

(2) 图9-4b为双边滑阀，它有两个控制边。压力油一路进入液压缸左腔，另一路经

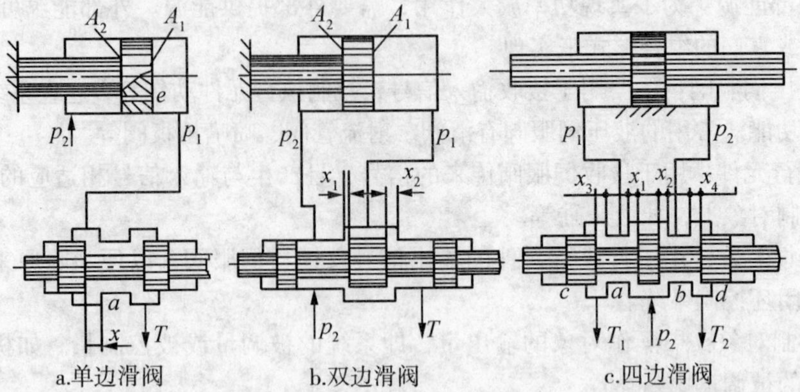

图 9-4　滑阀的三种形式

滑阀控制边 x_1 的开口与液压缸右腔相通，并经控制边 x_2 的开口流回油箱。当滑阀向右移动时，x_1 增大，x_2 减小；当滑阀向左移动时，x_1 减小，x_2 增大。这样就控制了液压缸右腔的回油阻力，因而改变了液压缸的运动速度和方向。

（3）图 9-4c 为四边滑阀，它有四个控制边。开口 x_1 和 x_2 是分别控制压力油进入液压缸左、右油腔的，x_3 和 x_4 是分别控制左、右油腔的油液通向油箱。当滑阀向右移动时，x_1 和 x_4 增大，x_2 和 x_3 减小；滑阀向左移动时，x_1 和 x_4 减小，x_2 和 x_3 增大。这样就控制了进入液压缸左、右腔的油液压力和流量，从而控制了液压缸的运动速度和方向。

由上可见，单边、双边和四边滑阀的控制作用是相同的。单边、双边滑阀控制式只用以控制单杆的液压缸；四边滑阀控制式可用来控制双杆的或单杆的液压缸，控制边数多时其控制质量好，但结构工艺性差。一般来说，四边滑阀用于精度和稳定性要求较高的系统，单边、双边滑阀则用于一般精度的系统。滑阀式伺服阀装配精度要求较高，价格也较贵，且对油液的污染也较敏感。

四边滑阀根据在平衡状态时阀口初始开口量的不同可以分为三种类型，如图 9-5 所示。

1）当阀芯上凸肩宽度大于阀体（或阀套）上凹槽宽度，即 $x_\delta<0$ 时，为负开口（图 9-5a）。这种阀在平衡位置处是关断阀口的，需向左或向右移动一小段距离后才能打开阀口。阀口打开以前，阀芯左右移动的区间叫做阀的重叠量。

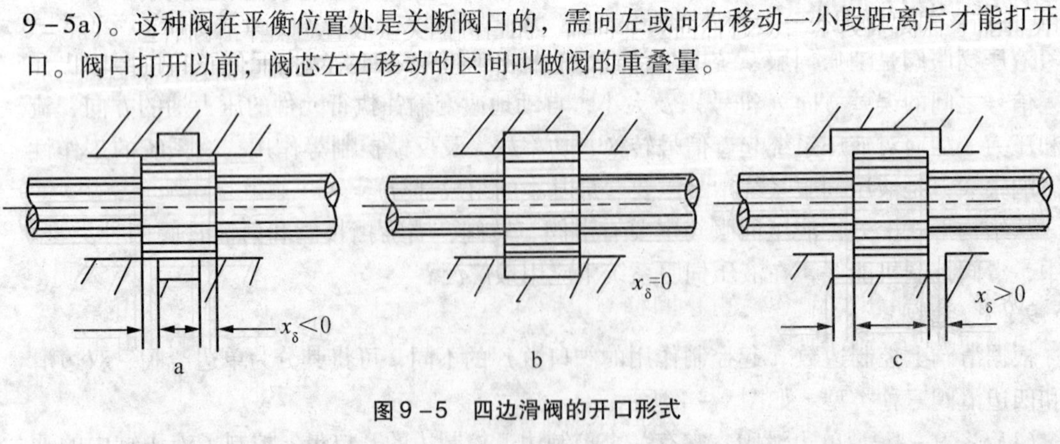

图 9-5　四边滑阀的开口形式

2）当阀芯上的凸肩和阀套上的凹槽宽度相等，即 $x_\delta=0$ 时，为零开口（图 9-5b）。在平衡位置处，理论上应是关断阀口，但稍一移动就打开阀口，没有重叠量。实际上，由于加工误差，阀口边缘处存在小圆角，因此在平衡位置处实际上是有微量开口的。近年来，由于解决了这种开口形式的加工工艺问题，此种阀正被广泛采用。

3）当阀芯上的凸肩宽度小于阀套上的凹槽宽度，即 $x_\delta>0$ 时，为正开口（图9－5c）。在平衡位置处，左右阀口都有油液通过并流向油箱，因而造成功率损耗。

另外，除了上面所述的阀芯作直线移动的滑阀外，还有一种阀芯作旋转运动的转阀，它的工作原理和上述滑阀是类似的。

9.2.2　喷嘴挡板阀

图9－6为单喷嘴挡板阀控制方式的工作原理。它由喷嘴、挡板和液压缸组成。液压泵来的压力油 p_p 中的一部分直接进入液压缸有杆腔，另一部分经过固定节流孔 a 进入中间油室，再通入液压缸的无杆腔，并有一部分经喷嘴与挡板间的间隙 δ 流回油箱。当输入信号使挡板的位置（δ）改变时，喷嘴与挡板间的节流阻力发生变化，中间油室及液压缸无杆腔的压力 p 亦发生变化，液压缸就产生相应的运动。

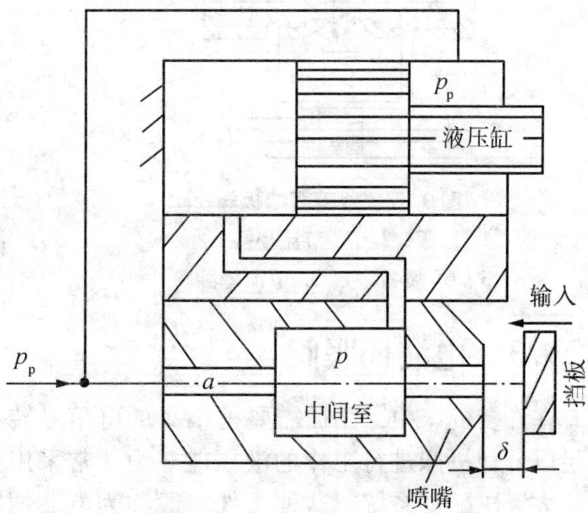

图9－6　单喷嘴挡板阀

图9－6为单喷嘴挡板式阀，双喷嘴挡板式阀的结构如图9－7所示，它的工作原理与单喷嘴挡板式阀相似。

喷嘴挡板式伺服阀的优点是结构简单、运动部分惯性小、位移小、反应快、精度和灵敏度高、加工要求不高，且没有径向不平衡力，不会发生“卡住”现象，因而工作较可靠。它的缺点是无功损耗大、喷嘴挡板间距离很小时抗污染能力差。此种阀一般宜在多级放大式伺服元件中作第一级（前置级）控制装置。

9.2.3　射流管阀

图9－8为一射流管控制方式的伺服阀。它由射流管、接受板和液压缸组成。射流管可绕垂直于图面的轴线向左或右摆动一个不大的角度。接受板上有两个并列着的接受孔道 a 和 b，把射流管端部锥形喷嘴中射出的压力油分别通向液压缸左、右两腔。当射流管处于两个接受孔道的中间位置时，两个接受孔道内油液的压力相等，液压缸不动；如有输入信号使射流管向左偏转一个很小的角度时，两个接受孔道内的压力不相等。当液压缸左腔的压力大于右腔时，液压缸便向左移动，直到跟着液压缸移动的接受板到达射流孔再次处于两接受孔道的中间位置时为止；反之亦然。可见，在这种伺服元件中，液压缸运动的方向取决于输入信号的方向，运动的速度取决于输入信号的大小。

射流管式控制的优点是结构简单，元件加工精度要求低；射流管出口处面积大，抗污染能力强；射流管上没有不平衡的径向力，不会产生“卡住”现象。它的缺点是射流管运动部分转动惯量较大，工作性能较差；射流能量损失大，零位无功损耗亦大，效率较低；供油压力高时容易引起振动，且沿射流管轴向有较大的轴向力。因此，这种伺服元件只适用于低压及功率较小的场合，如某些液压仿形机床的伺服系统等。

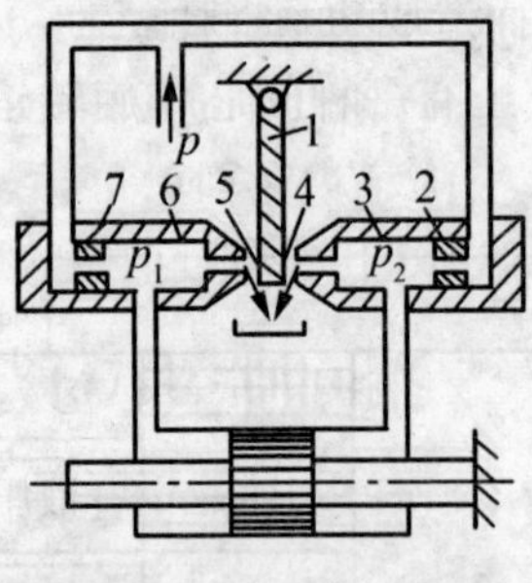

图 9-7 双喷嘴挡板阀

1. 挡板 2、7. 节流小孔

3、6. 喷嘴 4、5. 节流缝隙

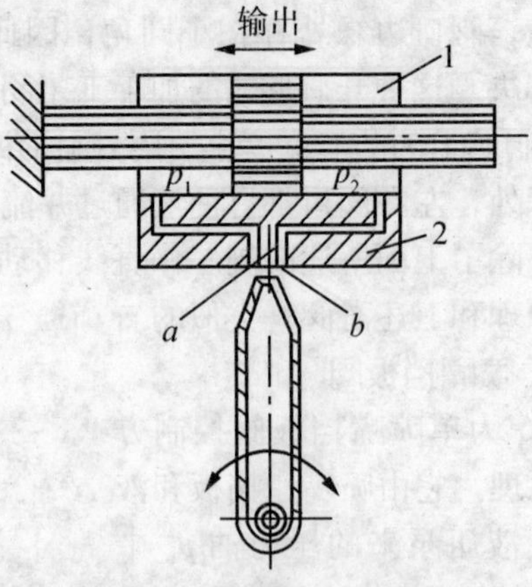

图 9-8 射流管式伺服阀

1. 液压缸 2. 接受板 3. 射流管

9.3 电液伺服阀

在许多机床中，往往需要把很小的电信号转变为足以带动机床进行工作的液压能，为此常采用两级放大液压随动系统。这种元件一般称为电液伺服阀，它可以同时发挥电气和液压两方面的优点。电液伺服阀的工作原理如图 9-9 所示。它是由力矩马达、喷嘴挡板式液压前置放大级和四边滑阀式功率放大级等三大部分组成。现分述如下：

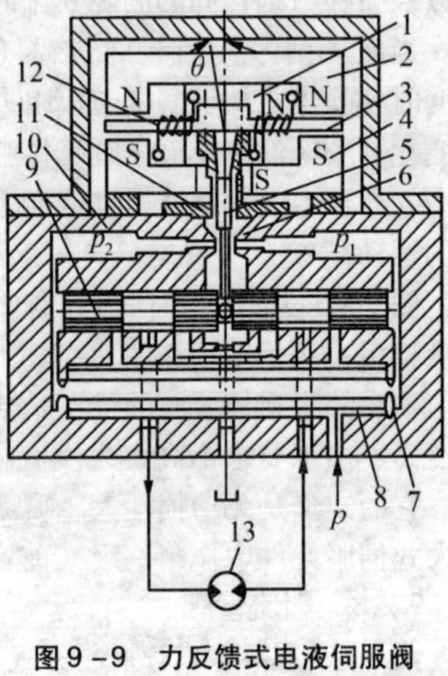

图 9-9 力反馈式电液伺服阀

1. 永久磁铁 2、4. 导磁体 3. 衔铁

5. 挡板 6. 喷嘴 7. 固定节流口

8. 滤油器 9. 滑阀芯 10. 阀体

11. 弹簧管 12. 线圈 13. 液压马达

1. 力矩马达 力矩马达由永久磁铁 1、两块导磁体 2 和 4、线圈 12、衔铁 3 和扭转轴组成。它把输入的电信号转变为力矩，使衔铁连同控制挡板 5 产生偏转动作。

工作原理：永久磁铁将两块导磁体磁化为 N 极和 S 极。控制信号使线圈 12 通电，衔铁 3 被磁化。如果通入的电流使衔铁上端为 N 极，下端为 S 极，则异性相吸，衔铁便顺时针偏转一个角度 θ。在衔铁偏转的同时，使支撑它的扭转轴扭转变形，产生一反向力矩并作用在衔铁上。因此，在一定电流作用下，衔铁就偏转一定的角度，并处于平衡状态。电流越大，衔铁偏转的角度就越大。

2. 前置放大级 前置放大级由挡板 5、喷嘴 6、固定节流孔 7 组成。它的作用是把力放大。力矩马达使衔铁偏转，同时带动挡板 5 偏转，这样力矩马达输出的力矩就变成挡板位移。当挡板偏离中间对称位置后，喷嘴腔内的油液压力 p_1、p_2 发生变化。若衔铁带动挡板逆时针偏转时，挡板的节流间隙右侧减小、左侧增大，于是油压 p_1 上升、p_2 下降，在压力差的作用下推动滑阀芯 9 向左移动。

3. 功率放大级　功率放大级由滑阀芯9、阀体10、反馈弹簧管等组成。滑阀芯9的位置由反馈弹簧管下端小球的位置所决定。当力矩马达线圈中没有电流输入时，滑阀芯处于中间对称位置。当电流使衔铁连同挡板逆时针偏转 θ 角时，滑阀芯9在压差作用下向左移动，压力油从滑阀左边阀口进入液压马达13，回油经滑阀右侧通道，经中间空腔流回油箱，使液压马达13旋转。滑阀芯向左移动的同时，带动反馈弹簧管下端小球左移，弹簧管上端受到电磁力矩作用，下端受到滑阀芯推力作用，产生弯曲形变。弹簧变形产生反作用力，一方面阻止滑阀芯继续向左移动，另一方面使挡板偏移量减小，起到反馈的作用，这种反馈形式叫做力反馈。当这种反馈作用使挡板又恢复到中位时，滑阀芯受力平衡而停在一个新的位置不动，并有相应的流量输出。

力反馈式电液伺服阀的工作原理可用图9－10表示。

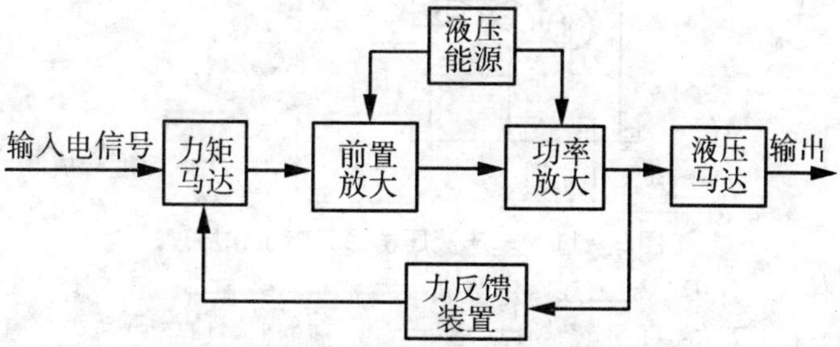

图9－10　力反馈式电液伺服阀工作原理

另外，电液伺服阀在机床中多用于闭环程序控制系统，电液伺服阀接到输入信号后，输出压力油供给执行环节（液压缸或液压马达），带动工作环节（工作台或刀架）运动。工作环节的位移量由检测装置如光栅、磁尺等转变为电信号，经反馈并与输入信号比较，将所得误差放大，再输入到伺服阀。如此循环不断地进行，直到加工结束为止。

9.4　液压伺服系统实例

9.4.1　机液伺服系统

在液压伺服系统中，不用电气元件，而用机械零件和液压元件完成信号转换的系统称为机液伺服控制系统。

与电液伺服系统相比，机液伺服系统的结构简单、工作可靠、使用维修方便，但系统增益全由机械部件的结构参数决定（如活塞面积，流量增益等），这些参数不可调，致使系统增益不能调。由于系统增益和系统的稳定性及系统工作精度关系很大，因此总希望增益可调。另外，反馈元件和比较元件等都是机械零件，其配合部位在传动过程中会产生间隙及磨损，所以不可避免地总会有空回现象，从而产生死区或不稳定现象。机构零件受力后总会有弹性变形，如果零件刚度不够，也将影响系统的动态特性。因此机液伺服系统多用在精度较低和频带不宽的场合，如操纵飞机舵机及车辆转向机构的助力器等。这时输入信号是人的动作，所以机液伺服系统的频率不能高过人的反应能力很多。大部分机液伺服系统都是以滑阀为控制元件，以液压缸或液压马达作执行元件，再加上机械反馈将输出量与输入量比较来组成闭环回路，它主要用来进行位置控制。液压仿形刀架的液压控制系统多为机液伺服系统，此外大型机床的操纵机构为了省力也采用机液伺服系统。下面以车床液压仿形刀架为例来探讨机液伺服系统的运用。

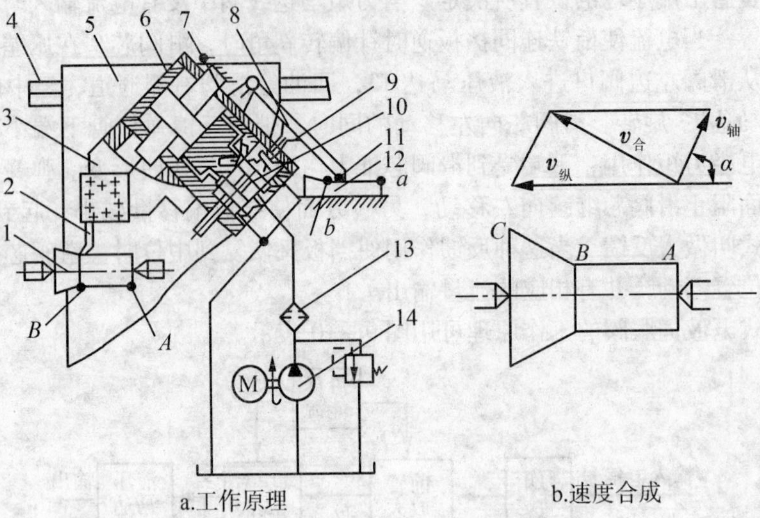

图 9－11 车床液压仿形刀架工作原理

1. 工件 2. 车刀 3. 刀架 4. 导轨 5. 溜板 6. 缸体 7. 阀体 8. 丝杆 9. 杆 10. 阀芯 11. 触销 12. 样件 13. 滤油器 14. 液压泵

1. 车床液压仿形刀架的工作原理（图 9－11a） 开机前，仿形刀架组合体处在最后位置，伺服阀阀芯在其尾部弹簧作用下使阀信号输入、信号输出对应的位置开口差最大，且输入口开度最大。此时，若启动液压泵，因有大开口输入，流量很大，所以刀架组合体快速向前运动。在触销 11 尚未接触样件 12 时，阀芯与阀体一起运动，阀控制开口大小不变；当触销接触样件后，阀芯的运动受到限制而不再前移，阀体 7 继续前移，输出开口渐增大，输入开口渐减小，刀架组合体向前运动的速度随之降低，实现了由快进到工进的速度转换。

当输入与输出开口相等时，伺服阀处于零位，两控制开口的节流压降相等，液压缸停止运动。在该系统中，由于阀体与液压缸缸体连在一起，使刀具的位移量直接反馈给伺服阀，因而液压缸缸体（或刀具）将完全跟随阀芯（或触销）运动，实现仿形。开动机床纵向进给开关，溜板 5 带着刀架组合体纵向进给，触销 11 沿样件 12 表面运动，刀架上的刀具便可车削出与样件轮廓相同的工件。

车削圆柱面时，溜板 5 沿机床导轨 4 纵向进给，使杠杆的触头沿样件的 *ab* 段水平滑动，此时伺服阀的阀口不打开，没有油液进入液压缸，整个仿形刀架只跟随溜板一起纵向移动，从而带动车刀在工件上车削出与样件对应的 *AB* 段圆柱面。

车圆锥面时，触销 11 沿样件 12 的圆锥段滑动，使杠杆向上偏摆，从而带动阀芯上移，打开阀口，压力油进入液压缸上腔，推动缸体连同阀体和刀架轴向后退，阀体后退又逐渐使阀口关小，直至关闭为止。在溜板不断作纵向运动的同时，触销在样板的圆锥段上不断抬起，刀架也就不断地作轴向后退运动，这两种运动的合成就使刀具在工件上车出 *BC* 段圆锥面。如图 9－11b 所示。

车床仿形刀架液压系统的职能示意如图 9－12 所示。在该系统，触销充当了比例元件，并将样件高度变化量缩小后传给阀芯；系统中没有专门的反馈元件，而采用了机械式直接反馈，反馈量与系统输出量相同。这里，y是样件高度变化量（或触销顶尖位移量）；S_1是阀芯位移量，$S_1=ay/(a+b)$；S_2是阀体、刀具、缸体位移量；e是阀口开启度变化量，这里$e=S_1-S_2$；Q是伺服阀输出流量。

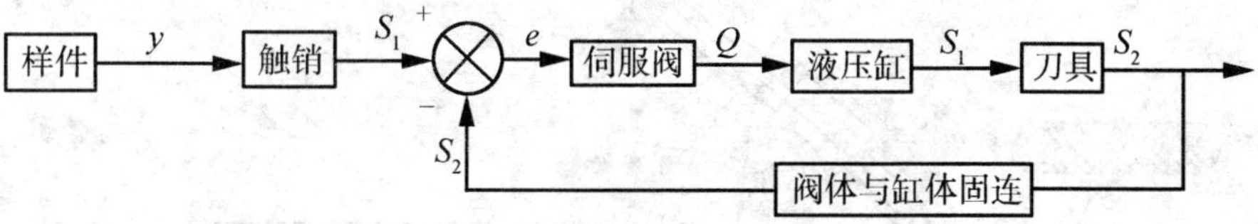

图9-12　仿形刀架职能示意

当仿形刀架与纵向进给机构配合运动时，就能车出与靠模相似的零件。实质上车刀的运动是溜板纵向进给运动和刀架相对溜板的仿形运动的合成运动。其他曲面形状或凸肩也都是这样通过合成切削来形成的。如图9-11b所示，此图中的速度$v_{纵}$、$v_{轴}$、$v_{合}$分别表示溜板带动刀架的纵向运动速度、刀具沿液压缸轴向的运动速度和刀具的实际合成速度。

因此，为了能车削90°台阶，刀架常需斜放一个角度α（一般为45°~60°）。仿形刀架的加工精度一般在0.05~0.10 mm，表面粗糙度Ra值为6.3~25 μm。仿形刀架能方便地加工旋转曲面，因此被大量地应用于车削轴类零件。由于自动化程度高，劳动强度减轻，所以在汽车、拖拉机、机床、电动机等制造业中得到了广泛的应用。

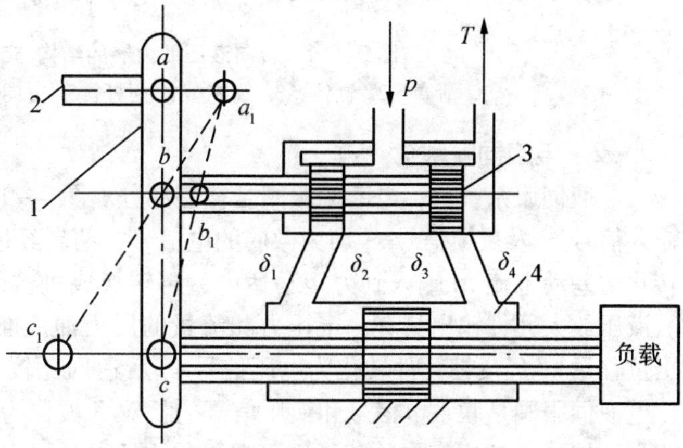

图9-13　机液伺服系统

1. 差动杆　2. 操纵杆　3. 随动滑阀　4. 液压缸

2. 液压助力器　如图9-13所示，该机液伺服系统是借助液压助力器实现的。若差动杆上端从a移到a_1点，液压缸中负载由于阻力大而暂时不移动，因而差动杆上的b点就以c点为支点向右移到b_1点，于是带动滑阀右移，阀口δ_1和δ_3增大，而δ_2和δ_4减小，从而导致液压油进入液压缸右腔，使活塞向左移动，同时也使滑阀阀芯向左移动，直到b_1点又回到b点，各阀口δ_1、δ_2、δ_3、δ_4又回到原来的平衡开度，这时差动杆上的c点移动到c_1，系统在新的平衡点上稳定下来。

3. 汽车转向液压助力器　汽车转向液压助力器的工作原理和液压助力器的工作原理类似。图9-14是转向液压助力器的结构与工作原理，它主要由液压缸和控制滑阀两部分组成。液压缸活塞1的右端通过轴销固定在汽车底盘上，液压缸体2和控制滑阀阀体连在一起形成负反馈，由方向盘5通过摆杆4控制滑阀阀芯的移动。当缸体2前、后移动时，通过转向连杆6控制车轮偏转。当阀芯3处于图示位置时，各阀口均关闭，缸体2固定不动，汽车保持直线运动。由于控制滑阀采用负开口的形式，可以防止引起不必要的扰动。

假设旋转方向盘，使阀芯 3 向右移动时，则液压缸中压力 p_1 减小、p_2 增大，缸体也向右移动，带动转向连杆 6 逆时针方向摆动，使车轮向左偏转，实现左转弯；反之，缸体若向左移就可实现右转弯。

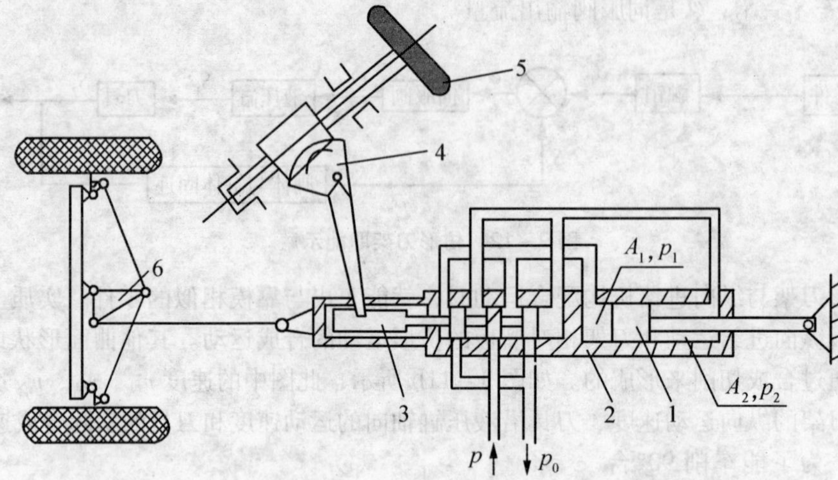

图 9－14　转向液压助力器的结构与工作原理

1. 活塞　2. 缸体　3. 阀芯　4. 摆杆　5. 方向盘　6. 转向连杆

9.4.2　电液伺服系统

在电液伺服系统中，电液伺服阀是核心部分。图 9－15 为电液伺服系统组成框图，图中输入信号 ε_i 及反馈信号 ε_f 均为微弱的电信号，两者经过比较，在电伺服放大器中放大，并转化为差动电流 Δi 输入到力矩马达中，再转换成机械位移而拨动下级液压放大元件工作。液压放大元件输出具有一定压力和流量的压力油，推动液压执行元件拖动负载运动。输出位移量 x_p 经反馈元件转化为电压信号 ε_f 后返回比较元件，形成负反馈闭环系统。这里，电液伺服阀是联系电信号和液压信号的桥梁，被称为电液伺服系统的“心脏”。而液压放大元件（前述内容中的液压伺服阀）将力矩马达输出的小功率位移信号转换并放大成大功率的液压信号，驱动执行元件运动。

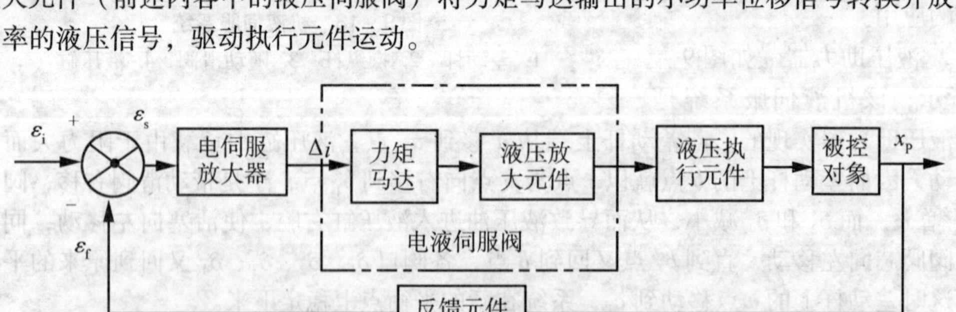

图 9－15　电液伺服系统组成

电液伺服阀具有各种不同的结构，按其放大级数可分为单级、二级、三级放大式。其中，最常用的是二级放大式电液伺服阀。

下面以机械手的电液伺服系统为例来进一步理解液压伺服系统。

一般机械手应包括四个伺服系统，分别控制机械手的伸缩、回转、升降和手腕的动作。由于每一个液压伺服系统的工作原理均相同，因此仅以伸缩伺服系统为例，介绍其工作原理。

图9－16为机械手手臂伸缩电液伺服系统原理。它主要是由电液伺服阀1、液压缸2、活塞杆带动的机械手臂3、电位器4、步进电动机5、齿轮齿条机构6和放大器7等元件组成。当电位器4的动触头处在中位时，触头上没有电压输出。当它偏离这个位置时就会输出相应的电压。电位器动触头产生的微弱电压，经放大器7放大后对电液伺服阀进行控制。电位器的动触头由步进电动机带动旋转，步进电动机的转角位移和转角速度由数字控制装置发出的脉冲数和脉冲频率控制。齿条固定在机械手臂上，电位器固定在齿轮上，所以当手臂带动齿轮转动时，电位器同齿轮一起转动，实现负反馈。

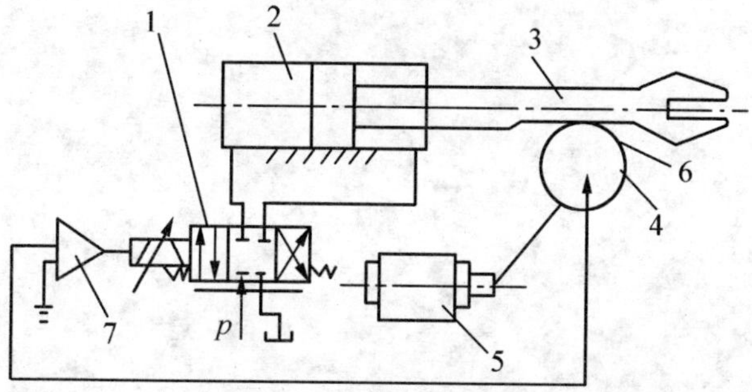

图9－16 机械手手臂伸缩运动电液伺服系统原理

1. 电液伺服阀 2. 液压缸 3. 机械手臂 4. 电位器 5. 步进电动机 6. 齿轮齿条机构 7. 放大器

机械手伺服系统的工作原理如下：由数字控制装置发出的一定数量的脉冲，使步进电动机带动电位器的动触头转过一定角度 θ_i（假定为顺时针转动），动触头偏离电位器的中位，产生微弱的电压 u_1，经放大器放大成 u_2 后输入电液伺服阀的控制线圈，使伺服阀产生一定的开口量 q。这时压力油经滑阀开口进入液压缸的左腔，推动活塞连同机械手臂一起向右移动 x_x，液压缸右腔的油经伺服阀流回油箱。由于电位器齿轮和机械手臂上的齿条相啮合，手臂向右移动时 x_y，电位器跟着顺时针方向转动 θ，形成负反馈。当电位器转过 θ_i 角时，电位器的中位和动触头重合，动触头输出电压为零，电液伺服阀失去信号，阀口关闭，手臂停止移动。手臂移动的行程取决于脉冲的数量，手臂移动的速度取决于脉冲的频率。当数字控制装置反向发出脉冲时，步进电动机逆向转动，手臂便向左移动。图9－17为机械手手臂伺服系统示意。

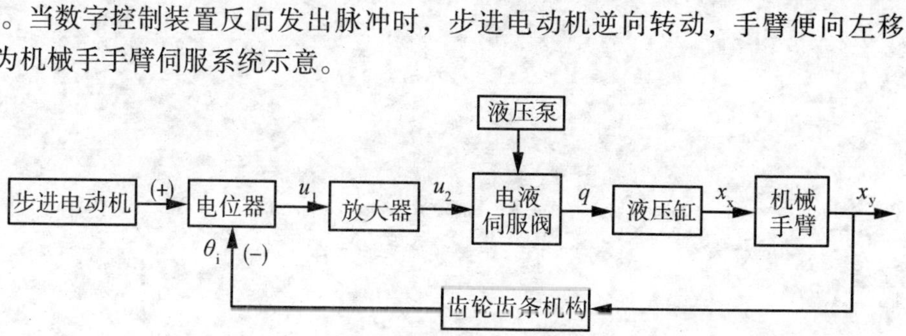

图9－17 机械手手臂伸缩运动伺服系统示意

思考与练习

1. 液压伺服系统的特点是什么?

2. 液压伺服系统与液压传动系统有什么区别?

3. 车床上的液压仿形刀架是如何工作的?

4. 若将液压仿形刀架上的控制滑阀与液压缸分开，成为一个系统中的两个独立部分，仿形刀架能工作吗?试分析说明。

5. 电液伺服阀的组成和特点各是什么?它在电液伺服系统中起什么作用?

6. 机液伺服系统与电液伺服系统相比有何优缺点?

第 2 篇

气动技术

第 10 章　气压传动概述

气压传动简称为气动。气压传动技术是以压缩空气为工作介质传递运动和动力。由于气压传动具有防火、防爆、节能、高效、无污染等优点，近年来在机械、轻工、航空、交通运输等行业中得到广泛应用。

气压传动与液压传动在基本工作原理、系统组成、元件结构及图形符号等方面有很多相似之处，所以在学习这部分内容时，液压传动的知识在此有很大的参考和借鉴作用。

10.1　气压传动系统的组成及工作原理

1. 组成　一般气压传动系统由以下四部分组成：

（1）气源装置：是获得压缩空气的装置，其主体部分是空气压缩机。它将原动机供给的机械能转变为气体的压力能，为各类气动设备提供动力源。气源装置包括电动机、空气压缩机、储气罐。

（2）控制元件：用来控制压缩空气的压力、流量和流动方向，以保证执行元件具有一定的输出压力和速度，并按设计的程序正常工作。控制元件还使执行机构完成预定的工作循环。控制元件包括压力阀、流量阀、方向阀和逻辑阀等。

（3）执行元件：是以压缩空气为工作介质，将空气压缩机的压力能转变为机械能的能量转换装置。气动执行元件包括气缸、气动马达和摆动马达。

（4）辅助元件：是用于保证气压传动系统正常工作的一些装置，并保证压缩空气的净化、元件的润滑、元件间的连接及消声等。如空气过滤器、干燥器、消声器和油雾器等。

2. 工作原理　气压传动系统的工作原理是利用空气压缩机将电动机或其他原动机输出的机械能转变为空气的压力能，然后在控制元件的控制和辅助元件的配合下，通过执行元件把空气的压力能转变为机械能，从而完成直线或回转运动并对外做功。

图 10－1 为气动剪切机气压传动系统的结构、工作原理与图形符号。其工作过程如下（图示位置为工料剪切前的情况）：当工料 12 由上料装置（图中未画）送入剪切机并到达规定位置时，机动阀 9 的顶杆受压而使阀内通路打开，气控换向阀 10 的控制腔与入气孔相通，阀芯受弹簧力的作用而开始下移。空气压缩机 1 产生压缩空气并经过初次净化处理后储藏在气罐 4 中，经空气干燥器 5、空气过滤器 6、减压阀 7 和油雾器 8 及气控换向阀 10，进入气缸 11 的下腔；气缸上腔的压缩空气通过阀 10 排入大气。此时，气缸活塞向上

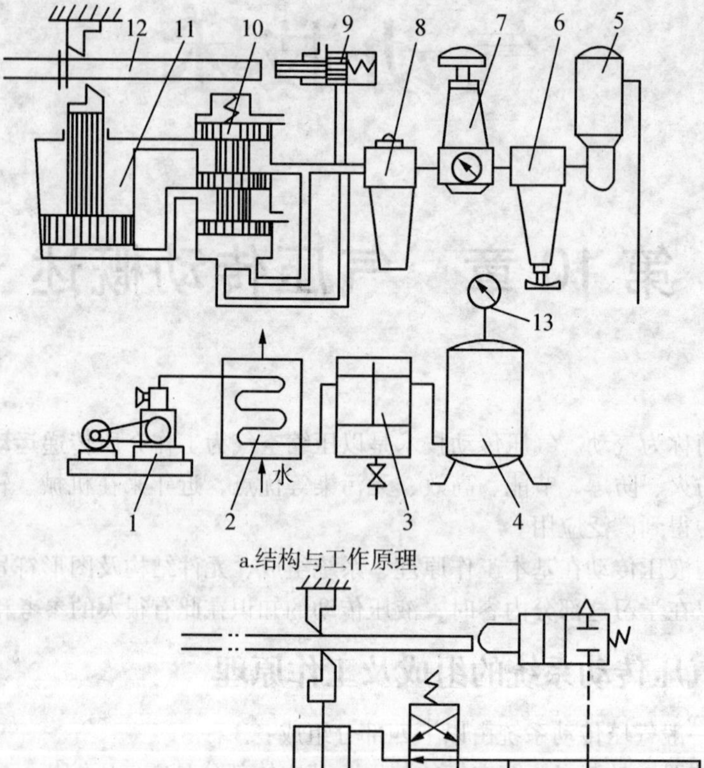

a.结构与工作原理

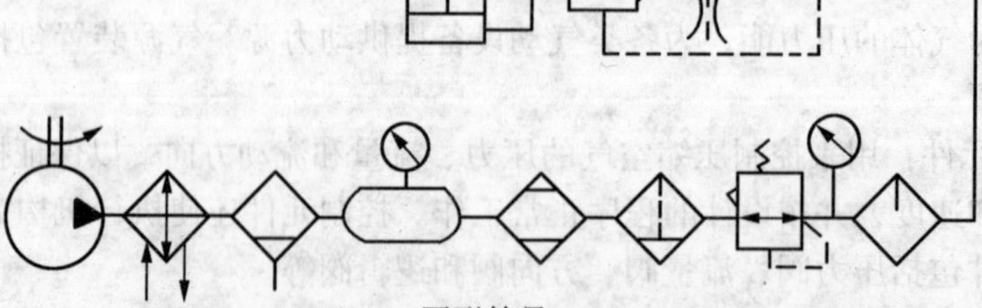

b.图形符号

图 10－1　剪切机气压传动系统的结构、工作原理与图形符号

1. 空气压缩机　2. 冷却器　3. 分水排水器　4. 气罐　5. 空气干燥器　6. 空气过滤器　7. 减压阀　8. 油雾器　9. 机动阀　10. 气控换向阀　11. 气缸　12. 工料　13. 气压指示表

运动，带动剪刃切断工料。工料剪下后，即与机动阀 9 脱开，机动阀复位，所在的排气通道被封死，气控换向阀 10 的控制腔气压升高，迫使阀芯上移，气路换向，气缸活塞带动剪刃复位，准备再次下料。由此可以看出，剪切机构克服阻力切断工料的机械能是由压缩空气的压力能转换后得到的。同时，由于换向阀的控制作用使压缩空气的退路不断改变，气缸活塞方可带动剪切机构频繁地实现剪切与复位的动作循环。气压指示表 13 用于监视系统压力。

10.2　气压传动的特点

气压传动技术广泛应用于机械、电子、轻工、纺织、食品、医药、包装、冶金、石化、航空、交通运输等各个工业部门。气压传动在提高生产效率、自动化程度、产品质量、工作可靠性和实现特殊工艺等方面显示出极大的优越性。气压传动与机械传动、电气传动、液压传动相比有以下特点：

1. 气压传动的优点

（1）空气随处可取，成本低；气体不易堵塞流动通道，对环境无污染，处理方便；不必设置回收管路，因而也不存在介质变质、补充和更换等问题。

（2）因空气黏度小（约为液压油的万分之一），在管内流动阻力小，压力损失小，便于集中供气和远距离输送。即使有泄漏，也不会像液压油一样污染环境。

（3）与液压系统相比，气动反应动作迅速，一般只需 0.02 ~ 0.3 s 就可达到工作压力和速度。液压油在管路中流动速度一般为 1 ~ 5 m/s，而气体的流速最小也大于 10 m/s，有时甚至达到音速，排气时可达到超音速。另外，气压传动系统维护简单。

（4）气动元件可靠性强、寿命长。电气元件可运行百万次，而气动元件可运行 2 000 ~ 4 000 万次。

（5）气动系统对工作环境适应性好，特别在易燃、易爆、多尘埃、强磁、辐射、振动等恶劣环境中工作时，安全可靠性优于液压、电子和电气系统。

（6）空气具有可压缩性，使气动系统能够实现过载自动保护，也便于储气罐储存能量，以备急需。

（7）排气时气体因膨胀而温度降低，因而气动设备可以自动降温，长期运行也不会发生过热现象。

（8）气动元件结构简单、制造容易，适于标准化、系列化、通用化。

2. 气压传动的缺点

（1）空气具有可压缩性，当载荷变化时，气动系统的动作稳定性差，但可以采用气液联动装置解决此问题。

（2）工作压力较低（一般为 0.4 ~ 0.8 MPa），结构尺寸不宜过大，因此输出功率较小。

（3）气信号传递的速度比光、电子速度慢，故不宜用于要求高传递速度的复杂回路中，但对于一般机械设备，气动信号的传递速度是能够满足要求的。

（4）排气噪声大，需要加消声器。

思考与练习

1. 何谓气压传动？
2. 气压传动系统由哪几部分组成？试说明各组成部分的作用。
3. 气压传动有哪些优点和缺点？

第11章　气动元件

11.1　气源装置

气压传动系统中的气源装置是为气动系统提供满足一定质量要求的压缩空气，它是气压传动系统的重要组成部分。由空气压缩机产生的压缩空气，必须经过降温、净化、减压、稳压等一系列处理后，才能供给控制元件和执行元件使用。而用过的压缩空气排向大气时，会产生噪声，所以在实际应用时应采取措施降低噪声，改善劳动条件和环境质量。

气源装置包括压缩空气的发生装置以及压缩空气的储存、净化等辅助装置。它为气动系统提供合乎质量要求的压缩空气。

气源装置一般由气压发生装置、净化及储存压缩空气的装置和设备、传输压缩空气的管道系统，以及气动辅件四部分组成。

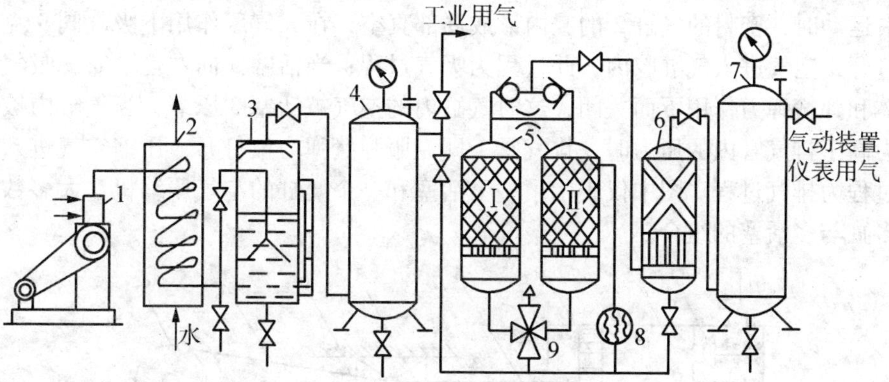

图11－1　气源装置的组成和布置示意

1. 空气压缩机　2. 后冷却器　3. 油水分离器　4、7. 储气罐
5. 干燥器　6. 过滤器　8. 加热器　9. 四通阀

图11－1为气源装置的组成与布置示意，其中1为空气压缩机，用以产生压缩空气，一般由电动机带动。空气压缩机吸气口装有空气过滤器，以减少进入空气压缩机内的气体的杂质。后冷却器2用以降温冷却压缩空气，使汽化的水、油凝结起来。油水分离器3用以分离并排出降温冷却凝结的水滴、油滴、杂质等。储气罐4用以储存压缩空气，稳定压缩空气的压力，并除去部分油分和水分。干燥器5用以进一步吸收或排除压缩空气中的水分及油分，使之变成干燥空气。过滤器6用以进一步过滤压缩空气中的灰尘、杂质颗粒。储气罐4输出的压缩空气可用于一般要求的气压传动系统，储气罐7输出的压缩空气可用

于要求较高的气动系统（如气动仪表及射流元件组成的控制回路等）。加热器 8 可将空气加热，使热空气吹入闲置的干燥器中进行再生，以备干燥器Ⅰ、Ⅱ交替使用。四通阀 9 用于转换两个干燥器的工作状态。

11.1.1 空气压缩机

空气压缩机简称空压机，是气源装置的核心，用以将原动机输出的机械能转化为气体的压力能。

1. 分类　空气压缩机有多种分类方法：

（1）按工作原理分为容积式和速度式空气压缩机两类。容积式空气压缩机是通过压缩空气的方法，使单位体积内气体分子密度增加而提高气体压力，它有活塞式、螺杆式、膜片式、叶片式等。气动系统中一般多采用容积式空气压缩机。速度式空气压缩机利用提高气体分子速度的方法，使气体分子具有的动能转化为气体的压力能，如离心式和轴流式空气压缩机。

（2）按输出压力分为低压空气压缩机（$0.2\ \text{MPa} < p \leqslant 1.0\ \text{MPa}$）、中压空气压缩机（$1.0\ \text{MPa} < p \leqslant 10\ \text{MPa}$）、高压空气压缩机（$10\ \text{MPa} < p \leqslant 100\ \text{MPa}$）和超高压空气压缩机（$p > 100\ \text{MPa}$）。

（3）按输出流量分为微型（$Q \leqslant 1\ \text{m}^3/\text{min}$）、小型（$1\ \text{m}^3/\text{min} < Q \leqslant 10\ \text{m}^3/\text{min}$）、中型（$10\ \text{m}^3/\text{min} < Q \leqslant 100\ \text{m}^3/\text{min}$）和大型（$Q > 100\ \text{m}^3/\text{min}$）空气压缩机。

2. 工作原理　气动系统中最常用的是往复活塞式空气压缩机，其工作原理如图 11－2 所示。曲柄 8 作回转运动，通过连杆 7、活塞杆 4 带动气缸活塞 3 作直线往复运动。当活塞 3 向右运动时，密封的气缸 2 的腔内形成局部真空，在大气压作用下吸气阀 9 克服弹簧弹力而打开，空气进入气缸腔内，此过程为吸气过程；当活塞 3 向左运动时，吸气阀 9 在压缩气体和弹簧弹力作用下而关闭，这时气缸内的空气被活塞 3 压缩，当气缸内被压缩空气的压力高于排气管内的压力时，排气阀 1 即克服弹簧弹力被打开，压缩空气进入排气管内，此过程为排气过程。图中仅表示了一个活塞和一个气缸的空气压缩机，大多数空气压缩机是多缸与多活塞的组合。

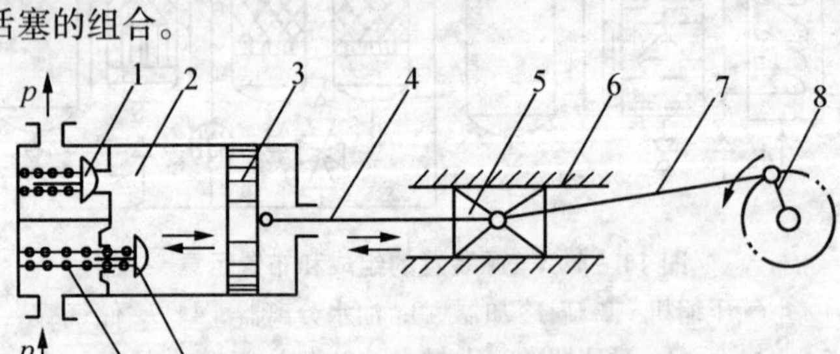

图 11－2　活塞式压缩机工作原理

1. 排气阀　2. 气缸　3. 活塞　4. 活塞杆　5、6. 十字头与滑道　7. 连杆　8. 曲柄　9. 吸气阀　10. 弹簧

3. 选用原则　选择空气压缩机的依据是气动系统所需的工作压力和流量这两个主要参数。

（1）输出压力选择：若整个气动系统中各装置对压缩空气的工作压力有不同要求，则应按其中所需的最高压力考虑。若气动系统中某些气动装置的工作压力要求较低，则可采用减压阀减压的方式供气。在设计气源压力时，应考虑供气系统管道中的压力损失（沿程损失和局部损失）。气源压力应高于设备中最高压力的 20% 左右，并以此压力选择空气压缩机。空气压缩机的额定压力应等于或略高于气动系统所需的工作压力，一般气动系统的工作压力为0.4~0.8 MPa，故常选用低压空压机，若有特殊需要亦可选用中、高压或超高压空压机。

（2）输出流量选择：选用空气压缩机时，要考虑所有气动装置所需的压缩空气的理论最大耗气量（此耗气量必须转换为自由空气流量）之和，并以此为基础，再考虑各气动装置是否同时连续供气，及管路系统的泄漏量等因素，同时必须进一步考虑待用气动装置和设备的耗气量。在上述估算耗气量之和的基础上再加上一定的备用供气余量，作为选择空气压缩机（或机组）流量的依据。空气压缩机铭牌上的流量即自由空气流量。

11.1.2　空气净化装置

由空气压缩机排出的压缩空气还需进行净化处理，因混在压缩空气中的水分、油分等杂质是不能为气动装置使用的，因此必须设置一些除油、除水、除尘设备，以及能使压缩空气干燥、提高压缩空气质量、并能进行气源净化处理的辅助设备。压缩空气净化设备一般包括后冷却器、油水分离器、储气罐和干燥器。

1. 后冷却器　后冷却器安装在空气压缩机出口，作用是将空气压缩机排出的压缩空气由140~170 ℃降至40~50 ℃，使压缩空气中的水汽和油雾迅速达到饱和，并能大部分析出凝结成水滴和油滴，经油水分离器排出。后冷却器的结构形式有蛇形管式、散热片式、列管式、管套式等，并分为水冷和气冷两种方式。几种后冷却器的工作原理与图形符号如图11－3所示。

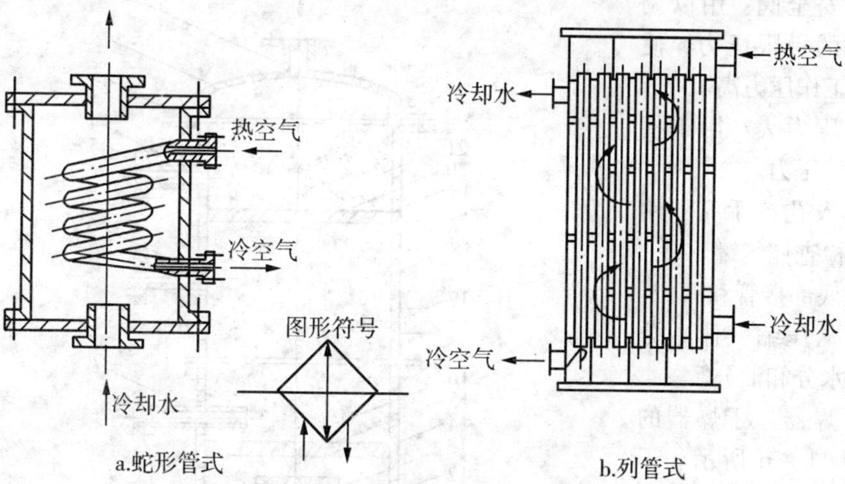

图11－3　后冷却器的工作原理与图形符号

2. 油水分离器　油水分离器主要利用回转、撞击、水浴等方法使水滴、油滴及其他杂质颗粒从压缩空气中分离出来。撞击折回式油水分离器的结构如图11－4所示。

撞击折回式油水分离器的工作原理是：当压缩空气由入口进入分离器壳体后，气流先受到隔板阻挡而被撞击折回向下（图中箭头所示流向），之后又上升产生环形回转。这样凝聚在压缩空气中的水滴、油滴等杂质受惯性力作用而分离析出，沉降于壳体底部，由放水阀定期排出。

3. 储气罐　储气罐的主要作用是储存一定数量的压缩空气，并减弱气源输出气流脉动，增加气流连续性，减少压缩机排出气流脉动而引起的管道振动，进一步分离压缩空气中的水分和油分。储气罐一般采用焊接结构，以立式居多。储气罐结构如图11－5所示。

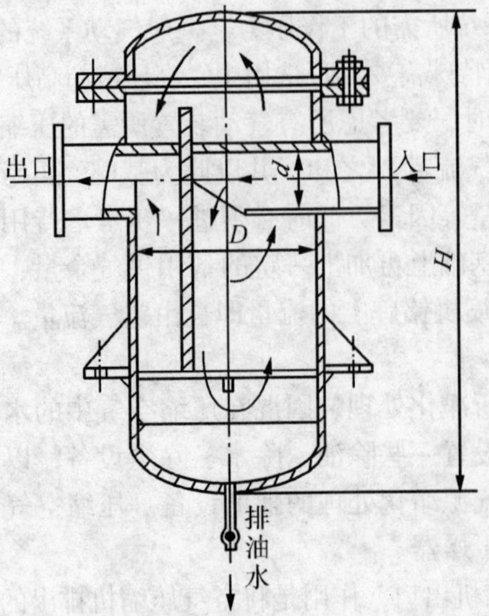

图 11－4 撞击折回式油水分离器的结构

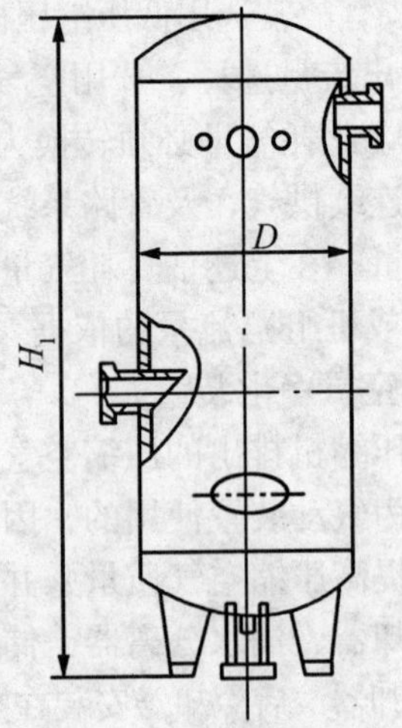

图 11－5 储气罐的结构

储气罐的附件包括：

（1）安全阀：用以调整储气罐的极限压力，使其比正常工作压力高 10%。

（2）压力表：用于指示罐内空气压力。

（3）人孔或手孔：用于清理、检查储气罐。

（4）底部接管和阀门：用于排放从压缩气体中分离出来的水分和油分。

4. 干燥器　干燥器的结构如图 11－6 所示。干燥器的作用是进一步除去压缩空气中含有的水分、油分和颗粒杂质等，提高压缩空气的干燥度。它用于对气源质量要求较高的气动装置、气动仪表等。压缩空气干燥方法主要采用吸附、离心、机械降水及冷冻等方法。

（1）吸附法是利用具

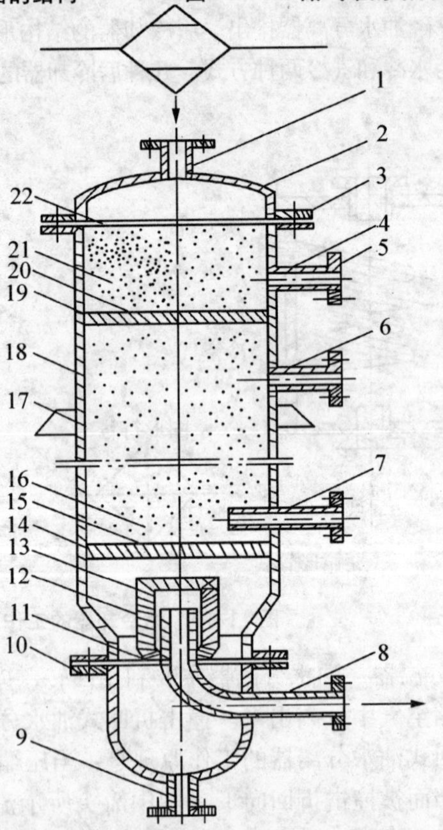

图 11－6 吸附式干燥器结构与图形符号

1. 湿空气进气管　2. 顶盖　3、5、10. 法兰　4、6. 再生空气排气管　7. 再生空气进气管　8. 干燥空气输出管　9. 排水管　11、22. 密封垫　12、15、20. 钢丝过滤网　13. 毛毡　14. 下栅板　16、21. 吸附剂层　17. 支撑板　18. 筒体　19. 上栅板

有吸附性能的吸附剂（如硅胶、铝胶或分子筛等）来吸附压缩空气中含有的水分和油分，使其干燥。

（2）冷冻法是利用制冷设备使空气冷却到一定的露点温度，析出空气中超过饱和水蒸气部分的多余水分，从而达到所需的干燥度。

吸附式干燥器工作过程如图 11－6 所示。此干燥器的外壳呈筒形，其中分层设置栅板、吸附剂、滤网等。湿空气从管 1 进入干燥器，通过吸附剂层 21、过滤网 20、上栅板 19 和下部吸附剂层 16 后，因其中的水分被吸附剂吸收而变得很干燥。然后，再经过钢丝网 15、下栅板 14 和过滤网 12 后，干燥、洁净的压缩空气便从输出管 8 排出。

11.1.3　气动三大件

空气过滤器、减压阀和油雾器一起被称为气动三大件。将此三大件依次无管化连接而成的组件称为三联件，它是多数气动设备必不可少的气源装置。大多数情况下，三大件组合使用，其安装次序依进气方向为空气过滤器、减压阀和油雾器。有时也只用一件或两件。

1. 空气过滤器　空气过滤器又称为分水滤气器、空气滤清器，它的作用是滤除压缩空气中的水分、油滴及杂质，以达到气动系统所要求的净化程度。它属于二次过滤器，大多与减压阀、油雾器一起构成气动三联件，安装在气动系统的入口处。

空气过滤器工作过程如图 11－7 所示。空气进入后，被引入旋风叶子 1，旋风叶子上有很多小缺口，使空气沿切线反向产生强烈的旋转。这样夹杂在气体中的较大水滴、油滴、灰尘便获得较大的离心力，并高速运转，与存水杯 3 内壁碰撞，从而从气体中分离出来，沉淀于存水杯 3 中。然后气体通过中间的滤芯 2，部分灰尘、雾状水分被滤芯滤去，洁净的空气便从输出口输出。

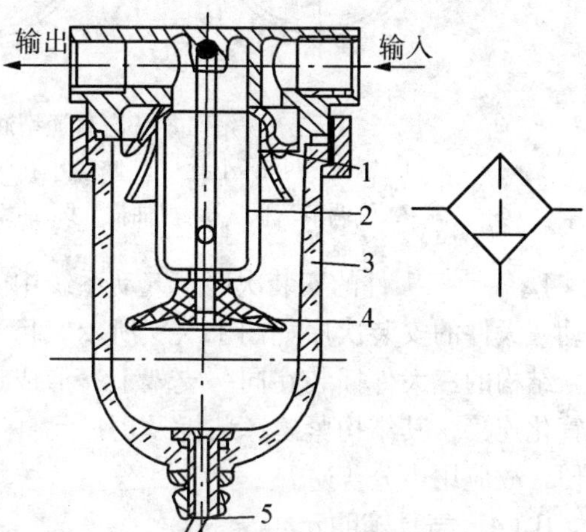

图 11－7　空气过滤器结构与图形符号

1. 旋风叶子　2. 滤芯　3. 存水杯
4. 挡水板　5. 排水芯

存水杯由透明材料制成，便于观察污水情况和滤芯污染情况、工作情况。滤芯目前采用铜粒烧结而成。当发现滤芯油泥过多时，可采用酒精清洗并干燥后再装上继续使用。但是这种过滤器只能滤除液体和固体杂质，因此，使用时应尽可能装在能使空气中的水分变成液态的部位或防止液体进入的部位，如气动设备的气源入口处。

2. 减压阀　减压阀的工作原理与液压系统减压阀的相同，起减压和稳压作用。

3. 油雾器　油雾器是一种特殊的注油装置，它以压缩空气为动力，将润滑油喷射成雾状并混合于压缩空气的气流中，使压缩空气具有润滑气动元件的能力，达到润滑的目的。

油雾器的结构与外形如图 11－8 所示。压缩空气由入口进入后，通过喷嘴下端的小孔进入阀座的腔体内，在截止阀的钢球上下表面形成压差。由于泄漏和弹簧力的作用，使钢球处于中间位置。压缩空气进入存油杯的上腔，使油面受压，压力油经吸油管将单向阀的钢球顶起。钢球上部管道有一个方形小孔，钢球不能将上部管道封死，压力油不断流入视油器内，再滴入喷嘴小孔 3 中，被单向阀 10 上的主管边中的气流从上面小孔 3 引射出来，雾化后从输出口 4 输出。节流阀可以调节流量，使滴油量在每分钟 0 ~ 120 滴变化。在选择油雾器时，主要根据气压系统所需的额定流量和油雾粒度的大小来确定油雾器的形式和通径，所需油雾粒度在 50 μm 左右时一般选用普通型油雾器。

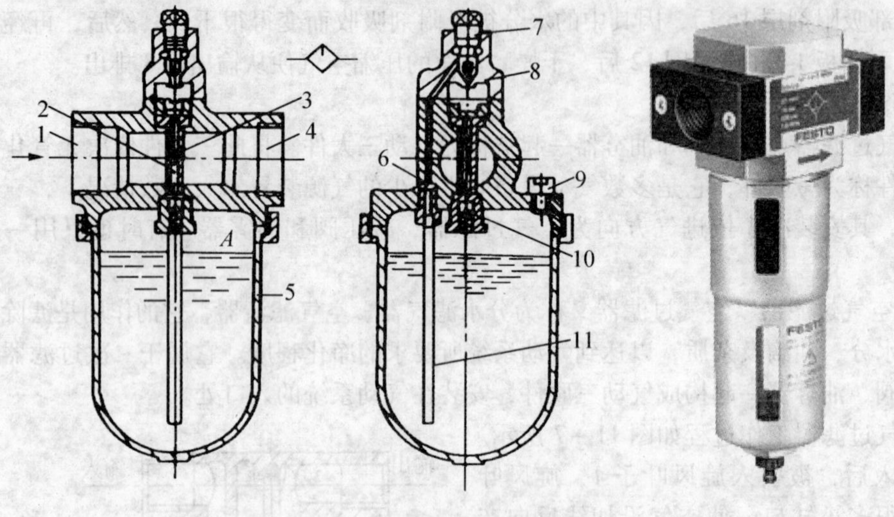

图 11－8　普通型油雾器的结构与外形

1. 输入口　2. 小孔　3. 喷嘴小孔　4. 输出口　5. 存油杯　6. 单向阀
7. 可调节流阀　8. 视油器　9. 油塞　10. 单向阀　11. 吸油管

4. 气动三大件的安装次序　气动系统中气动三大件的安装次序如图 11－9 所示。目前新结构的三大件插装在同一支架上，形成无管化连接，其结构紧凑，装拆及更换元件方便，故应用十分普遍。

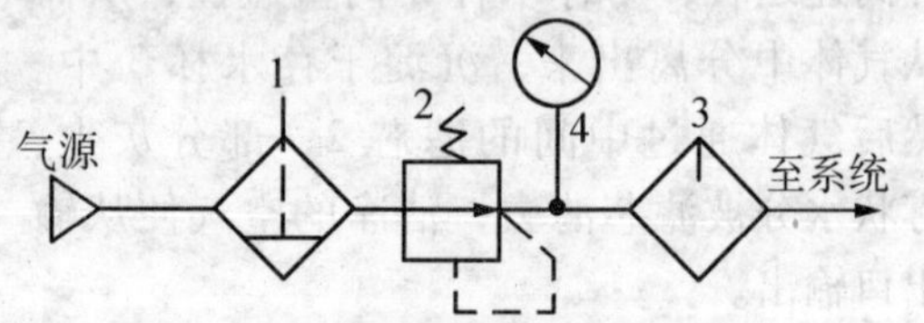

图 11－9　气动三大件的安装次序

1. 空气过滤器　2. 减压阀　3. 油雾器　4. 压力表

11.1.4　气动辅助元件

气动控制系统中，许多辅助元件往往是不可缺少的，如管道、管接头、消声器和转换器等。

1. 管道系统　管道系统包括管道和管接头。

（1）管道：气动系统中常用的管道有软管和硬管。软管有各种塑料管、尼龙管和橡胶管等，其特点是经济、拆装方便、密封性好，但应避免在高温、高压和有辐射的场合使用。硬管以钢管和紫铜管为主，常用于高温、高压系统，以及固定不动的部件之间的连接。

（2）管接头：管接头是连接、固定管道所必需的辅件，分为硬管接头和软管接头两类。气动系统中使用的管接头的结构及工作原理与液压管接头基本相似。

（3）管道系统的选择：气源管道的管径大小是根据压缩空气的最大流量和允许的最大压力损失决定的。

2. 消声器

（1）消声器功用：在气压传动系统之中，气缸、气阀等元件工作时，排气速度较高，气体体积急剧膨胀，会产生刺耳的噪声。噪声的强弱随排气的速度、排量和空气通道的形状而变化。排气的速度和功率越大，噪声也越大，一般可达 100～120 dB。为了降低噪声，可以在排气口尤其是在换向阀的排气口安装消声器。

（2）消声器的类型：气动元件使用的消声器一般有吸收型、膨胀干涉型、膨胀干涉吸收型三种。消声器的结构与图形符号如图 11－10 所示。

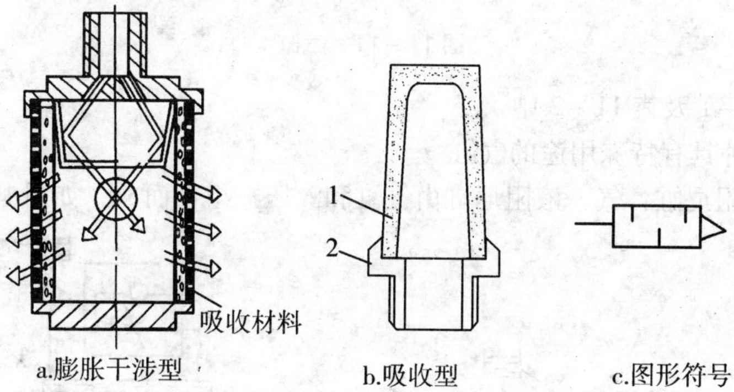

图 11－10　消声器的结构与图形符号

1. 连接螺丝　2. 消声罩

吸收型消声器主要依靠吸音材料消声。消音罩 2 为多孔的吸音材料，一般用聚苯乙烯或铜珠烧结而成。当消声器的通径小于 20 mm 时，多用聚苯乙烯作为消音材料制成消声罩；当消声器的通径大于 20 mm 时，消音罩多用铜珠烧结，以增加强度。其消声原理是：当有压缩气体通过消声罩时，气流受到阻力，声能量被部分吸收而转化成热能，从而降低了噪声强度。

吸收型消声器结构简单，具有良好的消除中、高频噪声的性能，消声效果大于 20 dB。在气压传动系统中，排气噪声主要是中、高频噪声，尤其是高频噪声，因此采用这种消声器是合适的。在主要为中、低频噪声的场合应使用膨胀干涉型消声器。

3. 转换器　转换器是将电、液、气信号之间相互转换的辅件，用来控制气动系统工作。气动系统中的转换器主要有气—电、电—气和气—液等形式。气—液转换器的储油量应不小于液压缸最大有效容积的 1.5 倍。

11.2　气动执行元件

气动执行元件是将压缩空气的压力能转换为机械能的装置，包括气缸和气动马达。

11.2.1　气缸

气缸是气动系统的执行元件之一。它是将压缩空气的压力能转换为机械能并驱动工作机构作往复直线运动或摆动的装置。与液压缸比较，它具有结构简单、容易制造、工作压力低和动作迅速等优点，应用十分广泛。几种常见气缸的外形，如图 11－11 所示。

1. 分类　气缸按活塞受力状态可分为单作用缸和双作用缸两种，按结构特征分为活塞式缸、柱塞式缸、薄膜式缸、叶片式摆动缸、齿轮齿条式摆动缸等，按功能分为普通缸和特殊缸。

2. 工作原理和用途　大多数气缸的工作原理与液压缸相同，现将气缸的类型和安装形

图 11－11　气缸

式分别列于表 11－1 及表 11－2 中。

下面介绍几种具有特殊用途的气缸。

（1）气—液阻尼缸：气—液阻尼缸由气缸和液压缸组合而成，如图 11－12 所示。

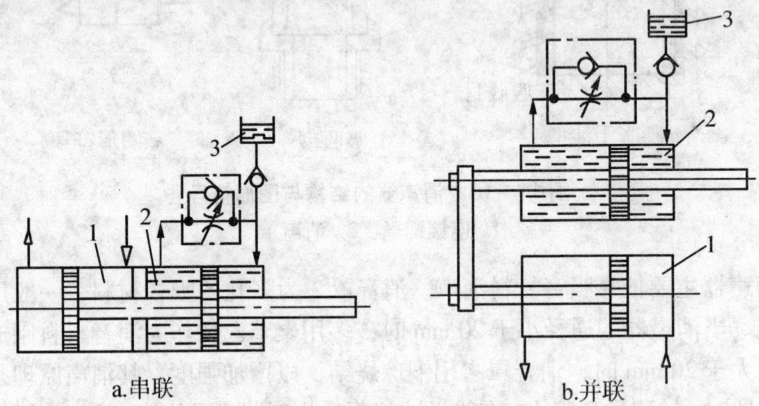

图 11－12　气—液阻尼缸

1. 气缸　2. 液压缸　3. 高位油箱

图 11－12a 为串联式气—液阻尼缸，它以压缩空气为动力，以液压油为阻力，来控制气缸的运动速度。运动速度的稳定是利用液体不可压缩的特性来获得的。活塞的移动速度可由节流阀来调节。油杯起补油作用。串联式气—液阻尼缸的缸体较长，加工和安装时对同轴度要求较高，并要注意解决气缸和液压缸之间油与气的互窜现象。

图 11－12b 为并联式气—液阻尼缸，它由气缸和液压缸并联而成，其工作原理和作用与串联式气—液阻尼缸相同。这种气—液阻尼缸的缸体短，结构紧凑，消除了气缸和液压缸之间的窜气现象。

（2）薄膜式气缸（制动气室）：薄膜式气缸是一种利用膜片在压缩空气作用下产生变形来推动活塞杆作直线运动的气缸。此种气缸按照膜片的结构可分为平膜片、蝶形膜片和滚动膜片。

图 11－13 为薄膜式气缸结构简图。它可以是单作用式的，也可以是双作用式的。

与活塞式气缸相比较，薄膜式气缸具有结构紧凑、简单，成本低，维修方便，寿命长和效率高等优点。但因膜片的变形量有限，其行程较短，一般不超过 40～50 mm，且气缸活塞上的输出力随行程的加大而减小，因此它的应用范围受到一定限制。此种气缸适用于气动夹具、自动调节阀等短行程工作场合。

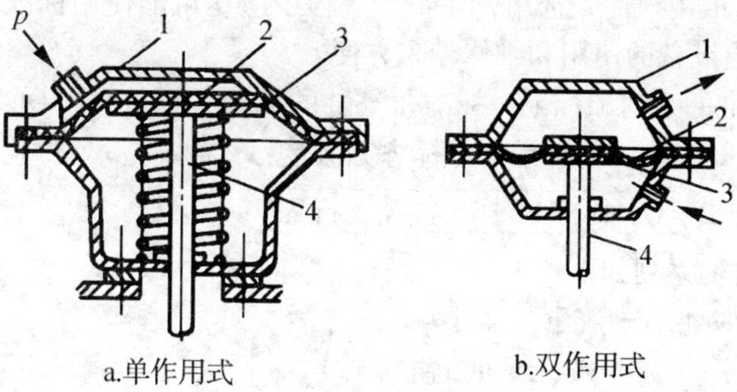

图11－13　薄膜式气缸

1. 缸体　2. 膜片　3. 膜盘　4. 活塞杆

（3）冲击气缸：冲击气缸可把压缩空气的压力能转换为活塞的高速运动，并输出动能，可产生较大的冲击力打击工件做功，如图11－14所示。

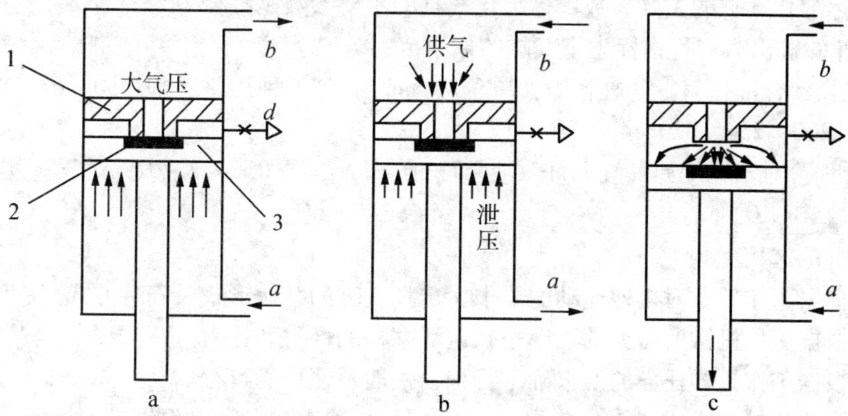

图11－14　冲击气缸的工作原理

1. 中盖　2. 密封垫　3. 活塞

如图11－14a所示，冲击气缸的整个工作过程可简单地分为3个阶段：

1）压缩空气由孔 a 进入冲击缸的下腔，蓄气缸经孔 b 排气，活塞上行并用密封垫封住喷嘴，中盖和活塞间的环形空间经排气孔通大气。

2）如图11－14b所示，压缩空气改由孔 b 进气，输入蓄气缸中，冲击缸下腔经孔 a 排气。由于活塞上端气压作用在喷嘴上的面积较小，而活塞下端受力面积较大，一般设计成喷嘴面积的9倍。缸下腔的压力虽因排气而下降，但此时活塞下端向上的作用力仍然大于活塞上端向下的作用力。

3）如图11－14c所示，蓄气缸的压力继续增大，冲击缸下腔的压力继续降低，当蓄气缸内压力高于活塞下腔压力9倍时，活塞开始向下移动。活塞一旦离开喷嘴，蓄气缸内的高压气体迅速充入到活塞与中间盖间的空间，使活塞上端受力面积突然增加9倍，于是活塞将以极大的加速度向下运动，气体的压力能转换成活塞的动能，并产生最大的冲击力。

冲击气缸结构简单、成本低、耗气功率小，使用可靠，且能产生相当大的冲击力，广泛应用在下料、冲孔、弯曲、打印、铆接、模锻和破碎等多种作业。

3. 标准化气缸　我国目前已生产出5种从结构到参数都已经标准化、系列化的气缸

（简称标准化气缸）供用户优先选用，在生产过程中应尽可能使用标准化气缸，这样可使产品具有互换性，给设备的使用和维修带来方便。

（1）标准化气缸的系列和标记：标准化气缸的标记是用符号“QG”表示气缸，用符号“A、B、C、D、H”表示5种系列。标志方法是：

QG	A、B、C、D、H	缸径×行程

5种标准化气缸的系列如下：

1）QGA——无缓冲普通气缸。

2）QGB——细杆（标准杆）缓冲气缸。

3）QGC——粗杆缓冲气缸。

4）QGD——气—液阻尼缸。

5）QGH——回转气缸。

例如，标记为QGA80×100，表示气缸的直径为80 mm、行程为100 mm的无缓冲普通气缸。

（2）标准化气缸的主要参数：标准化气缸的主要参数是缸径D和行程S。缸径标志了气缸活塞杆的输出力，行程标志了气缸的作用范围。

1）缸径：标准化气缸的缸径D（单位为mm）有11种规格：40，50，63，80，100，125，160，200，250，320，400。

2）行程：对于无缓冲气缸和气—液阻尼缸，取$S=(0.5\sim2)D$；对于有缓冲气缸，取$S=(1\sim10)D$。

4. 气缸的选用

（1）根据工作任务对机构运动的要求，选择气缸的结构形式及安装方式。

（2）根据工作机构所需力的大小来确定活塞杆的推力和拉力。

（3）根据工作机构任务的要求确定行程，一般不使用满行程。

（4）推荐气缸工作速度在0.5~1 m/s，并按此原则选择管路及控制元件。

表11-1　常用气缸的结构及功能

类型	名称	简图	原理及功能
单作用气缸	活塞式气缸	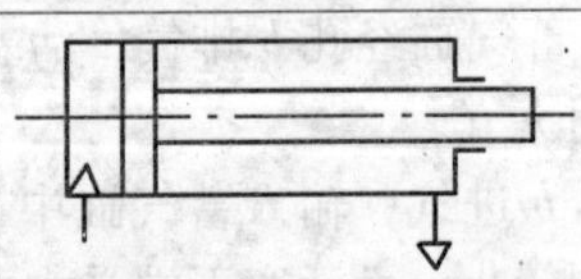	压缩空气驱动活塞向一个方向运动，借助外力复位，可以节约压缩空气，节省能源
		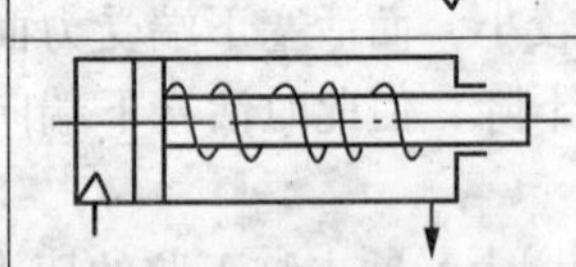	压缩空气作用在膜片上，使活塞杆向一个方向运动，靠弹簧复位，密封性好，适用于小行程
	薄膜式气缸	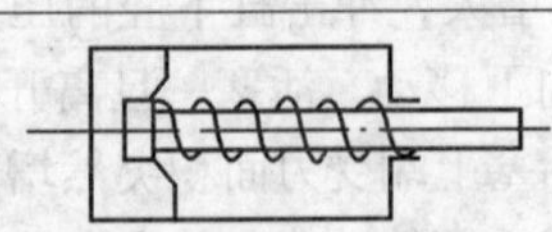	压缩空气作用在膜片上，使活塞杆向一个方向运动，靠弹簧复位，密封性好，适用于小行程
	柱塞式气缸	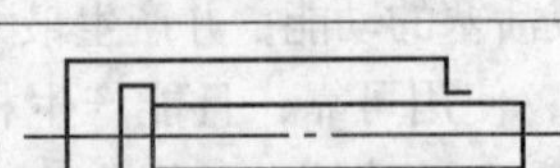	柱塞向一个方向运动，靠外力返回。稳定性较好，用于小直径的气缸

续表

类型	名称	简图	原理及功能
双作用气缸	普通式气缸		利用压缩空气使活塞向两个方向运动，两个方向上的力和速度不等
	双出杆气缸	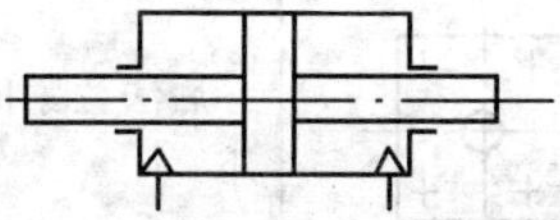	活塞两个方向运动的速度和输出力均相等，适用于长行程
	不可调缓冲式气缸	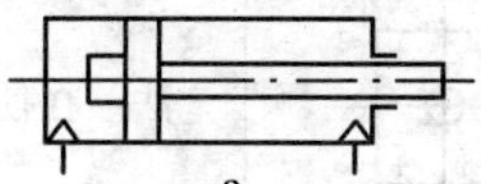 a 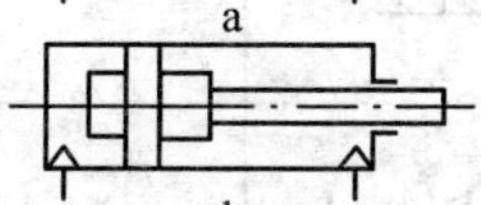 b	活塞临近行程终点时，减速制动，减速值不可调整。a 为单向缓冲式，b 为双向缓冲式
	可调式缓冲气缸	 a 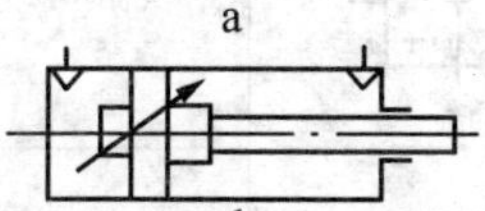 b	活塞临近行程终点时，减速制动，可根据需要调整减速值。a 为单向缓冲式，b 为双向缓冲式

表 11－2　气缸的安装形式

分类			简图	说明
固定式气缸	耳座式	轴向耳座	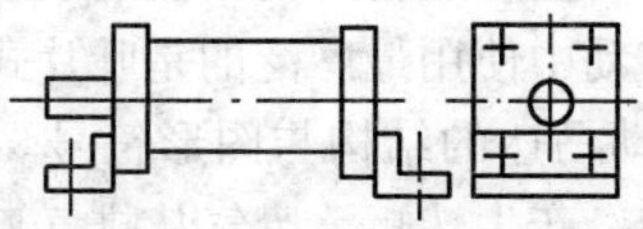	轴向耳座，耳座承受力矩。气缸直径越大，力矩越大
		切向耳座	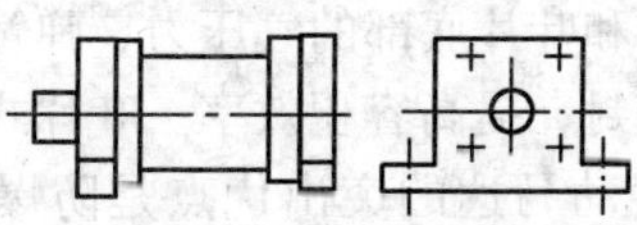	轴向耳座，耳座承受力矩。气缸直径越大，力矩越大

续表

分类			简图	说明
固定式气缸	法兰式	前法兰	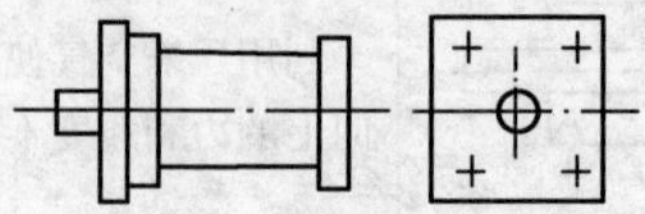	前法兰紧固，安装螺钉受拉力较大
		后法兰	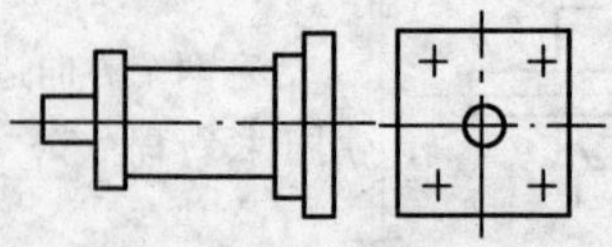	后法兰紧固，安装螺钉受拉力较小
		自配法兰	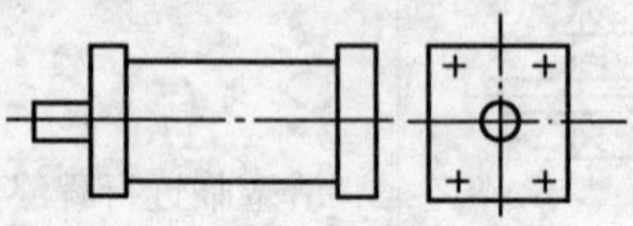	法兰在使用时视安装条件现配
轴销式气缸	尾部轴销		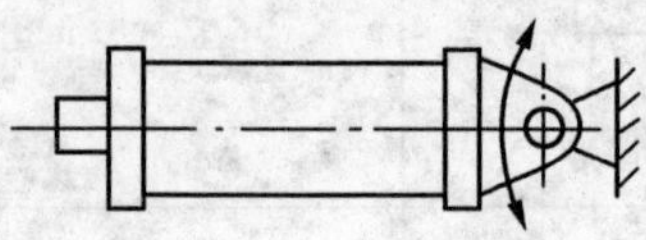	气缸可绕尾轴摆动
	头部轴销		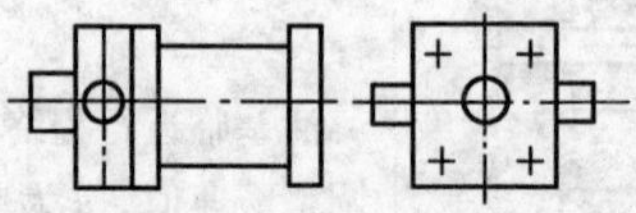	气缸可绕头部轴摆动
	中间轴销		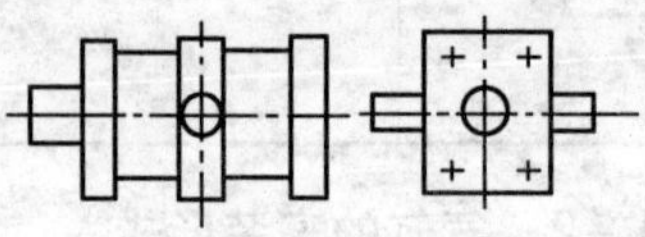	气缸可绕中间轴摆动

11.2.2 气动马达

气动马达是将压缩空气的压力能转换成旋转的机械能的装置。气动马达有叶片式、齿轮式、活塞式等多种类型，在气压传动中使用最广泛的是叶片式和活塞式马达。

图 11－15 为双向旋转叶片式气动马达的结构与图形符号。当压缩空气从 *A* 口进入定子内，会使叶片带动转子逆时针旋转，产生转矩。废气从排气口 *C* 排出；而定子腔内残留气体则从 *B* 口排出。如需改变气动马达的旋转方向，只需改变进、排气口即可，以输出相反方向的机械能。转子转动的离心力和叶片底部的气压力、弹簧力（图中未画出）使得叶片紧贴在定子 3 的内壁上，以保证密封，提高容积效率。叶片式气动马达主要用于风动工具、高速旋转机械及矿山机械等。气动马达的突出优点是防爆、高速，缺点是输出功率小、耗气量大、噪声大和易产生振动等。

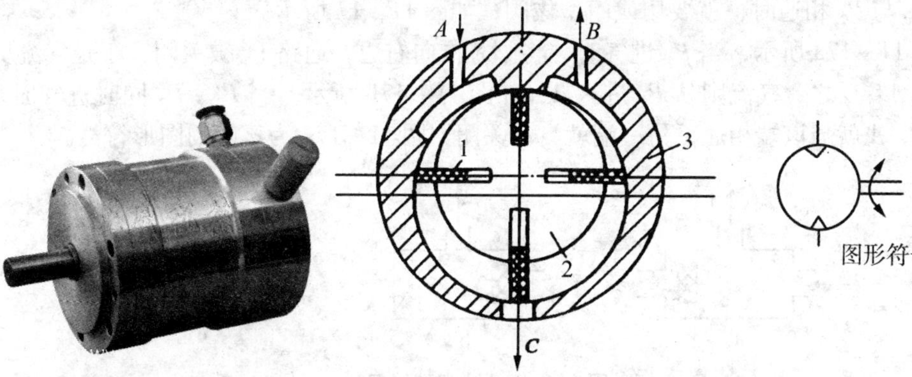

图 11－15　双向旋转叶片式气动马达的结构与图形符号

1. 叶片　2. 转子　3. 定子

11.3　气动控制元件

在气压传动系统中，气动控制元件是控制和调节压缩空气的压力、流量和方向的各类控制阀，其作用是保证气动执行元件（如气缸、气动马达等）按设定的程序正常地进行工作。

气动控制元件按其功能和作用分为压力控制阀、流量控制阀和方向控制阀三大类。此外，气压传动系统中还有通过控制气流的方向和通断来实现各种逻辑功能的气动逻辑元件等。

11.3.1　方向控制阀

方向控制阀是通过改变压缩空气的流动方向和气流的通断，来控制执行元件启动、停止及运动方向的气动阀。气动方向控制阀和液压方向控制阀相似，按其作用特点可分为单向型和换向型两种，其阀芯结构主要有截止式和滑阀式。

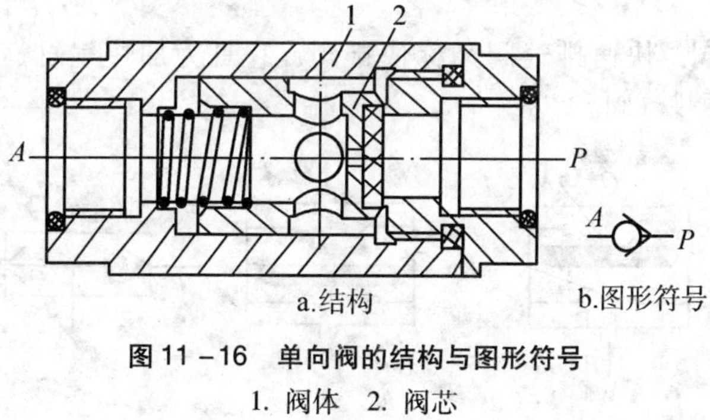

图 11－16　单向阀的结构与图形符号

1. 阀体　2. 阀芯

1. 单向型控制阀　单向型控制阀包括单向阀、或门型梭阀、与门型梭阀和快速排气阀。

（1）单向阀：是指气体只能沿一个方向流动（从 A 流向 P），不能反方向流动的阀（从 P 不能流向 A），如图 11－16 所示。

（2）或门型梭阀：在气压传动系统中，当两个通路 P_1 和 P_2 均与另一通路 A 相通，而

不允许 P_1 与 P_2 相通时，就要用或门型梭阀，如图 11－17 所示。

如图 11－17a 所示，当 P_1 进气时，将阀芯推向右边，通路 P_2 被关闭，于是气流从 P_1 进入通路 A。反之，气流则从 P_2 进入 A，如图 11－17b 所示。当 P_1、P_2 同时进气时，哪端压力高，A 就与该端相通，另一端就自动关闭。图 11－17c 为该阀的图形符号。

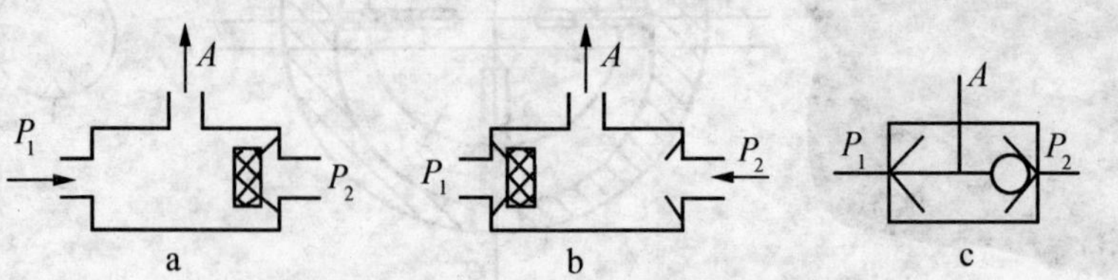

图 11－17　或门型梭阀

工作过程：P_1 或 P_2 有压缩空气输入时，A 口就有压缩空气输出，但 P_1 口与 P_2 口不相通。$A = P_1 + P_2$。

（3）与门型梭阀（双压阀）：与门型梭阀又称双压阀，该阀只有当两个输入口 P_1、P_2 同时进气时，A 口才能输出。$A = P_1 \times P_2$。图 10－18 为与门型梭阀，其中 a、b、c 图为其三种工作情况，d 图为与门型梭阀的图形符号。

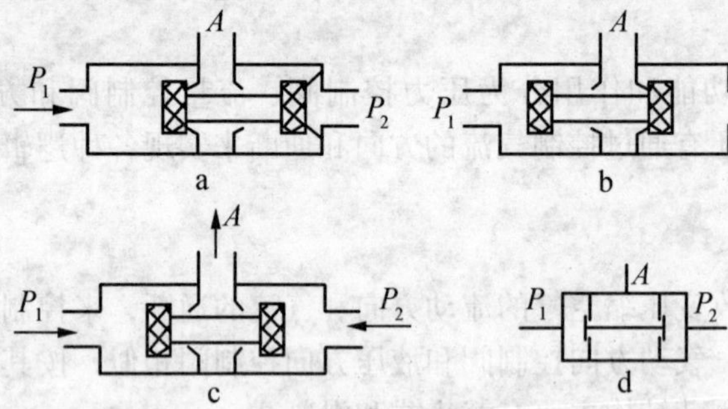

图 11－18　与门型梭阀

（4）快速排气阀：快速排气阀又称快排阀，它是为加快气缸运动而快速排气。图 11－19为膜片式快速排气阀。

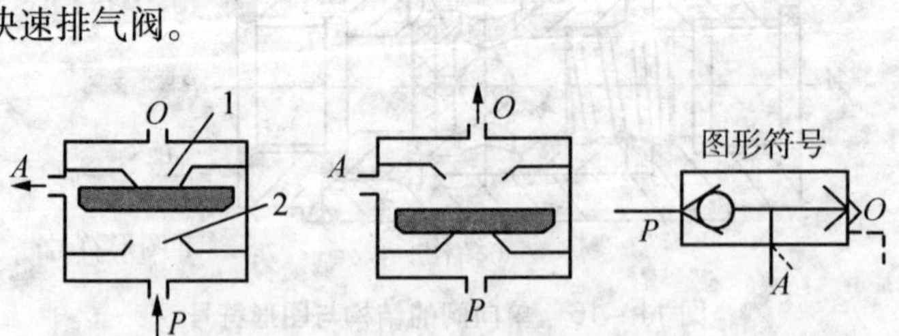

图 11－19　快速排气阀结构示意

1. 膜片　2. 阀体

工作过程：在图 11－19a 中，当 P 口进气时，推动膜片向下变形，打开 P 与 A 的通路，关闭 O 口；在图 1－19b 中，当 P 口没有进气时，A 口的气体推动膜片复位，关闭 P 口，A 口气体经 O 口快速排出。快速排气阀常安装在换向阀和气缸之间。图 11－19c 为快速排气阀的图形符号。

2. 换向型控制阀　图11－20为二位三通电磁换向阀。工作原理：原始状态时（图11－20a），阀芯在弹簧力和P腔空气体压力作用下，阀芯位于上端，A与O通，P不通。通电状态时（图11－20b），阀芯下移，P与A通，O不通。

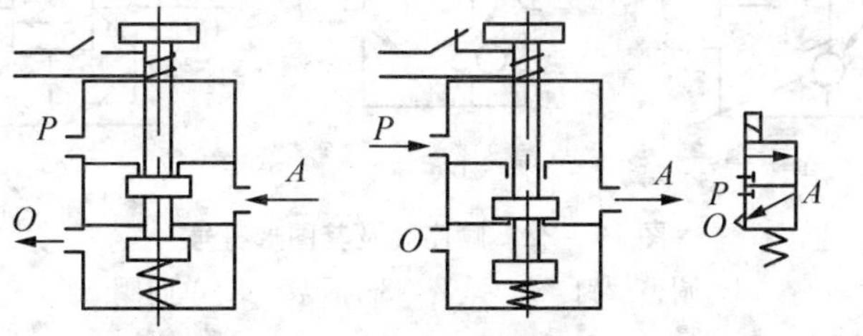

图11－20　二位三通电磁换向阀

11.3.2　压力控制阀

气动压力控制阀的类型主要有调压阀（减压阀）、顺序阀和安全阀（溢流阀）。图11－21为压力控制阀的图形符号。它们都是利用作用于阀芯上的流体（空气）压力和弹簧力相平衡的原理来进行工作的。

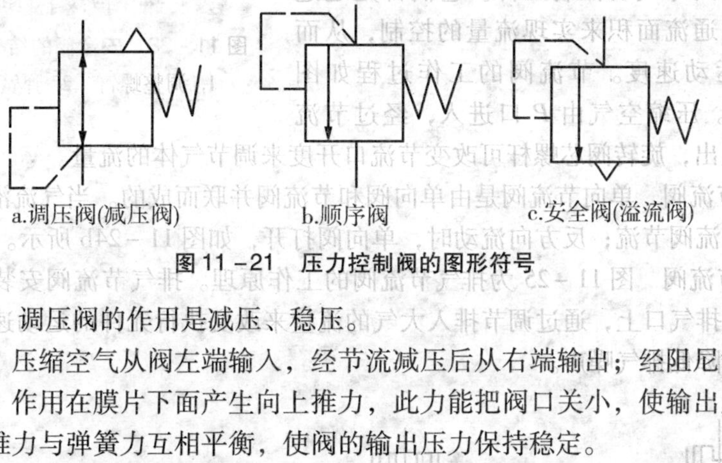

图11－21　压力控制阀的图形符号

1. 调压阀　调压阀的作用是减压、稳压。

工作过程：压缩空气从阀左端输入，经节流减压后从右端输出；经阻尼管进入膜片气室的部分气流，作用在膜片下面产生向上推力，此力能把阀口关小，使输出压力下降；作用在膜片上的推力与弹簧力互相平衡，使阀的输出压力保持稳定。

2. 顺序阀　顺序阀的作用是依靠气路中的压力来控制气动回路中各执行元件动作的先后顺序。

工作过程：顺序阀是依靠气路中压力的作用而控制执行元件按顺序动作，根据弹簧的预压缩量（弹力）来控制其开启压力。在图11－22a中，当输入压力达到或超过开启压力时，顶开弹簧，于是P到A才有输出，否则A无输出，单向阀4关闭；在图11－22b中，当反向流动时，输入侧变成排气口，输出侧压力使单向阀4打开由O口排气。图11－22c为顺序阀图形符号。

3. 安全阀　安全阀的作用是当储气罐或气压回路中压力超过某调定值时向外放气，从而起过载保护作用。

工作过程：当系统中的压力低于调定值时，阀芯处于关闭状态。当系统的压力升高到

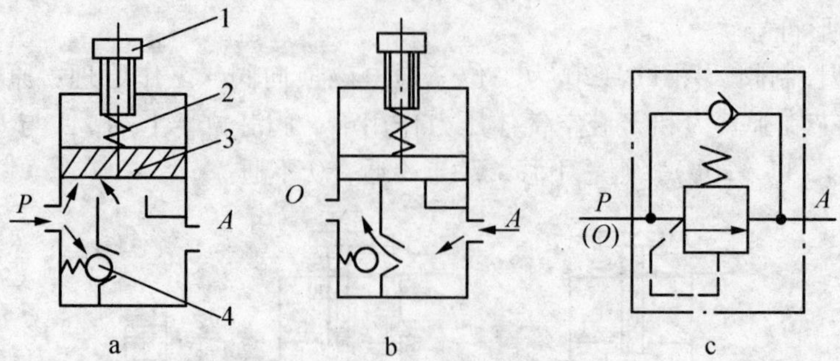

图 11-22　顺序阀及其图形符号

1. 调整螺钉　2. 弹簧　3. 活塞　4. 单向阀

安全阀的开启压力时，压缩空气推动活塞上移，阀门开启排气，直到系统压力降至低于调定值时，阀口又重新关闭。安全阀的开启压力通过调整弹簧的预压缩量来调节，如图 11-23 所示。

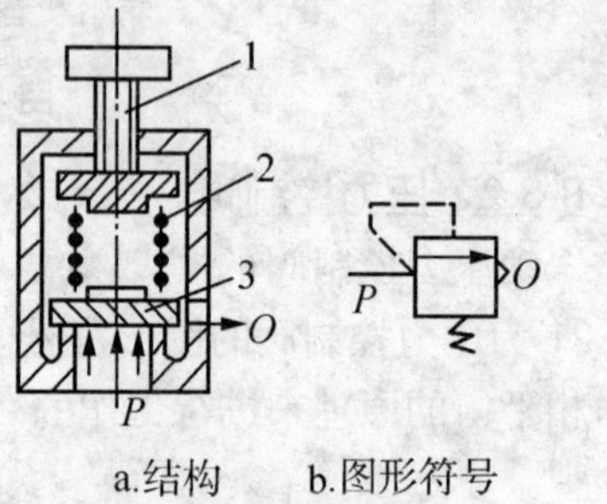

图 11-23　安全阀的结构与图形符号

1. 调整螺钉　2. 弹簧　3. 阀芯

11.3.3　气动流量控制阀

气动流量控制阀主要包括节流阀、单向节流阀和排气节流阀等气动控制元件。它们都是通过改变控制阀的通流面积来实现流量的控制，从而控制气缸的运动速度。节流阀的工作过程如图 11-24a 所示。压缩空气由 P 口进入，经过节流后，由 A 口流出，旋转阀芯螺杆可改变节流口开度来调节气体的流量。

1. 单向节流阀　单向节流阀是由单向阀和节流阀并联而成的。当气流沿着一个方向流动时，经过节流阀节流；反方向流动时，单向阀打开，如图 11-24b 所示。

2. 排气节流阀　图 11-25 为排气节流阀的工作原理。排气节流阀安装在控制执行元件的换向阀的排气口上，通过调节排入大气的流量来改变执行元件的运动速度。此种阀常带有消声器以降低排气噪声。

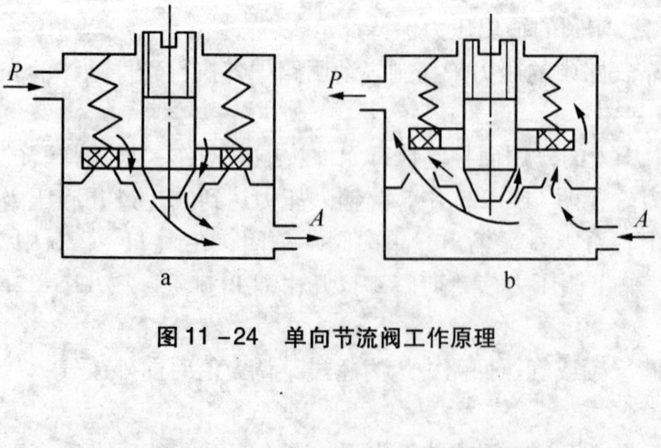

图 11-24　单向节流阀工作原理

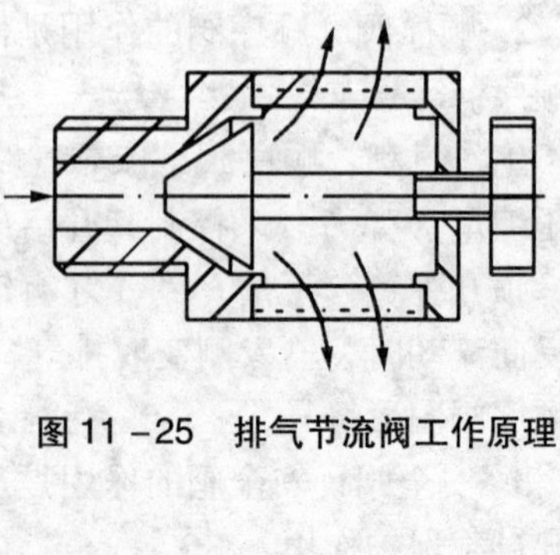

图 11-25　排气节流阀工作原理

思考与练习

1. 说明空气压缩机的工作原理。
2. 在压缩空气站中，为什么既有除油器，又有油雾器？
3. 气缸有哪几类？
4. 试述气动马达的分类和特点。
5. 气动换向阀与液压换向阀有什么区别？

第 12 章　气动基本回路及应用实例

无论多么复杂的气动系统，均是由一些具有不同功能的基本回路组成的。这些基本回路按其控制目的、控制功能的不同可分为方向控制回路、压力控制回路和速度控制回路等几大类。熟悉掌握这些基本回路是合理设计气压传动系统的基础。

12.1　气动基本回路

12.1.1　方向控制回路

1. 单作用气缸换向回路　图 12－1a、b 分别为常闭型二位三通电磁阀和三位五通电磁阀控制的单作用气缸换向回路。在图 12－1a 的回路中，通电时，活塞杆向外伸出；断电时，在弹簧力作用下活塞杆缩回。在图 12－1b 的回路中，电磁铁失电后能自动复位，故能使气缸停留在行程中的任意位置。

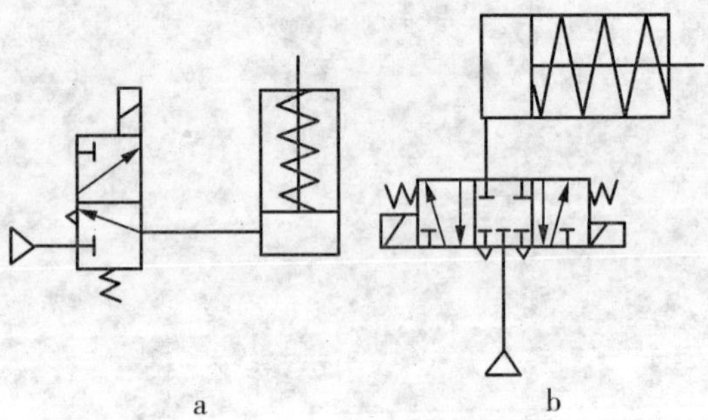
a　b

图 12－1　单作用气缸换向回路

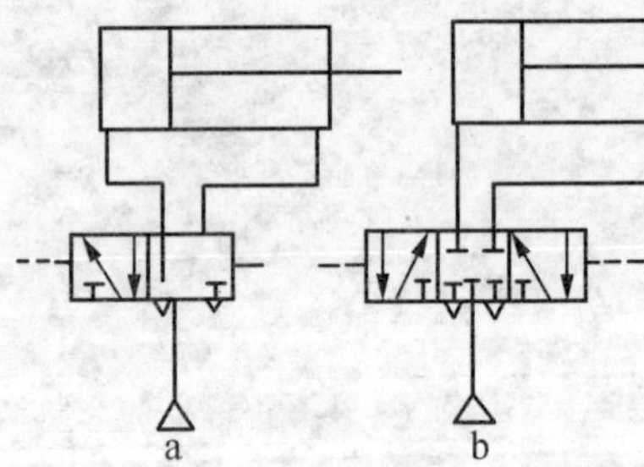
a　b

图 12－2　双作用气缸换向回路

2. 双作用气缸换向回路　图 12－2a、b 分别为二位五通阀和中位封闭式三位五通阀控制的双作用气缸换向回路。在图 12－2a 的回路中，通过对换向阀左右两侧分别输入控制信号，使气缸活塞杆伸出和缩回。此回路不允许左右两侧同时加等压控制信号。在图 12－2b 的回路中，除控制双作用缸换向外，还可在行程中的任意位置停止运动。

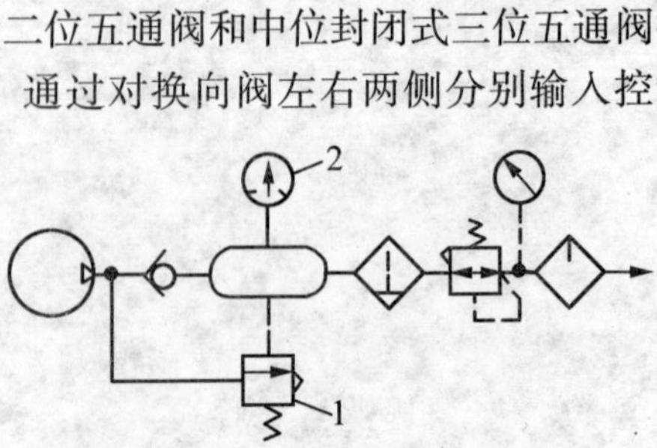

图 12－3　一次压力控制回路

1. 外控溢流阀　2. 电接点压力表

12.1.2　压力控制回路

压力控制回路的功用是使系统保持在某一规定的压力范围内（0.8 MPa），常用的压力控制回路有一次压力控制回路、二次压力控制回路和高低压转换回路。

1. 一次压力控制回路　图12－3为一次压力控制回路。此回路用于控制储气罐的压力，使之不超过规定的压力值。常用外控溢流阀1或电接点压力表2来控制空气压缩机的旋转和停止，使储气罐内压力保持在规定范围内。

2. 二次压力控制回路　图12－4为二次压力控制回路。图12－4a是由气动三大件组成的，主要由溢流减压阀来实现压力控制；图12－4b是由减压阀和换向阀构成，是对同一系统实现输出压力 p_1、p_2 的控制；图12－4c是由减压阀对不同系统输出的不同压力 p_1、p_2 进行控制。

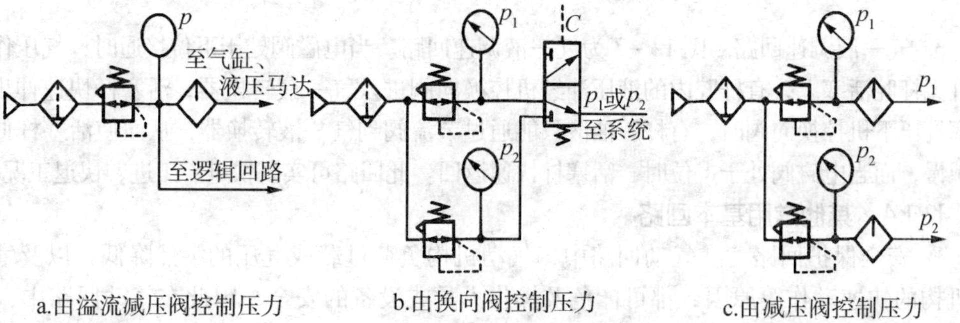

图12－4　二次压力控制回路

12.1.3　速度控制回路

气动系统因使用的功率都不大，因此主要的调速方法是节流调速。

1. 单向调速回路　图12－5为双作用缸单向调速回路。图12－5a为供气节流调速回路。在图示位置时，当气控换向阀不换向时，进入气缸 A 腔的气流流经节流阀，B 腔排出的气体直接经换向阀快速排出。当节流阀开度较小时，由于进入 A 腔的流量较小，压力上升缓慢。当气压达到能克服负载的数值时，活塞前进，此时 A 腔容积增大，结果使压缩空气膨胀，压力下降，使作用在活塞上的力小于负载，因而活塞就停止前进。待压力再次上升时，活塞才再次前进。这种由于负载及供气的原因使活塞忽走忽停的现象，叫气缸的“爬行”。节流供气多用于垂直安装的气缸供气回路中，在水平安装的气缸供气回路中一般采用图12－5b的节流排气回路。

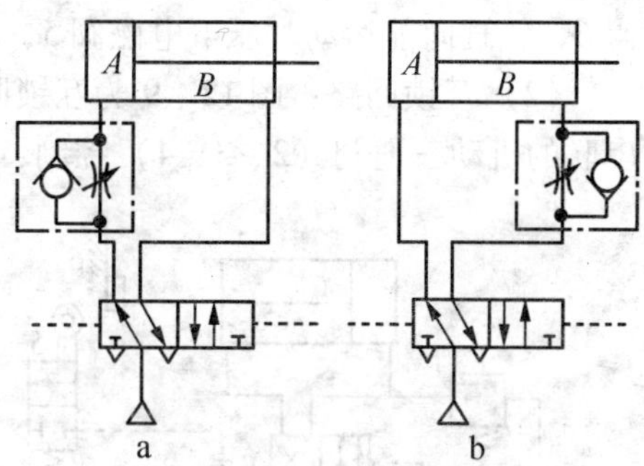

图12－5　双作用缸单向调速回路

排气节流调速回路具有下述特点：

（1）气缸速度随负载变化较小，运动较平稳。

（2）能承受与活塞运动方向相同的负载（反向负载）。

2. 双向调速回路　图12－6为双向调速回路。图12－6a为采用单向节流阀式的双向节流调速回路，图12－6b为采用排气节流阀的双向节流调速回路。它们都是采用排气节流调速方式，当外负载变化不大时，进气阻力小，负载变化对速度影响小，故比供气节流调速效果要好。

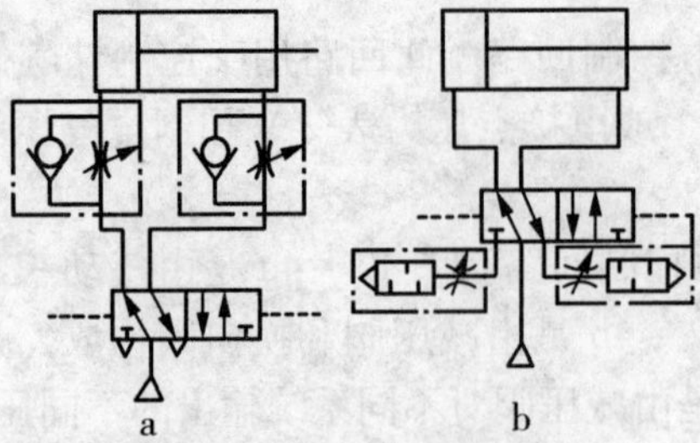

图 12-6　双向调速回路

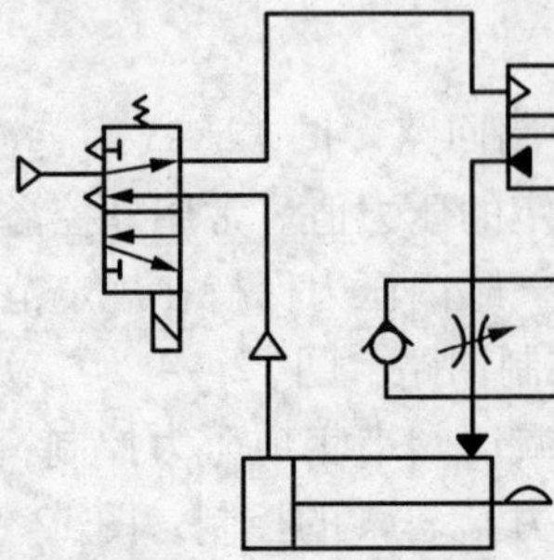

图 12-7　气—液调速回路

3. 气—液调速回路　图 12-7 为气—液调速回路。当电磁阀处于下位接通时，气压作用于气缸无杆腔活塞上，有杆腔内的液压油经机控换向阀进入气—液转换器，活塞杆快速伸出。当活塞杆压下机控换向阀时，有杆腔油液只能通过节流阀到气—液转换器，从而使活塞杆伸出速度减慢，而当电磁阀处于上位时，活塞杆快速返回。此回路可实现快进、工进、快退工况。

12.1.4　其他常用基本回路

1. 安全保护回路　在气动回路中，气动机构负荷过载或气压的突然降低，以及气动执行机构的快速动作等原因，都可能危及操作人员或设备的安全，因此在气动回路中，常常要加入安全回路。下面介绍几种常用的安全保护回路。

（1）过载保护回路：图 12-8 为一过载保护回路。按下手动换向阀 1，在活塞杆伸出的过程中，若遇到障碍 6 或其他原因使气缸过载时，无杆腔压力升高，顺序阀 3 打开，使换向阀 2 换向，二位四通电磁换向阀 4 随即复位，活塞立即退回，实现过载保护。若无障碍 6，气缸向前运动时压下电磁阀 5，活塞立即返回。

（2）互锁回路：图 12-9 为互锁回路。在该回路中，四通电磁换向阀 1 的换向受三个串联的机动三通阀（2、3、4）控制，只有这三个阀都接通时主阀 1 才能换向，即互锁。

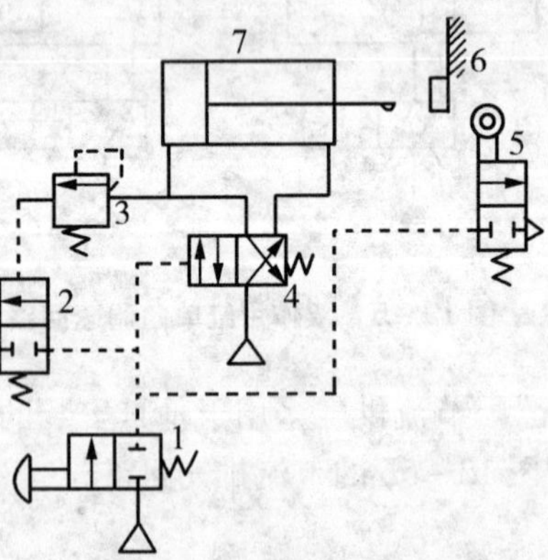

图 12-8　过载保护回路

1. 手动换向阀　2. 换向阀　3. 顺序阀　4. 电磁换向阀　5. 常开电磁阀　6. 障碍　7. 液压缸

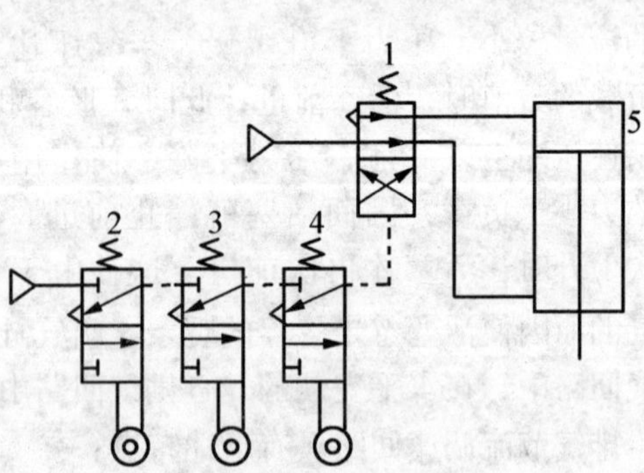

图 12-9　互锁回路

1. 四通电磁换向阀　2、3、4. 机动三通阀　5. 液压缸

（3）双手同时操作回路：图 12-10 为双手同时操作回路。双手同时操作回路使用两

个启动主控阀 3 的手动阀，只有同时按动两个手动阀才动作。在操作时若任意一只手离开，则控制信号消失，主控阀复位，活塞后退。

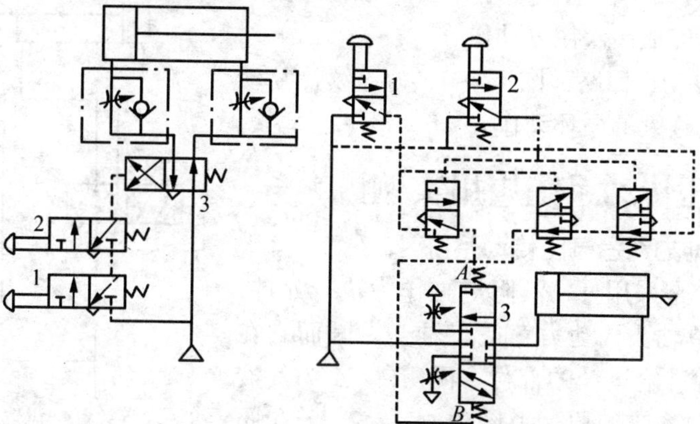

a　　b

图 12－10　双手操作回路

1、2. 手动阀　3. 主控阀

2. 延时回路　图 12－11 为延时回路。图 12－11a 为延时输出回路，当控制信号切换阀 4 后，压缩空气经单向节流阀 3 向储气罐 2 充气。当充气压力经过延时升高于阀 1 换位压力值时，阀 1 就有输出。图 12－11b 为延时接通回路，按下阀 8，则气缸向外伸出，当气缸在伸出行程中压下阀 5 后，压缩空气经节流阀到储气罐 6，延时后使阀 7 切换，气缸退回。

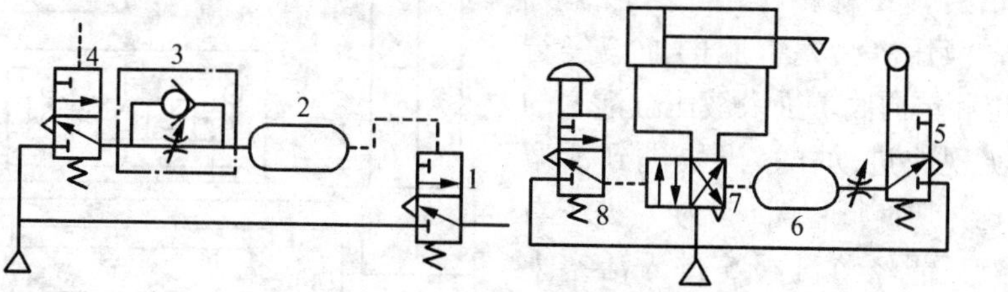

a　　b

图 12－11　延时回路

1. 换位阀　2、6. 储气罐　3. 单向节流阀　4. 控制信号切换阀　5. 行程阀　7. 切换阀　8. 手动换向阀

3. 顺序动作回路　顺序动作是指在气动回路中，各气缸按一定顺序完成各自的动作。

（1）单缸往复动作回路：图 12－12 为三种单往复动作回路。图 12－12a 是行程阀控

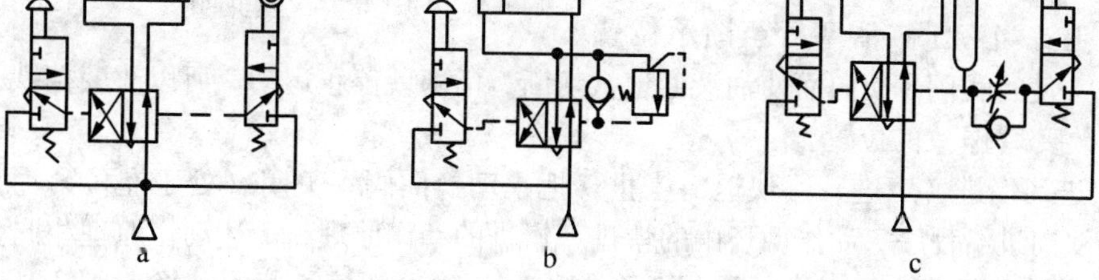

a　　b　　c

图 12－12　单往复动作回路

制的单往复回路，图 12－12b 是压力控制的往复动作回路，图 12－12c 是利用延时回路形成的时间控制的单往复动作回路。

由图 12－12 可知，在单往复动作回路中，每按下一次按钮，气缸就完成一次往复动作。

（2）连续往复动作回路：图 12－13 为连续往复动作回路，它能完成连续的循环动作。

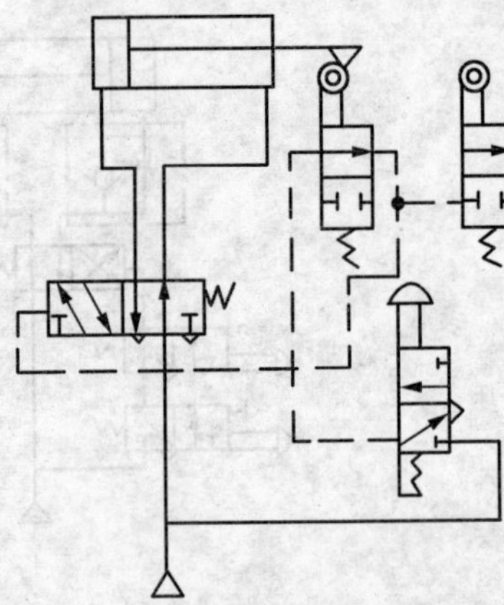

图 12－13　连续往复动作回路

12.2　气压传动系统应用实例

12.2.1　气液动力滑台气压传动系统

气液动力滑台是采用气—液阻尼缸作为执行元件，在它的上面安装单轴头、动力箱或工轴头，因而它在机床上常作为实现进给运动的部件。图 12－14 为气液动力滑台气压传动系统的原理。图中阀 1、2、3 和阀 4、5、6 分别组成两个阀组。该气液动力滑台能够完成下面两种过载循环："快进→慢进（工进）→快退→停止"和"快进→慢进（工进）→慢退→快退→停止"。

1. 快进→慢进（工进）→慢退→快退→停止　手动换向阀 4 处于图 12－14 所示状态。当手动换向阀 3 切换至右位时，相当于发出进给信号，在气压作用下，活塞开始向下运动，液压缸活塞下腔的油液经行程阀 6 的左位和单向阀 7 进入液压缸活塞的上腔，进而实现快进动作；当快进到活塞杆上的挡铁 B 并切换行程阀 6（使它处于右位）后，油液只能经节流阀 5 进入活塞上腔，调节节流阀开度的大小，即可调节气—液阻尼缸运动速度，这时开始慢进（工作进结）动作；当工进到挡铁 C 使行程阀 2 切换至左位时，输出气信号使阀 3 切换至左位，这时气缸活塞开始向上运动，液压缸活塞上腔的油液经行程阀 8 的左位和手动换向阀 4 的右位（单向阀）流回活塞下腔，实现了快退；当液压缸活塞行至图示位置时，挡铁 A 使行程阀 8 换向而使油液通道被切断，活塞就停止运动。所以改变挡铁 A 的位置，就能改变"停"的位置。

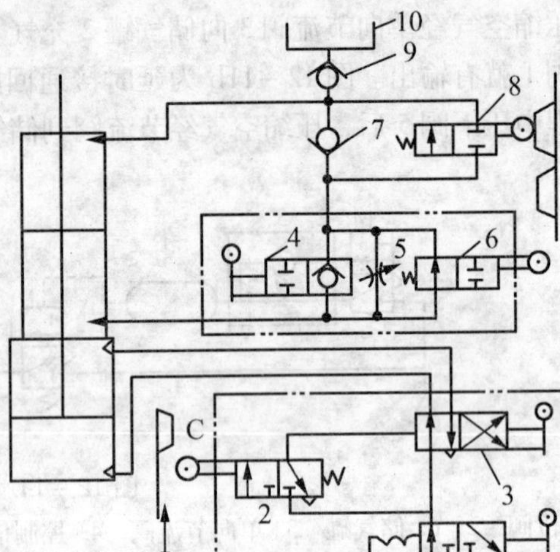

图 12－14　气液动力滑台气压传动系统的原理

1、3、4. 手动换向阀　2、6、8. 行程阀　5. 节流阀　7、9. 单向阀　10. 补油箱

2. 快进→慢进（工进）→快退→停止　把手动换向阀 4 关闭（处于左位）时就可实现上述的双向进给程序。动作循环中的快进→慢进的动作原理与上述动作原理相同。

（1）当慢进至挡铁 C 切换行程阀 2 至左位时，输出气信号使手动换向阀 3 切换至左位，气缸活塞开始向上运动，这时液压缸上腔的油液经行程阀 8 的左位和节流阀 5 进入液压活塞缸下腔，即实现了慢退（反向进给）。

（2）当慢退到挡铁B离开行程阀6的顶杆而使其复位（处于左位）后，液压缸活塞上腔的油液就经行程阀8的左位、再经行程阀6的左位进入液压活塞缸下腔，开始快退；快退到挡铁A切换行程阀8至图示位置时，油液通路被切断，活塞就停止运动。

图中单向阀9和补油箱10仅仅是为了补偿系统中的漏油而设置的，因而一般可用油杯代替。

12.2.2　气动机械手

在自动生产设备和生产线上，可根据各种自动化设备的工作需要，广泛采用能按照设定的控制程序进行顺序动作的气动机械手。

专用设备上采用的气动机械手的结构如图12－15所示。它由四个气缸组成，可在三个坐标内进行工作。图中A为夹紧缸，其活塞杆退回时可以夹紧工件；B缸为长臂伸缩缸；C缸为立柱升降缸；D缸为立柱回转缸，该气缸有两个活塞，分别安装在带齿条的活塞杆两端，通过齿条的往复运动带动立柱上的齿轮作旋转运动，从而实现立柱的回转。

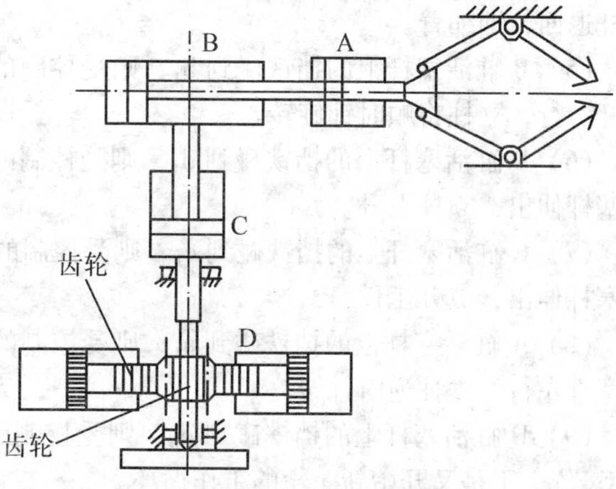

图12－15　气动机械手的结构

图12－16为气动机械手的控制回路。该机械手的动作顺序：立柱下降→伸臂→夹紧工件→缩臂→立柱顺时针转→立柱上升→放开工件、立柱逆时针转。

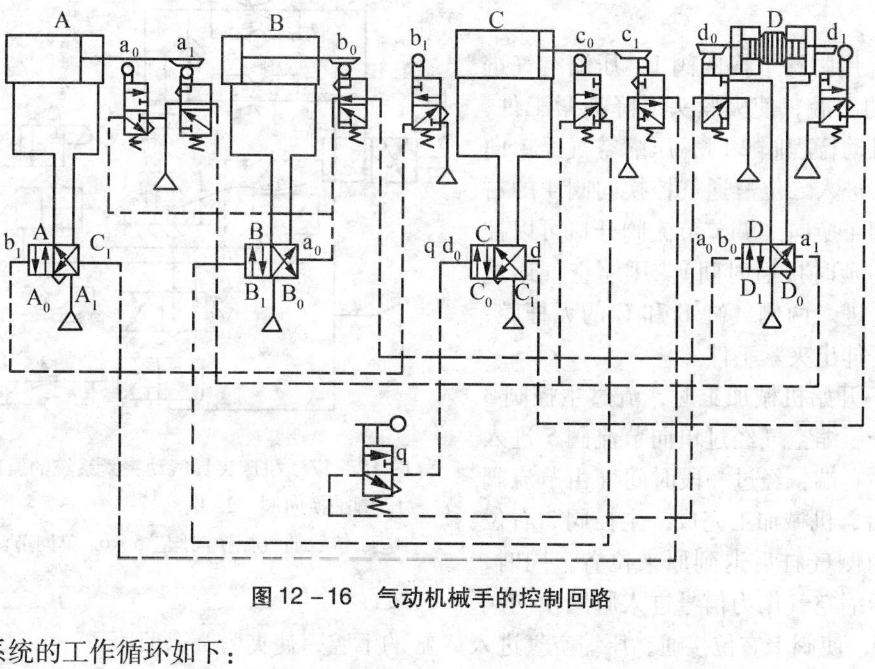

图12－16　气动机械手的控制回路

该系统的工作循环如下：

（1）按下启动阀 q，主控阀 C 将处于 C_0 位，活塞杆退回，立柱下降。

（2）C 缸活塞杆上的挡铁碰到 c_0，则受控制的压缩气将使主控阀 B 处于 B_1 位，使 B 缸中的活塞杆向右伸出，即伸臂。

（3）B 缸活塞杆上的挡铁碰到 b_1，则受控制的压缩气使主控阀 A 处于 A_0 位，A 缸中的活塞杆退回，将工件夹紧。

（4）A 缸活塞杆上的挡铁碰到 a_0，则受控制的压缩气使主控阀 B 处于 B_0 位，B 缸活塞杆退回，即缩臂。

（5）B 缸活塞杆上的挡铁碰到 b_1，则受控制的压缩气使主控阀 D 处于 D_1 位，D 缸活塞杆右行，立柱将顺时针旋转。

（6）D 缸活塞杆上的挡铁碰到 d_1，则受控制的压缩气使主控阀 C 处于 C_1 位，使 C 缸活塞杆伸出，立柱上升。

（7）C 缸活塞杆上的挡铁碰到 c_1，则受控制的压缩气使主控阀 A 处于 A_1 位，使 A 缸活塞杆伸出，放开工件。

（8）A 缸活塞杆上的挡铁碰到 a_1，则受控制的压缩气使主控阀 D 处于 D_0 位，使 D 缸活塞杆左行，立柱逆时针转。

（9）D 缸活塞杆上的挡铁碰到 d_0，则受控制的压缩气经由启动阀 q 又使主控阀 C 处于 C_0 位，于是又开始新一轮的工作循环。

12.2.3 工作夹紧气压传动系统

图 12－17 为机械加工自动线、组合机床中常用的工件夹紧气压传动系统原理。当工件运行到指定位置后，垂直缸 A 的活塞杆先伸出（向下）将工件定位锁紧后，两侧气缸 B 和 C 的活塞杆再同时伸出，对工件进行两侧夹紧，然后进行机械加工，加工完成后各夹紧缸退回，将工件松开。具体工作步骤如下：

（1）用脚踏下换向阀 1，压缩空气进入 A 缸的上腔，使夹紧头下降夹紧工件，当压下机动行程阀 2 时，压缩空气经单向节流阀 6 进入二位三通气控换向阀 4 的右侧，使阀 4 换向（调节节流阀开口可以控制阀 4 的延时接通时间）。压缩空气通过主控阀 3 进入两侧气缸 B 和 C 的无杆腔，使活塞杆伸出夹紧工件。

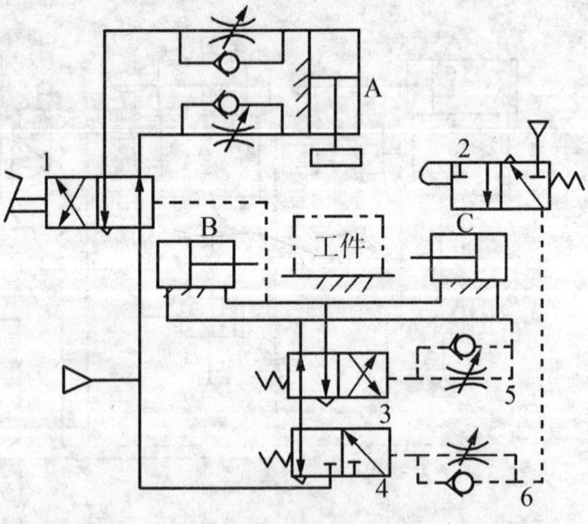

图 12－17 机床夹具气动夹紧系统的原理

1. 脚踏换向阀 2. 机动行程阀 3. 主控阀 4. 二位三通气控换向阀 5、6. 单向节流阀

（2）开始机械加工时，流过主控阀 3 的一部分压缩空气经过单向节流阀 5 进入主控阀 3 右端，经过一段时间（由节流阀控制）后，机械加工完成，主控阀 3 右位接通，两侧气缸后退到原来位置。同时，一部分压缩空气作为信号进入脚踏换向阀 1 的右端，使阀 1 右位接通，压缩空气进入 A 缸的下腔，使夹紧头退回原位。

（3）夹紧头上升的同时使机动行程阀 2 复位，气控换向阀 4 也复位（此时主控阀 3 仍为右位接通），由于气缸 B 和 C 的无杆腔通大气，主控阀 3 自动复位到左位，完成一个工作循环。该回路只有再踏下阀 1 才能开始下一个工作循环。

12.2.4　数控加工中心气动换刀系统

图 12 – 18 为某数控加工中心气动换刀系统的原理。该系统在换刀过程中可实现主轴定位、主轴松刀、拔刀、向主轴锥孔吹气和插刀动作。动作过程如下：

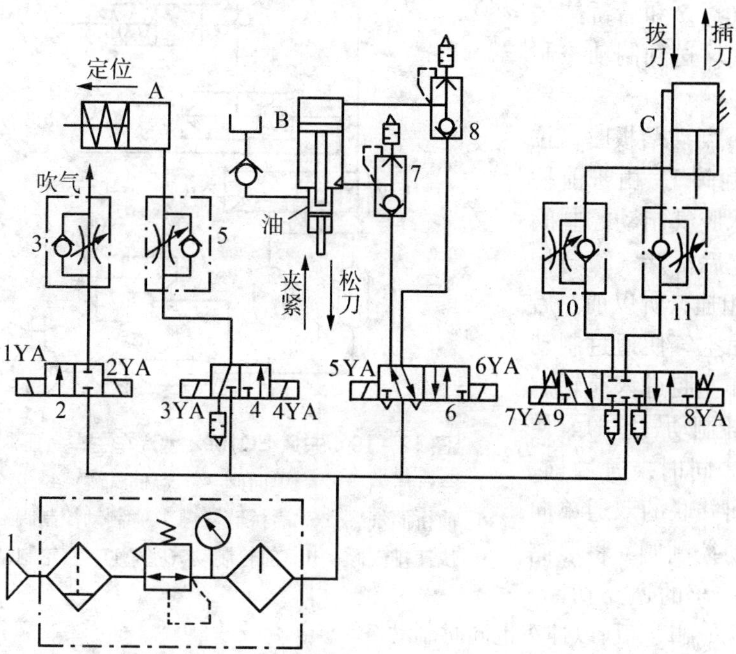

图 12 – 18　数控加工中心气动换刀系统的原理

1. 气动三联件　2、4、6、9. 换向阀　3、5、10、11. 单向节流阀　7、8. 快速排气阀（梭阀）

（1）控制系统发出换刀指令时，主轴停止旋转，同时 4YA 通电，压缩空气经气动三联件 1、换向阀 4、单向节流阀 5 进入主轴定位缸 A 的右腔，缸 A 的活塞左移，使主轴自动定位。

（2）定位后压下无触点开关，使 6YA 通电，压缩空气经换向阀 6、快速排气阀 8 进入气液增压缸 B 的上腔，增压腔的高压油使活塞伸出，实现主轴松刀。

（3）8YA 通电，压缩空气经换向阀 9、单向节流阀 11 进入缸 C 的上腔，缸 C 下腔排气，活塞下移实现拔刀，由回转刀库交换刀具。

（4）1YA 通电，压缩空气经换向阀 2、单向节流阀 3 向主轴锥孔吹气。稍后 1YA 断电、2YA 通电，停止吹气；8YA 断电、7YA 通电，压缩空气经换向阀 9、单向节流阀 10 进入缸 C 的下腔，活塞上移，实现插刀动作。

（5）6YA 断电、5YA 通电，压缩空气经换向阀 6、快速排气阀 7 进入气液增压缸 B 的下腔，使活塞退回，主轴的机械机构使刀具夹紧。

（6）4YA 断电、3YA 通电，缸 A 的活塞靠弹簧力作用复位，回复到开始状态，换刀结束。

12.2.5 东风 EQ1092 型汽车主车气压制动回路

图 12－19 为东风 EQ1092 型汽车主车气压制动回路。空气压缩机 1 由发动机通过皮带驱动，将压缩空气经单向阀 2 压入湿储气罐 3，然后再分别经两个相互独立的前桥储气罐 5 和后桥储气罐 6 将压缩空气输送到制动控制阀 7。

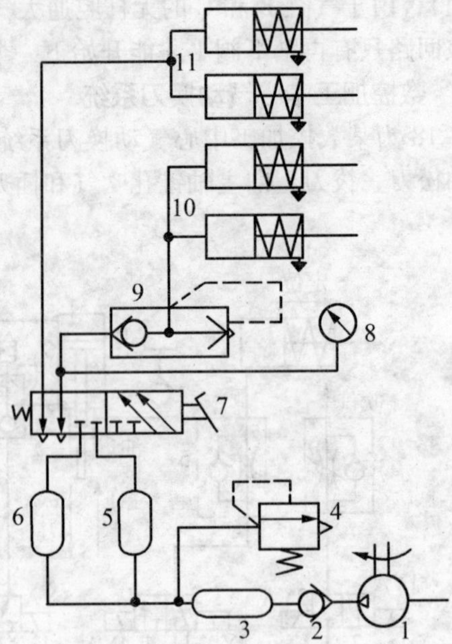

图 12－19 东风 EQ1092 型汽车主车气压制动回路

1. 空气压缩机 2. 单向阀 3. 湿储气罐 4. 安全阀(卸荷阀) 5. 前桥储气罐 6. 后桥储气罐 7. 制动控制阀 8. 气压表 9. 快速排气阀 10. 前轮制动气室 11. 后轮制动气室

（1）当踏下制动踏板时，拉杆拉动制动控制阀 7，由于前桥储气罐与并列双腔气制动控制阀的右腔室相连，后桥储气罐与控制阀的左腔室相连，所以前、后桥储气罐的压缩空气便通过制动控制阀的右腔和左腔进入前轮制动气室 10 和后轮制动气室 11，使前、后轮制动。同时，通过前、后制动管路之间并联的双通单向阀接通挂车制动控制阀，将湿储气罐 3 与通向挂车的通路切断。由于挂车采用断气制动，所以挂车也同时制动。

（2）当放松制动踏板时，前、后轮制动气室，挂车制动阀及管路中的压缩空气都经制动控制阀排气孔排入大气，从而解除制动。

东风 EQ1092 型汽车采用风冷单缸空气压缩机，缸盖上设有卸荷装置。压缩机与储气罐之间还装有调压阀和单向阀。当储气罐气压达到规定值后，调压阀就将进气阀打开，使空气压缩机卸荷，一旦调压阀失效，则由安全阀起过载保护作用。单向阀可防止压缩空气倒流。该车采用双腔膜片式并联制动控制阀（踏板式）。踩下踏板，使前轮、后轮制动。当前、后桥回路中有一回路失效时，另一回路仍能正常工作，并实现制动。在后桥制动回路中安装了膜片式快速放气阀，可使后桥制动迅速解除。气压表 8 指示后桥制动回路中的气压。该车采用膜片式制动气室，利用压缩空气的膨胀力推动制动臂及制动凸轮，使车轮制动。

思考与练习

1. 设计一种常用的“快进→慢进→快退”气控回路。

2. 设计一公共汽车车门气压传动系统，要求公共汽车的车门采用气压控制，司机和售票员都可以开、关车门（即在司机座位和售票员座位处都安装气动开关），并且当车门在关闭的过程中遇到障碍物时，车门能够马上打开，起到安全保护作用。

第 13 章　气动系统的安装、调试、使用及维护

13.1　气动系统的安装与调试

13.1.1　气动系统的安装

1. 元件的安装

（1）应注意阀的推荐安装位置和标明的安装方向。

（2）逻辑元件应按控制回路的需要，将其成组地装在底板上，并在底板上开出气路，用软管接出。

（3）移动缸的中心线与负载作用力的中心线要同心，否则引起侧向力，使密封件磨损加速，活塞杆弯曲。

（4）在安装前应校验各种自动控制仪表、自动控制器、压力继电器等。

2. 管道的安装

（1）安装前要彻底清理管道内的粉尘及杂物。

（2）管子支架要牢固，工作时不得产生振动。

（3）接管时要充分注意密封性，防止漏气，尤其注意管接头处及焊接处。

（4）管路尽量平行布置、减少交叉，力求最短、转弯最少，并考虑到能自由拆装。

（5）安装软管要有一定的弯曲半径，否则会发生拧扭现象，安装软管时应远离热源或安装隔热板。

13.1.2　气动系统的调试

1. 调试前的准备

（1）要熟悉说明书等有关技术资料，力求全面了解系统的结构、原理、性能要求和操作方法。

（2）了解元件在设备上的实际安装位置，需要调整的元件的操作方法及调节旋钮的旋向。

（3）准备好调试所需的必要工具、仪器仪表等。

2. 调试注意事项　调试时空载运行一般不少于 2 h，同时注意观察压力、流量、温度的变化，如发现异常应立即停车检查，待排除故障后才能继续运转。负载试运转应分段加载，运转一般不少于 4 h，分别测出有关数据，记入试运转记录文件。

13.2 气动系统的使用和维护

1. 气动系统使用注意事项

(1) 气压系统开启前后要放掉系统中的冷凝水。

(2) 定期给油雾器注油。

(3) 气压系统开启前检查各调节手柄是否在正确位置，机控阀、行程开关、挡块的位置是否正确、牢固，对导轨、活塞杆等外露部分的配合表面要擦拭干净。

(4) 随时注意压缩空气的清洁度，对空气过滤器的滤芯要定期清洗。

(5) 设备长期不用时，应将各手柄放松，以防止弹簧永久变形而影响元件的调节精度。

2. 压缩空气的污染及防止方法　压缩空气的质量对气压传动系统性能的影响极大，压缩空气如被污染，将使管道和元件锈蚀、密封件变形、堵塞喷嘴，使系统不能正常工作。压缩空气的污染主要来自水分、油分和粉尘等三个方面，其污染原因及防止方法如下：

(1) 水分：空气压缩机吸入的是含有水分的湿空气，空气经压缩后提高了压力，当再度冷却时就要析出冷凝水，致使管道和元件锈蚀，影响其性能。

防止冷凝水侵入压缩空气的方法是：及时排除系统各排水阀中积存的冷凝水，经常注意自动排水器、干燥器的工作是否正常，定期清洗空气过滤器的内部元件和自动排水器的内部元件等。

(2) 油分：这里是指使用过的因受热而变质的润滑油。压缩机使用的一部分润滑油成雾状混入压缩空气中，受热后引起汽化随压缩空气一起进入系统，将使密封件变形，造成空气泄漏，摩擦阻力增大，阀和执行元件动作不良，而且还会污染环境。

清除压缩空气中油分的方法：较大的油分颗粒，通过除油器和空气过滤器的分离作用同空气分开，从设备底部排污阀排除；较小的油分颗粒，则可通过活性炭吸附作用清除。

(3) 粉尘：空气中含有的粉尘、管道内的锈粉及密封材料的碎屑等侵入到压缩空气中，将引起元件中的运动件卡死、动作失灵，堵塞喷嘴，加速元件磨损，降低元件的使用寿命，导致故障发生，严重影响系统性能。

防止粉尘侵入压缩机的主要方法：经常清洗空气压缩机前的预过滤器、空气过滤器的滤芯，并及时更换滤清元件等。

3. 气动系统的日常维护　气动系统日常维护的主要内容是冷凝水的处理和系统润滑。对冷凝水的处理方法在前面已讲过，这里仅对系统润滑的管理作一介绍。

气动系统中，从控制元件到执行元件，凡是有相对运动的表面都需要润滑。如果润滑不当，会使摩擦阻力增大，导致元件动作不良，并因密封面磨损而引起系统泄漏等危害。

润滑油的性质直接影响润滑效果。通常，高温环境下用高黏度润滑油，低温环境下用低黏度润滑油。如果温度特别低，为克服起雾困难可在油杯内装加热器。供油量应随润滑部位的形状、运动状态及负载大小而变化。供油量应总是大于实际需要量。一般以每 10 m^3 自由空气供给 1 mL 的油量为基准。

注意：要多观察油雾器的工作是否正常，如果发现油量没有减少，需及时检修或更换油雾器。

4. 气动系统的定期检修　定期检修的时间间隔通常为三个月。定期检修的主要内容有：

(1) 查明系统各泄漏处，并设法解决泄漏问题。

（2）观察换向阀的动作是否可靠。根据换向时声音是否异常，判定铁芯和衔铁配合处是否有杂质。检查铁芯是否有磨损，密封件是否老化。

（3）检查安全阀、紧急安全开关的动作是否可靠。定期修检时，必须确认它们动作的可靠性，以确保设备和人身安全。

（4）反复开关换向阀观察气缸动作，判断活塞上的密封是否良好。检查活塞杆外露部分，判定前盖的配合处是否有泄漏。

（5）通过对方向控制阀排气口的检查，判断润滑油是否适度、空气中是否有冷凝水。如果润滑不良，应考虑油雾器规格是否合适、安装位置是否恰当、滴油量是否正常等。如果有大量冷凝水排出，应考虑过滤器的安装位置是否恰当、排除冷凝水的装置是否合适、冷凝水的排除是否彻底。如果方向控制阀排气口关闭时，仍有少量泄漏，往往是元件损伤的初期阶段，检查后，可更换受磨损元件以防止其动作不良。

上述各项检查和修复的结果应记录下来，以备设备出现故障时查找原因，并可作为设备大修时的参考。气动系统的大修间隔期为一年或几年，其主要内容是检查系统各元件和部件，判定其性能和寿命，并对平时产生故障的部位进行检修或更换元件，排除修理间隔期间内一切可能产生故障的因素等。

13.3　元件常见故障及排除

气动系统主要元件常见的故障及其排除方法，见表13－1至表13－6。

表13－1　减压阀的常见故障及其排除方法

故障现象	故障原因	故障排除方法
二次压力升高	1. 阀弹簧损坏 2. 阀座有伤痕，或阀座橡胶剥离 3. 阀体中进入灰尘，阀导向部分粘有异物 4. 阀芯导向部分和阀体的O型密封圈收缩、膨胀	1. 更换阀弹簧 2. 更换阀体 3. 清洗、检查滤清器 4. 更换O型密封圈
压降很大（流量不足）	1. 阀口径小 2. 阀下部积存冷凝水；阀内混入异物	1. 使用口径大的减压阀 2. 清洗、检查滤清器
溢流口总是漏气	1. 溢流阀座有伤痕（溢流式） 2. 膜片破裂 3. 二次压力升高 4. 二次侧背压增高	1. 更换溢流阀座 2. 更换膜片 3. 参看“二次压力升高”栏 4. 检查二次侧的装置、回路
阀体漏气	1. 密封件损伤 2. 弹簧松弛	1. 更换密封件 2. 张紧弹簧
异常振动	1. 弹簧的弹力减弱，弹簧错位 2. 阀体的中心与阀杆的中心错位 3. 因空气消耗致周期变化，使阀不断开启、关闭，与减压阀引起共振	1. 把弹簧调整到正常位置，更换弹力已减弱的弹簧 2. 检查并调整位置偏差 3. 和制造厂协商

表 13－2　溢流阀的常见故障及其排除方法

故障现象	故障原因	故障排除方法
压力虽上升，但不溢流	1. 阀内部的孔堵塞 2. 阀芯导向部分进入异物	1. 清洗 2. 清除异物
压力虽没有超过设定值，但在二次侧却溢出空气	1. 阀内进入异物 2. 阀座损伤 3. 调压弹簧损坏	1. 清洗 2. 更换阀座 3. 更换调压弹簧
溢流时发生振动（主要发生在膜片式阀，启闭压力差较小）	1. 压力上升速度很慢，溢流阀放出流量多，引起阀振动 2. 因从压力上升源到溢流阀之间被节流，阀前部压力上升慢而引起振动	1. 二次侧安装针阀来微调溢流量，使其与压力上升量匹配 2. 增大压力上升源到溢流阀的管道口径
从阀体和阀盖向外漏气	1. 膜片破裂（膜片式） 2. 密封件损伤	1. 更换膜片 2. 更换密封件

表 13－3　方向阀常见故障及其排除方法

故障现象	故障原因	故障排除方法
不能换向	1. 阀芯的滑动阻力大，润滑不良 2. O 型密封圈变形 3. 粉尘卡住滑动部分 4. 弹簧损坏 5. 阀操纵力小 6. 活塞密封圈磨损	1. 进行润滑 2. 更换密封圈 3. 清除粉尘 4. 更换弹簧 5. 检查阀操纵部分 6. 更换密封圈
阀产生振动	1. 空气压力低（先导式） 2. 电源电压低（电磁阀）	1. 提高操纵压力，采用直动型 2. 提高电源电压，使用低电压线圈
交流电磁铁有蜂鸣声	1. 活动铁芯密封不良 2. 粉尘进入铁芯的滑动部分，使活动铁芯不能密切接触 3. 活动铁芯的铆钉脱落，铁芯叠层分开不能吸合 4. 短路环损坏 5. 电源电压低 6. 外部导线拉得太紧	1. 检查铁芯接触和密封性，必要时更换铁芯组件 2. 清除粉尘 3. 更换活动铁芯 4. 更换固定铁芯 5. 提高电源电压 6. 引线应宽裕

续表

故障现象	故障原因	故障排除方法
电磁铁动作时间偏差大，或有时不能动作	1. 活动铁芯锈蚀，不能移动；在湿度高的环境中使用气动元件时，由于密封不完善而向磁铁部分泄漏空气 2. 电源电压低 3. 粉尘等进入活动铁芯的滑动部分，使运动恶化	1. 铁芯除锈，修理好对外部的密封，更换坏的密封件 2. 提高电源电压或使用符合电压要求的线圈 3. 清除粉尘
线圈烧毁	1. 环境温度高 2. 快速循环使用时 3. 因为吸引时电流大，单位时间耗电多，温度升高，使绝缘损坏而短路 4. 粉尘夹在阀和铁芯之间，不能吸引活动铁芯 5. 线圈上残余电压	1. 按产品规定温度范围使用 2. 使用高级电磁阀 3. 使用气动逻辑回路 4. 清除粉尘 5. 使用正常电源电压，使用符合电压的线圈
切断电源，活动铁芯不能退回	粉尘进入活动铁芯滑动部分	清除粉尘

表13-4 气缸的常见故障及其排除方法

故障现象	故障原因	故障排除方法
外泄漏：活塞杆与密封衬套间漏气；气缸体与端盖间漏气；缓冲装置的调节螺钉处漏气	1. 衬套密封圈磨损 2. 活塞杆偏心 3. 活塞杆有伤痕 4. 活塞杆与密封衬套的配合面内有杂质 5. 密封圈损坏	1. 更换衬套密封圈 2. 重新安装，使活塞杆不受偏心负荷 3. 更换活塞杆 4. 除去杂质、安装防尘盖 5. 更换密封圈
内泄漏：活塞两端窜气	1. 活塞密封圈损坏 2. 润滑不良 3. 活塞被卡住 4. 活塞配合面有缺陷，杂质挤入密封面	1. 更换活塞密封圈 2. 调节或更换油雾器 3. 重新安装，使活塞杆不受偏心负荷 4. 缺陷严重者更换零件，除去杂质

续表

故障现象	故障原因	故障排除方法
输出力不足，动作不平稳	1. 润滑不良 2. 活塞或活塞杆卡住 3. 气缸体内表面有锈蚀或缺陷 4. 进入了冷凝水、杂质	1. 调节或更换油雾器 2. 检查安装情况，消除偏心 3. 视缺陷大小再决定排除故障办法 4. 加强对空气过滤器和除油器的管理，定期排放污水
缓冲效果不好	1. 缓冲部分的密封圈密封性能差 2. 调节螺钉损坏 3. 气缸速度太快	1. 更换密封圈 2. 更换调节螺钉 3. 研究缓冲机构的结构是否合适
损伤：活塞杆折断；端盖损坏	1. 有偏心负荷 2. 摆动气缸安装轴销的摆动面与负荷摆动面不一致；摆动轴销的摆动角过大，负荷很大，摆动速度又快，有冲击装置的冲击加到活塞杆上；活塞杆承受负荷的冲击；气缸的速度太快 3. 缓冲机构不起作用	1. 调整安装位置，消除偏心，使轴销摆角一致 2. 确定合理的摆动速度 3. 冲击不得加在活塞杆上；设置缓冲装置，在外部或回路中设置缓冲机构

表 13－5　空气过滤器的常见故障及其排除方法

故障现象	故障原因	故障排除方法
压力过大	1. 使用过细的滤芯 2. 过滤器的流量范围太小 3. 流量超过过滤器的容量 4. 过滤器滤芯网眼堵塞	1. 换适当的滤芯 2. 换流量范围大的过滤器 3. 换大容量的过滤器 4. 用净化液清洗（必要时更换）滤芯
从输出端溢出冷凝水	1. 未及时排出冷凝水 2. 自动排水器发生故障 3. 过滤器的流量范围偏小	1. 养成定期排水习惯或安装自动排水器 2. 修理排水器（必要时更换） 3. 适当流量范围内使用，或者更换大容量的过滤器
输出端出现异物	1. 过滤器滤芯破损 2. 滤芯密封不严 3. 用有机溶剂清洗塑料件	1. 更换机芯 2. 更换机芯的密封，紧固滤芯 3. 用清洁的热水或煤油清洗

续表

故障现象	故障原因	故障排除方法
塑料水杯破损	1. 在有机溶剂的环境中使用 2. 空气压缩机输出某种焦油 3. 压缩机从空气中吸入对塑料有害的物质	1. 用不受有机溶剂侵蚀的材料（如使用金属杯） 2. 更换空气压缩机的润滑油，使用无油压缩机 3. 使用金属杯
漏气	1. 密封不良 2. 因物理（冲击）、化学原因使塑料杯产生裂痕 3. 放水阀、自动排水器失灵	1. 更换密封件 2. 观看塑料杯破损栏 3. 修理（必要时更换）

表13－6　油雾器的常见故障及其排除方法

故障现象	故障原因	故障排除方法
油不能滴下	1. 没有产生油滴下落所需的压差 2. 油雾器反向安装 3. 油道堵塞 4. 油杯未加压	1. 加上文丘里管或换成小的油雾器 2. 改变安装方向 3. 拆卸，进行修理 4. 通往油杯的空气通道堵塞，须拆卸修理
油杯未加压	1. 通往油杯的空气通道堵塞 2. 油杯大、油雾器使用频繁	1. 拆卸修理 2. 加大通往油杯的空气通孔，使用快速循环式油雾器
油滴数不能减少	油量调整螺丝失效	检修油量调整螺丝
空气向外泄漏	1. 油杯破损 2. 密封不良 3. 观察玻璃破损	1. 更换油杯 2. 检修密封 3. 更换观察玻璃
油杯破损	1. 用有机溶剂清洗 2. 周围存在有机溶剂	1. 更换油杯，使用金属杯或耐有机溶剂油杯 2. 与有机溶剂隔离

思考与练习

1. 管道在安装时应考虑什么内容？
2. 压缩空气的污染及防止方法有哪些？
3. 气动系统的定期检修的内容是什么？
4. 气缸的常见故障及其排除方法有哪些？

附录 常用液压及气动元件图形符号

以下常用液压及气动元件图形符号均摘自 GB/T 786.1—1993。

附表 1 基本符号

名称	符号	名称	符号
工作油路		控制管路	
连接管路	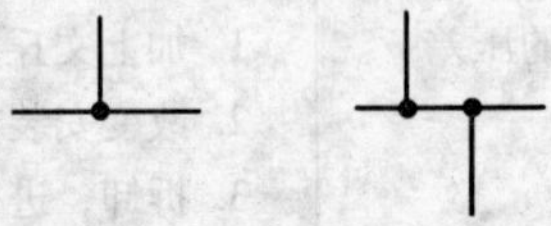	交叉管路	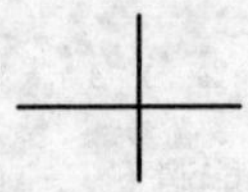
柔性管路		组合元件线	
油箱	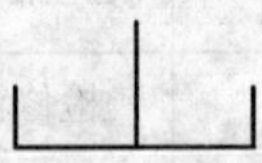	上置油箱	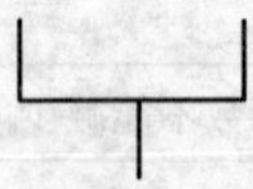
直接排气	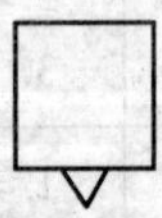	带连接措施的排气口	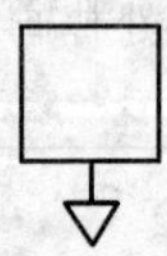
快速接头		带单向阀的快速接头	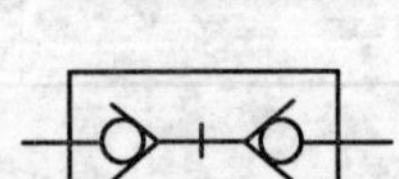
单通路旋转接头	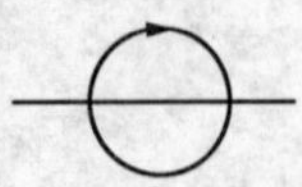	多通路旋转接头	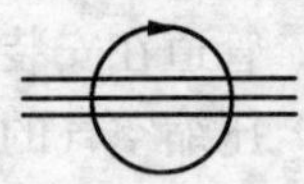

附表2　控制机构和控制方法

名称	符号	名称	符号
按钮式人力控制	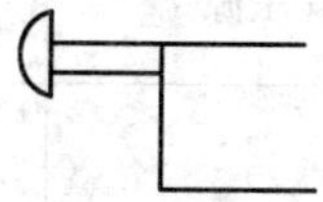	手柄式人力控制	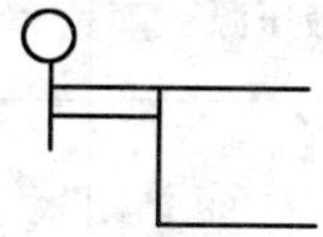
脚踏式人力控制	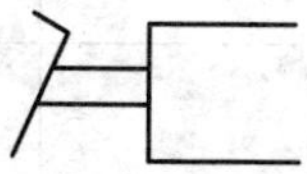	滚轮式机械控制	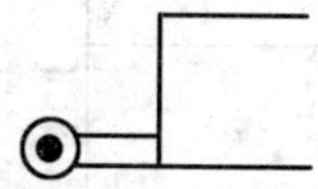
顶杆式机械控制	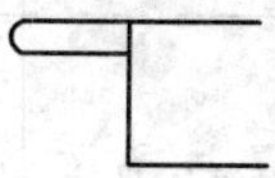	弹簧控制	
电磁铁	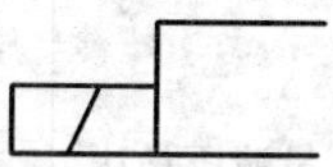	比例电磁铁	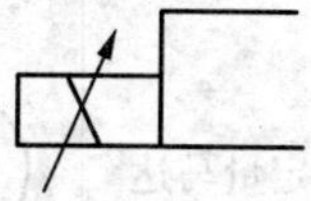
双作用电磁铁	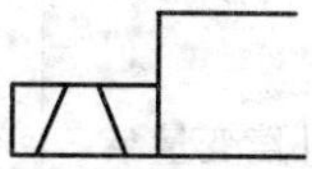	压力控制	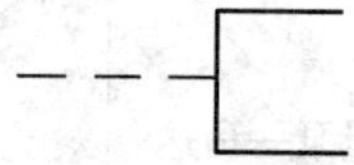
液压先导控制	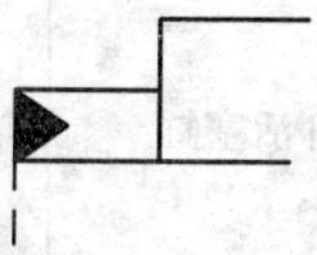	气压先导控制	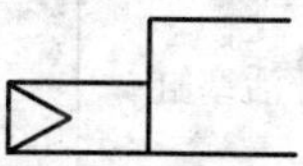
电—液先导控制	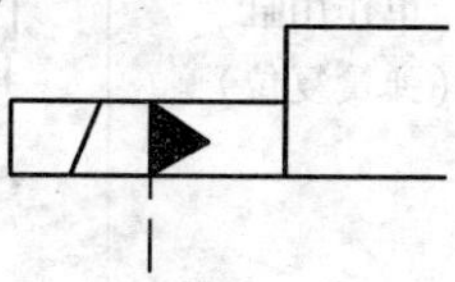	电—气先导控制	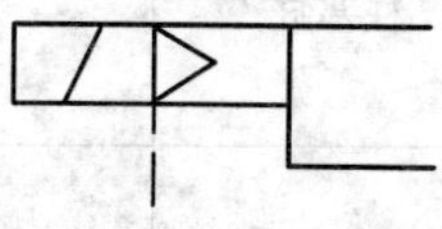
内部压力控制	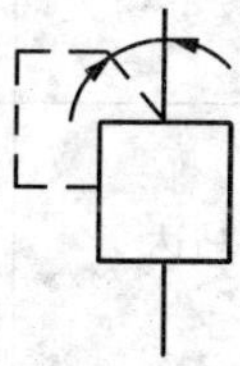	外部压力控制	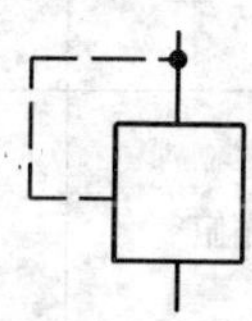

附表3 执行机构（泵、马达、缸）

名称	符号	名称	符号
液压源		气压源	
单向定量液压泵	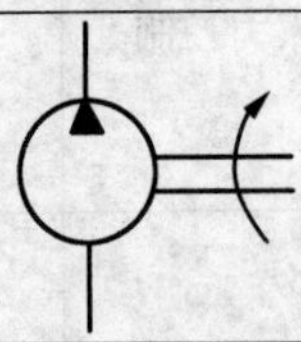	单向变量液压泵	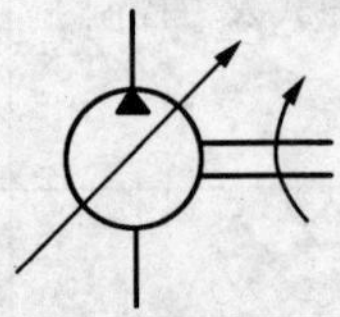
双向定量液压泵	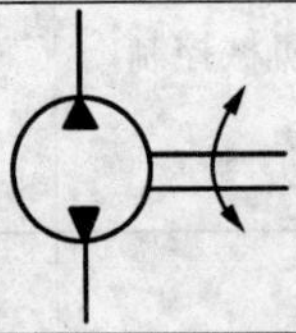	双向变量液压泵	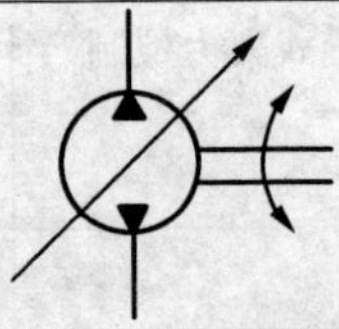
单向定量马达	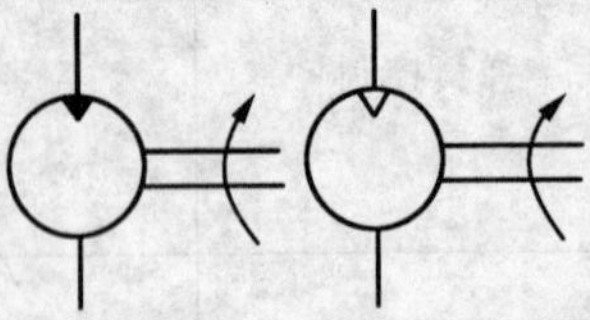	单向变量液压马达	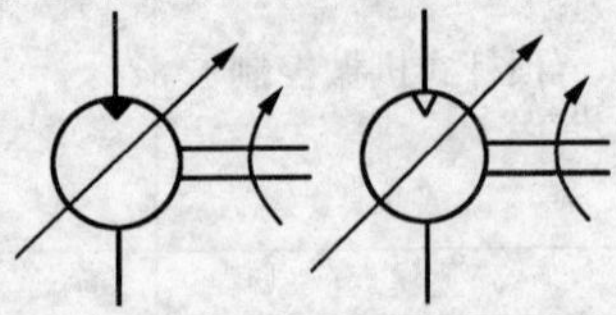
双向定量马达	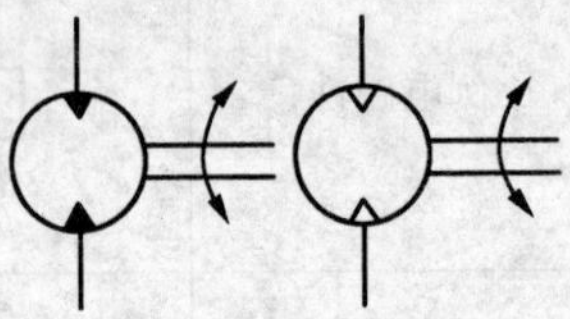	双向变量液压马达	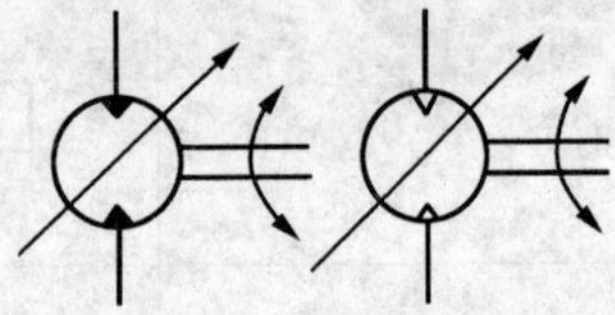
定量泵—马达	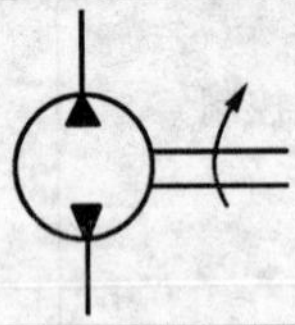	压力补偿变量泵	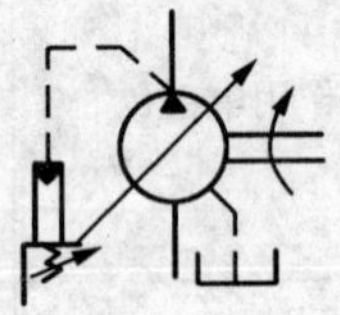
单杆活塞缸	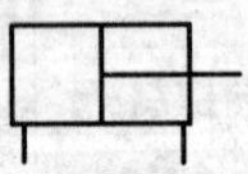	双杆活塞缸	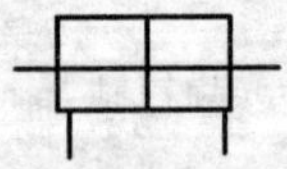
柱塞缸	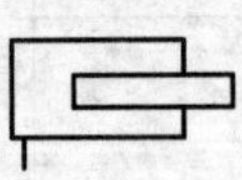	单作用缸 （弹簧复位）	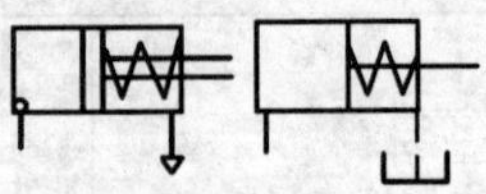
单向缓冲缸	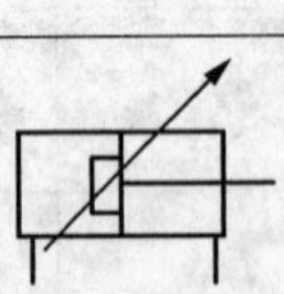	双向缓冲缸	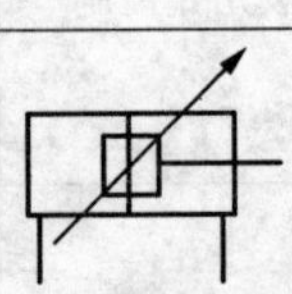
伸缩缸	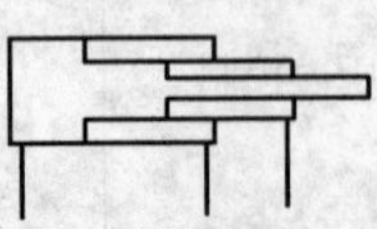	摆动马达	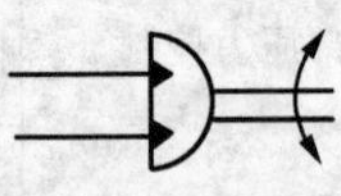

附表 4　控制元件

名称	符号	名称	符号
直动式溢流阀	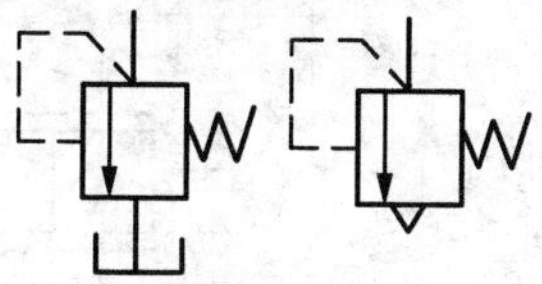	先导式溢流阀	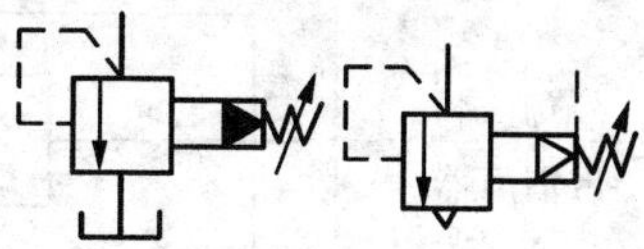
直动式减压阀	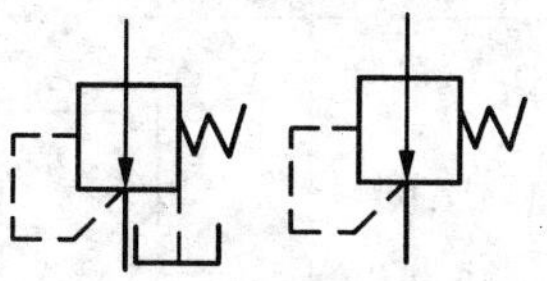	先导式减压阀	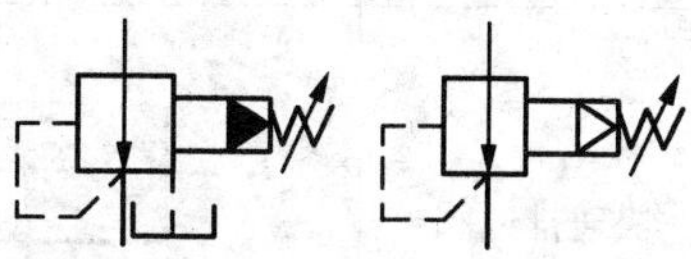
定差减压阀	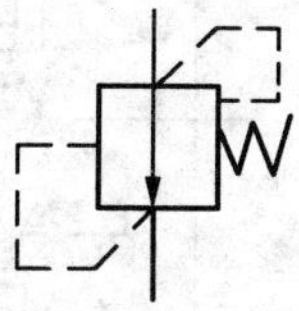	溢流减压阀	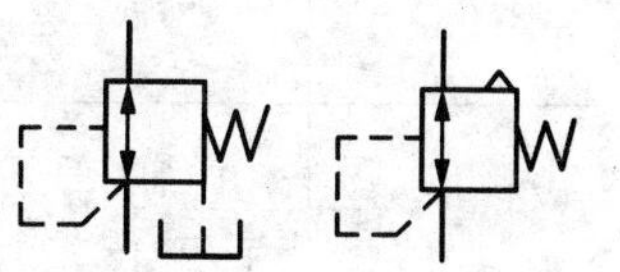
顺序阀一般符号或直动型顺序阀	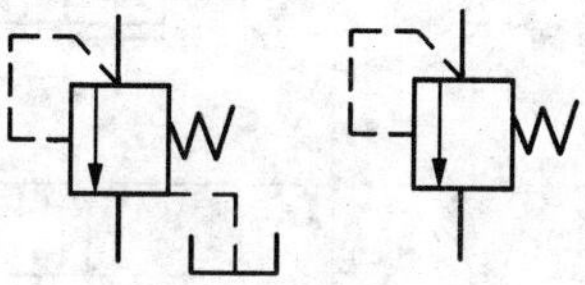	先导式顺序阀	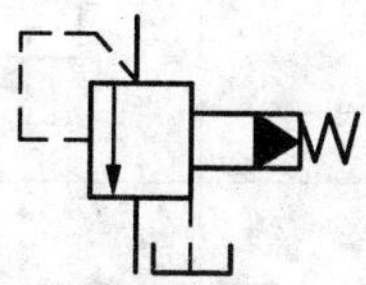
压力继电器	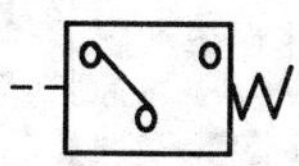	卸荷阀	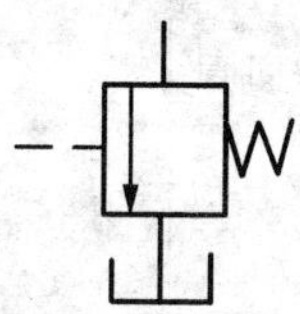
电磁溢流阀（常通型）	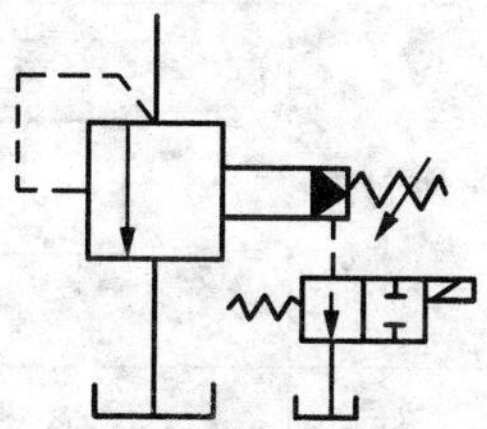	温度补偿调整阀	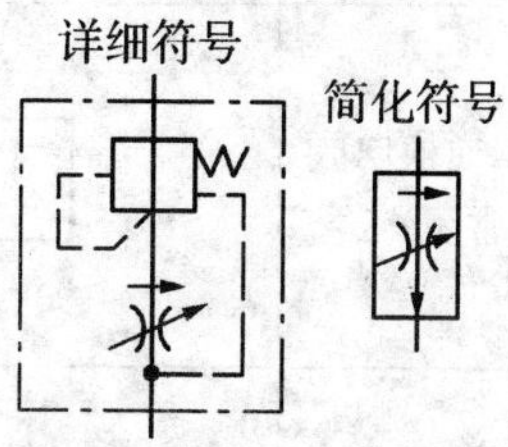
单向调速阀	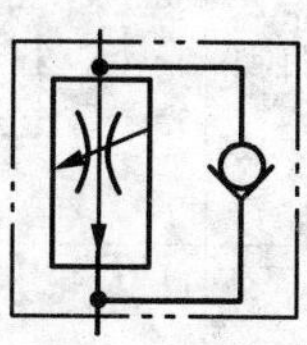	调速阀	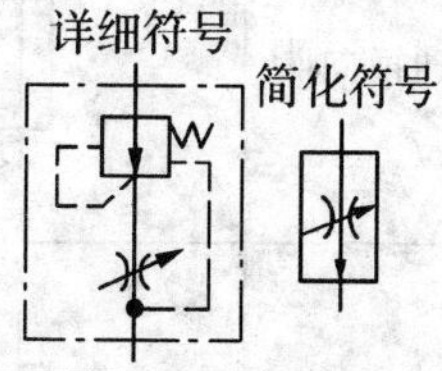
单向节流阀	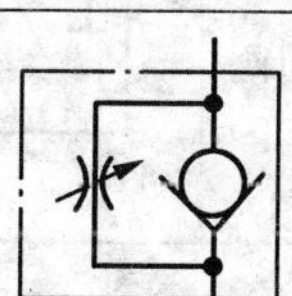	不可调节流阀	

续表

名称	符号	名称	符号
节流阀（带消声器）	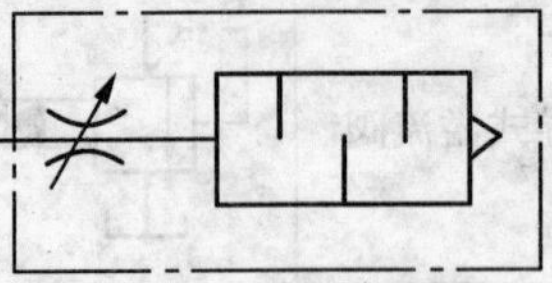	可调节流阀	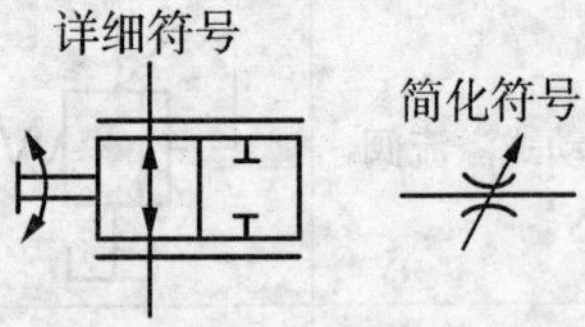
快速排气阀	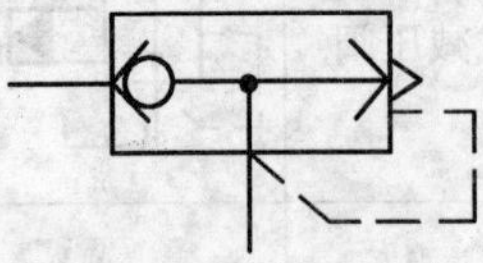	单向顺序阀（平衡阀）	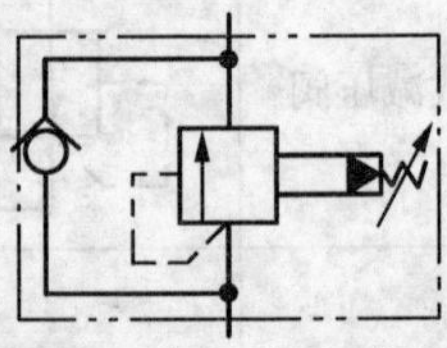
单向阀	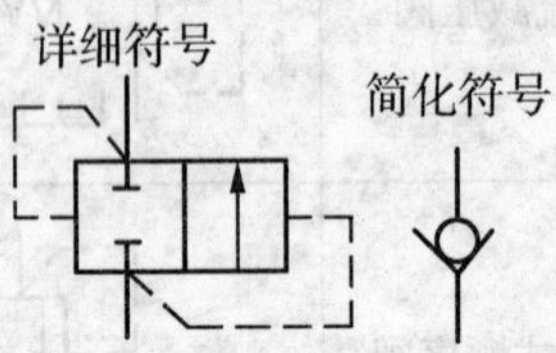	液控单向阀	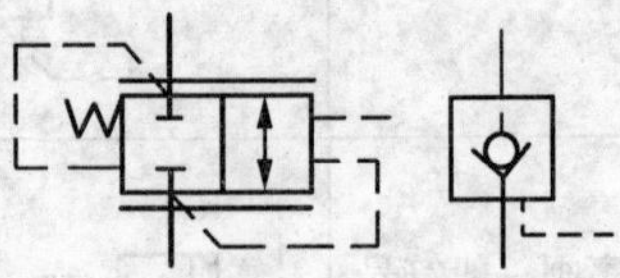
二位二通换向阀（常通）	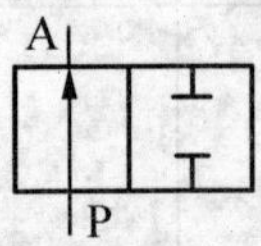	液压锁	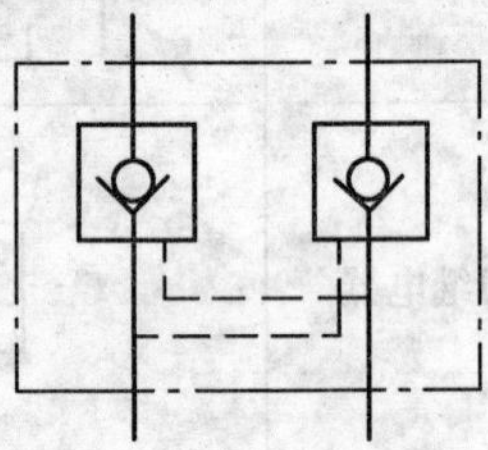
二位二通换向阀（常闭）	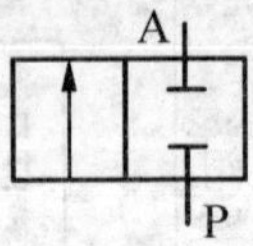	二位五通换向阀	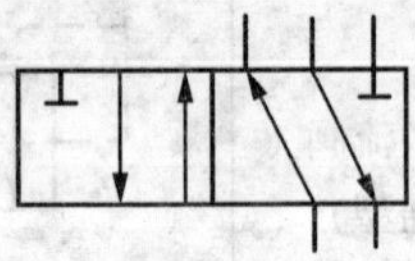
二位三通换向阀	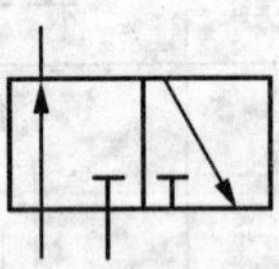	三位四通换向阀	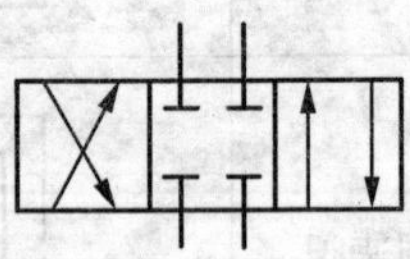
二位四通换向阀	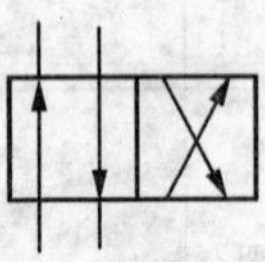	三位五通换向阀	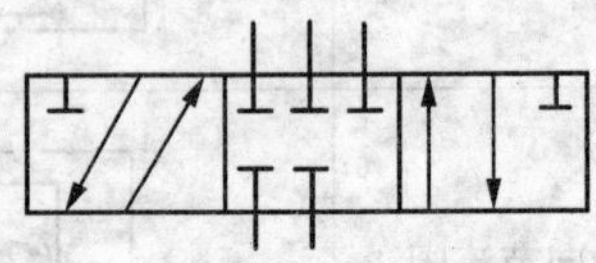

附表 5　控制元件

名称	符号	名称	符号
蓄能器		蓄能器（气压式）	
温度计		压力表（计）	
液面计		流量计	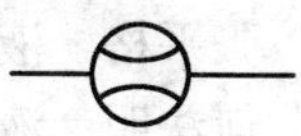
过滤器	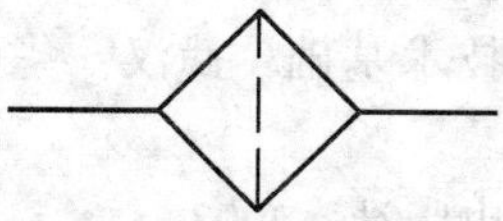	磁性过滤器	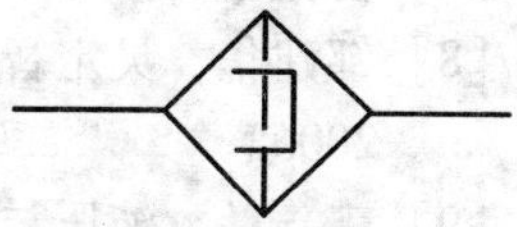
分水排水器	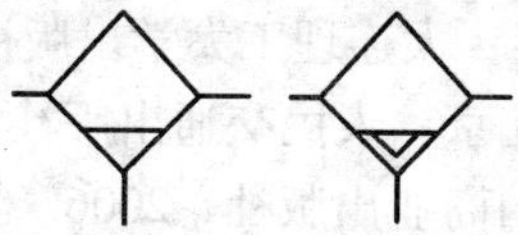	空气过滤器	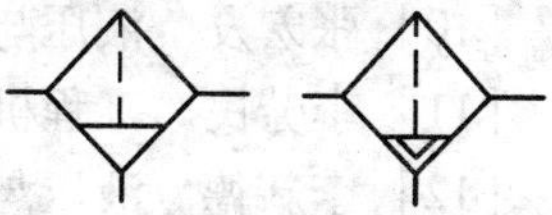
冷却器	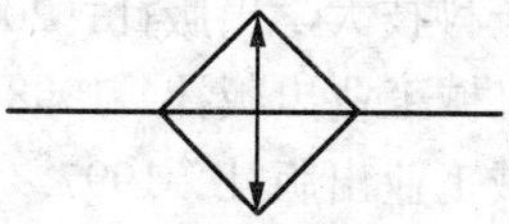	加热器	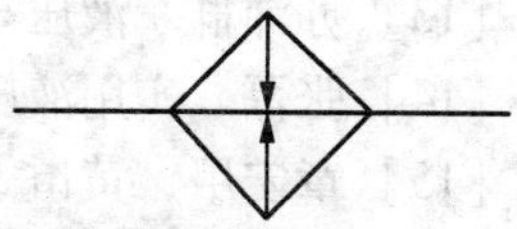
空气干燥器	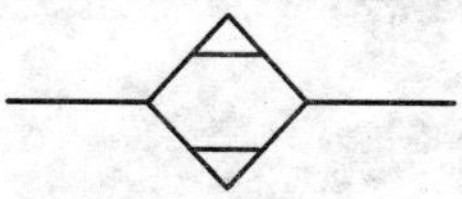	油雾器	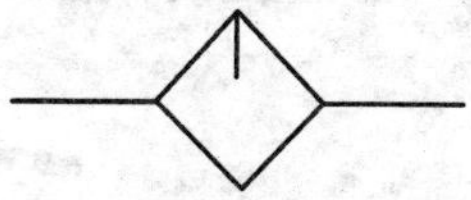
气源调节器	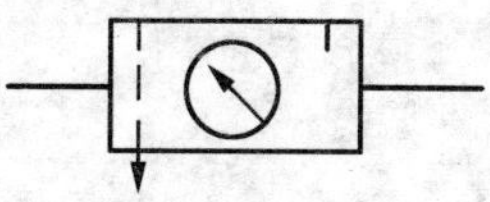	消声器	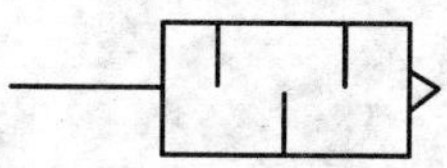
电动机	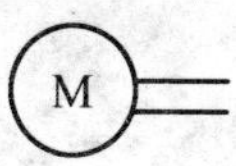	原动机	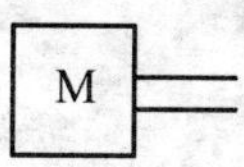
行程开关	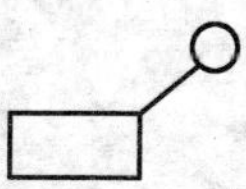	压力指示器	

参 考 文 献

[1] 欧阳毅文，文红民．液压与气动技术．天津：天津科学技术出版社，2008.
[2] 张红俊．液压与气动技术．武汉：华中科技大学出版社，2008.
[3] 姚新，刘民钢．液压与气动．北京：中国人民大学出版社，2000.
[4] 许菁，刘振兴．液压与气动技术．北京：机械工业出版社，2005.
[5] 张平格．液压传动与控制．2 版．北京：冶金工业出版社，2004.
[6] 何法明．液压与气动技术学习及训练指南．北京：高等教育出版社，2003.
[7] 姜佩东．液压与气动技术．北京：高等教育出版社，2003.
[8] 邹建华，吴定智，许小明．液压与气动技术基础．武汉：华中科技大学出版社，2006.
[9] 王新兰．液压与气动．北京：电子工业出版社，2003.
[10] 张宏友．液压与气动技术．2 版．大连：大连理工大学出版社，2008.
[11] 李芳民．工程机械液压与液力传动．北京：人民交通出版社，2000.
[12] 李新德．液压与气动技术．北京：中国商业出版社，2006.
[13] 苏沛群．液压与气动技术．成都：电子科技大学出版社，2008.
[14] 张磊．实用液压技术 300 题．北京：机械工业出版社，1998.
[15] 章宏甲，黄谊．液压传动．北京：机械工业出版社，1997.
[16] 左健民．液压与气压传动．北京：机械工业出版社，2000.